魔鬼隐藏于细节，细节决定成败。
成大业若烹小鲜，做大事必重细节。

做人不计小，做事不贪大。人生中大事不常有，小事总不断，如果您能够重视这些为人处事的小细节，相信定会使您轻松做人，简单做事。

Complete Works About Detail Is the Key of Success or Failure

细节

决定成败

胡宝林 编著

光明日报出版社

图书在版编目（CIP）数据

细节决定成败 / 胡宝林编著 . –– 北京：光明日报出版社，2012.1（2025.4 重印）

ISBN 978-7-5112-1880-3

Ⅰ.①细… Ⅱ.①胡… Ⅲ.①成功心理—通俗读物 Ⅳ.① B848.4-49

中国国家版本馆 CIP 数据核字 (2011) 第 225280 号

细节决定成败

XIJIE JUEDING CHENGBAI

编　　著：胡宝林

责任编辑：李　娟　　　　　　　　　责任校对：华　胜
封面设计：玥婷设计　　　　　　　　责任印制：曹　净

出版发行：光明日报出版社

地　　址：北京市西城区永安路 106 号，100050

电　　话：010–63169890（咨询），010–63131930（邮购）

传　　真：010–63131930

网　　址：http://book.gmw.cn

E – mail：gmrbcbs@gmw.cn

法律顾问：北京市兰台律师事务所龚柳方律师

印　刷：三河市嵩川印刷有限公司

装　订：三河市嵩川印刷有限公司

本书如有破损、缺页、装订错误，请与本社联系调换，电话：010–63131930

开　本：170mm×240mm

字　数：205 千字　　　　　　　　　印　张：15

版　次：2012 年 1 月第 1 版　　　　　印　次：2025 年 4 月第 4 次印刷

书　号：ISBN 978-7-5112-1880-3-02

定　价：49.80 元

日本前首相田中角荣，年轻的时候喜欢上了一位美丽的姑娘。有一次两人相约，时间一到，田中角荣隐约看到远方出现了姑娘倩丽的身影，但是他没有再等待，而是立刻转身驾车离开了。在时间和爱情面前，他宁要时间，不要爱情。谁也想象不到，这位姑娘仅仅因为一个不守时的小细节就毁掉了自己一段美好的姻缘。感慨之余，也不得不令人思考起"细节"这个问题。其实，生活就是由一些点点滴滴的细节组成，而往往正是这些细节在你的人生中的某些时候起到了关键性的作用。

也许，是你无意间为一位避雨的老人送上的一把椅子，会让你获得平步青云的机遇；也许，是你在他生日时送上的一盏特别的明灯，竟会让移情别恋的他回心转意；也许，在电梯口和老板亲切地打声招呼，会使你很快得到晋升的机会；也许，只是你对妻子的一片浓浓爱意，也会带来亿万的财富……细节就是这样的神奇，细节就是这样的不可思议。你的一言一行、一举一动无不展现着你独特的素质和修养。虽然展示一个完美的自己很难，因为它需要每一个细节都完美，但是由于一个小细节毁掉自己却很容易。

在提倡精细化管理的今天，细节对于企业更是有决定生死成败的威力。企业在细节上的功夫是一个长期的日积月累的过程，不会像一些叱咤风云的营销手段那样，在市场上引起立竿见影的效果，带来直接的经济效益。但细节的竞争是扎实功夫的竞争，对产品质量一丝不苟、精益求精的追求，对管理查漏补缺、力臻完善的谨慎，对顾客一点一滴的关爱、一丝一毫的服务，都是砌就企业品牌大厦的砖砖瓦瓦。可以说，正是企业在平时里对细节默默无闻的耕耘才铸就日后的辉煌。反之，一个不注重细节的企业必定是一个产品粗糙、管理粗糙、服务粗糙的企业。千里之堤，毁于蚁穴，一个漏洞百出的企业怎能经得起市场风雨的吹打？

可见，成也细节，败也细节。作为20世纪世界上最伟大的建筑师之一的密斯·凡·德罗，曾经只用五个字来描述他成功的原因，即"细节是魔鬼"。他阐释说，无论你的建筑设计方案是多么气势恢宏、美轮美奂，只要疏忽一个细节，就绝对成就不了一个杰出的建筑。细节的威力如此强大，不仅对一个建筑、一个人、一个企业，甚至一个国家都有着相当的意义和价值。

在几千年前老子就曾经说过：图难于其易，为大于其细。天下难事，必做于易；天下大事，必做于细。是以圣人终不为大，故能成其大。因此，对于个人来说，能把每一件简单的事做好就是不简单，能把每一件平凡的事做好就是不平凡。对于企业来说，也只有从"大处着眼，小处着手"，也才能在目前的精细化时代，打造企业品牌，铸就企业辉煌！

细节无孔不入，细节出神入化。对于企业，细节就是创新，细节就是机遇，细节就是财富，细节就是决定生死成败的关键；对于个人，细节体现素质，细节决胜职场，细节攸关幸福，细节隐藏玄机，细节具有决定命运的力量……这一本《细节决定成败》将全方位、多角度地向您展示细节的全部奥秘。全书共分为10章：从"天下大事，必做于细"的理念入手，到"用心捕捉细节"的实质，再到生活中包括机遇、财富、人脉、职场、礼仪、健康等方方面面的细节。本书结合有关细节的精彩故事和典型案例，为您进行了深入浅出、细致生动的描述，企业抓住了细节，才能实现精细化管理，基业长青；个人把握了细节，才能防微杜渐，不因小失大，以稳健的步伐走向成功。

目 录
CONTENTS

◎ 第1章　天下大事，必做于细 /1

老子云：天下大事，必做于细。人生无大事，事事皆小事。只要你能做好每一件简单的事，你就不简单；只要你能做好每一件平凡的事，你就不平凡。

◎ 第2章　魔鬼在细节中 /19

密斯·凡·德罗作为20世纪世界上最伟大的建筑师之一，只用5个字来描述他成功的原因，即"细节是魔鬼"。

◎ **第3章　留心细节，抓住机遇 /38**

人生无处不机遇。只要你能够留心身边每一个细节，也许只是一个无意间听来的小信息，也会带给你无限的惊喜。

◎ **第4章　关注细节，拥有财富 /71**

细节是开启金库的钥匙。只要您留心生活中的每一件小事，即使是点点的爱心，也会为你带来亿万的财富。

◎ **第5章　细节创新，出奇制胜 /96**

处处留心皆学问。只要你是一个细心而且又善于动脑的人，相信你面对问题时，定能从细节上找寻突破，让你的人生与众不同。

◎ 第6章　细节入手，赢得人脉／115

在家靠父母，出门靠朋友。对于社会中的每一个人来说，谁都明白"朋友多了路好走"的道理，但是要赢得人脉，一定要从细节入手。

◎ 第7章　注重细节，决胜职场／140

职场无小事，事事关大局，对于每一个拼搏的职场中人来说，如果能够留心每一个细小的问题，总是会比别人多一些机会，少一些遗憾。

◎ 第8章　完美态度，完美细节 /172

态度决定一切。对于每一个卓越的员工来说，在工作中没有所谓的小事，有的只是对工作中每一个完美细节的不断追求。

◎ 第9章　礼仪细节，体现素质 /191

古人云："不学礼，无以立。"也就是说，如果你不懂"礼"，不学"礼"，也就无法在社会中立足。所以，我们要注重礼仪的细节，因为细节体现素质。

◎ 第10章　健康细节，影响一生 /213

健康就是最大的财富，在世间，无论你拥有多少金钱，无论你拥有多高的社会地位，如果你没有健康的身体，一切都是零。

第 1 章

天下大事，必做于细

老子云：天下大事，必做于细。人生无大事，事事皆小事。只要你能做好每一件简单的事，你就不简单；只要你能做好每一件平凡的事，你就不平凡。

● 世界级的竞争在于细节

中国有句老话叫"三百六十行，行行出状元"，不过，随着社会的飞速发展，社会分工越来越细，新兴职业越来越多，职业更替的周期也在不断加速。据统计，中国目前已经有了 1838 种职业，并且还有逐年增加的趋势。

分工越来越细，专业化程度越来越高，是社会历史发展的必然趋势。从古典经济学派的亚当·斯密、大卫·李嘉图到萨伊、马歇尔、熊彼特、凯恩斯、萨缪尔森等几乎所有的经济学家，都把分工看成是工业化进程不断深化、劳动生产率不断提高的重要根据。按照自然分工和市场要求形成的社会产业链，被认为是经由市场那只神秘的"看不见的手"巧妙安排的，从而符合社会整体利益最大化要求的天然产物。

经济学的开山鼻祖亚当·斯密的首要观点就是分工，讲专业化分工如何发展。市场经济的发展一定是越来越专业化的竞争，国际上许多优秀大企业都是上百年专注于一个领域，把工作做足、做细，然后再涉足相关领域，而不是到处插手，盲目多元化。

1981 年于瑞士 Apples 市成立的罗技电子（Logitech）是全世界知名的电脑周边设备供应商，当初罗技只是依靠生产鼠标和键盘进入电脑周边设备行业。鼠标和键盘是电脑最基本、最不可缺少的外设配件，同时也是价钱较低获利较少的配件，因此对于电脑行业的巨头们根本无法产生吸引力，这便给了罗技一个契机。从此，罗技走上了鼠标和键盘生产的专业化道路，经过了数年的努力，罗技不仅在该行业中站稳了脚跟，而且已然成为全球最大的鼠标和键盘的生产供应商。

对此，北京汪中求细节管理咨询有限公司董事长汪中求先生认为这对中国的企业，尤其是中、小企业有很大的借鉴意义。他一直不主张搞盲目的多元化，因为中国的企业95%都是中、小企业，多元化基本上是陷阱而不是馅饼。中国的企业如果能在专业化上下足功夫，把产品做精，把质量做细，一定会获得高速的成长。浙江、广东的很多企业在这一点上做得非常好。最有代表性的就是鲁冠球的杭州万向节厂。整个20世纪80年代鲁冠球集中力量生产汽车万向节，实施"生产专业化，管理现代化"以后，又实现"产品系列化"，使当初只有7个人、4000元资产的小厂一跃成为有数亿元资产的大型企业。2003年，鲁冠球位列中国富豪榜第4名，资产54亿元。

但是世界上却有很多企业家并不知道"钻石就在自己的脚下"的道理，他们喜欢像蜜蜂一样，在全国和世界各地飞来飞去，寻找他们的生意机会，显得异常忙碌。其实完全没有必要，因为在你自己的后院里就可能有很多处理不完的好买卖，只要自己一件一件做好就能够赚大钱。

在美国，一个名叫赫博的人经历过一件惨事：破产！赫博很多年来一直是一个精明的建筑商，他不断地周游全国，以规模越来越大的高层写字楼和公寓楼群给自己立下了一个又一个的纪念碑。但最终他还是破产了。

后来他和他的朋友在一起谈起他的故事。赫博说："你知道，在忍受出差去远方城市开发大项目带来的所有不适和不便的同时，我花费了大量钱财。那是一个永远结束不了的噩梦：与飞机场行李搬运工、票务代理商、空姐、出租车司机和旅馆服务员频繁打交道；忙于进出宾馆以及处理商务差旅所带来的一切麻烦，我做好了这些细节，结果到头来却是竹篮打水一场空。如果这些年我待在家里，每天只需要在我所住的那条街道上花一个小时来回散步，关注那些细微的变化，注意那些要出售的房产，几乎不用花费什么力气，我就可以轻而易举地赚到数百万美元。我需要做的只是买下那条街上出售的每一份房地产，然后等待机会将它们卖出去。当我耗心费力地在全国各地到处奔波的时候，我所住的那条街道的房地产升值了10倍还多。"

可见，"世界级的竞争，就是细节竞争"。在现代这样的社会里面，对细节的重视已经深入人心。作为一个企业的管理者，不仅要关注企业宏观战略的内容，更要注重企业微观方面的管理内容。企业的执行人员，要从细节入手把工作做细，从而在企业中形成一种管理文化，那就要注重战略百分百的执行，从而使企业具有极其强大的竞争威力。

但是，汪先生说：现代管理科学的细化程度，远远赶不上现代化生产和操作中的细化程度。现代化的大生产，涉及面广，场地分散，分工精细，技术要求高，许多工业产品和工程建设往往涉及几十个、几百个甚至上千个企业，有些还涉及几个国家。如一台拖拉机，有五六千个零部件，要几十个工厂进行生产协作；一辆上海牌小汽车，有上万个零件，需上百家企业生产协作。日本的本田汽车，80%左右的零部件是其他中小生产商提供的。一架"波音747"飞机，共有450万个零部件，涉及的企业单位更多。而美国的"阿波罗"宇宙飞船，则要2万多个协作单位生产完成。这就需要通过制定和贯彻执行各类技术标准和管理标准，从技术和组织管理上把各方面的细节有机地联系协调起来，形成一个统一的系统，从而保证其生产和工作有条不紊地进行。在这一过程中，每一个庞大的系统是由无数个细节结合起来的统一体，忽视任何一个细节，都会带来想象不到的灾难。如我国前些年澳星发射失败就是细节问题：在配电器上多了一块0.15毫米的铝物质，正是这一点点铝物质导致澳星爆炸。

可以说，随着社会分工的越来越细和专业化程度的越来越高，一个要求精细化管理的时代已经到来。

那么对于企业而言，面对这样的一个时代，如何能够在激烈的市场竞争中立于不败之地呢？作为著名的企业顾问专家的汪先生认为，今后的竞争将是细节的竞争。企业只有注重细节，在每一个细节上下足工夫，建立"细节优势"，才能保证基业长青。

作为世界上著名的动画片制作中心的迪士尼公司就十分善于从细节上为观众和客人提供优质服务，从而使游人在离开迪士尼乐园以后仍然可以感受到他们服务的周到。他们调查发现，平均每天大约有2万游人将车钥匙反锁在车里。于是他们抓住了这个细节，公司雇用了大量的巡游员，专门在公园的停车场帮助那些将钥匙锁在车里的家庭打开车门。无须给锁匠打电话，无须等候，也不用付费。正是这样一个小小的细节，让成千上万的游客感受到迪士尼公司无微不至的服务。

迪士尼公司的服务意识与其产品一样优秀，因为公司内部流传一种"晃动的灯影"理论。所谓"晃动的灯影"，也是迪士尼公司企业文化的一部分。这一词汇源自该公司的动画片《兔子罗杰》，其中有个人物不小心碰到了灯，使得灯影也跟着晃动。这一精心设计，只有少数电影行家才会注意到。但是，无论是否有人注意到，这都反映出迪士尼公司的经营理念一直臻于至善，从而使迪士尼公司越来越深入人心。

可见，这是一个细节制胜的时代：

国际名牌POLO皮包凭着"一英寸之间一定缝满八针"的细致规格，20多年在皮包行业立于不败之地；德国西门子2118手机靠着附加一个小小的F4彩壳而使自己也像F4一样成了万人迷……

细节造就完美。世上不可能有真正的完美，但无论企业也好，人也好都应该有一个追求完美的心态，并将其作为生活习惯。目前，很多企业虽然有远大的目标，但在具体实施时，由于缺乏对完美的执着追求，事事以为"差不多"便可，结果是：由于执行的偏差，导致许多"差不多的计划"到最后一个环节已经变得面目全非。

企业经常面对的都是看似琐碎、简单的事情，却最容易忽略，最容易错漏百出。其实，无论企业也好，个人也好，无论有怎样辉煌的目标，但如果在每一个环节连接上，每一个细节处理上不能够到位，都会被搁浅，而导致最终的失败。"大处着眼，小处着手"，与魔鬼在细节上较量，才能达到管理的最高境界。

所以，世界级公司之间的竞争，其实就是细节的竞争。让每一个细节都将公司的理念发挥到极致，就形成了特色。有特色才能生存，才能壮大。细节无处不在，细节才能真正使企业的发展实现从0到1的质变。

● 战略：一切围绕细节

当今社会，企业越做越大，大得以前不敢想象，但不知道您有没有注意到，在这大的背后，企业对细节的重视度越来越高。其实这种现象是必然的。因为战略决定命运，而当今企业的战略往往就是"从细节中来，到细节中去"。这包含两个主要因素：

1.越能把握细节，战略定位越准确

战略管理大师迈克尔·波特认为：战略的本质是抉择、权衡和各适其位。

所谓"抉择"和"权衡"，就是我们所谈的每个战略制定前的调研分析，以便做出最后决定的过程；"各适其位"就是对战略定下来以后的具体细节的执行过程。那么，这个前期的过程，拆开来看，就是对每一个细节的关注。

兰德公司（RAND）是当今美国最负盛名的决策咨询机构，一直高居全球十大超级智囊团排行榜首。它的职员有1000人左右，其中500人是各方面的专家。

兰德公司影响和左右着美国政治、经济、军事、外交等一系列重大事件的决策。

1950 年，朝鲜战争爆发之初，就中国政府的态度问题，兰德公司集中了大量资金和人力加以研究，得出 7 个字的结论："中国将出兵朝鲜。"作价 500 万美元（相当于一架最先进的战斗机价钱），卖给美国对华政策研究室。研究成果还附有 380 页的资料，详细分析了中国的国情，并断定：一旦中国出兵，美国将输掉这场战争。美国对华政策研究室的官员们认为兰德公司是在敲诈，是无稽之谈。

后来，从朝鲜战场回来的麦克阿瑟将军感慨地说："我们最大的失误是舍得几百亿美元和数十万美国军人的生命，却吝啬一架战斗机的代价。"

事后，美国政府花了 200 万美元，买回了那份过时的报告。

"中国将出兵朝鲜" 7 个字，字字无价。那 380 页的资料是兰德公司不知研究了多少细节问题才总结出来的。

军事上的战略决策要从研究每个细节中来，商战中的战略决策也同样如此。

麦当劳在中国开到哪里，火到哪里。令中国餐饮界人士又是羡慕，又是嫉妒。可是我们有谁看到了它前期艰苦细致的市场调研工作呢？麦当劳进驻中国前，连续 5 年跟踪调查。内容包括中国消费者的经济收入的情况和消费方式的特点，提前 4 年在中国东北和北京市郊试种马铃薯，根据中国人的身高体形确定了最佳柜台、桌椅和尺寸，还从香港麦当劳空运成品到北京，进行口味试验和分析。开首家分店时，在北京选了 5 个地点反复论证、比较，最后麦当劳进军中国，一炮打响。这就是细节的魅力。

众所周知，美国是"车轮上的国家"，汽车普及率居全球首位，每 100 人平均有约 60 辆车，目前在全美国有超过 1 亿辆车在行驶着。美国每年销售新车约 1400 万辆左右，是全球最庞大的单一汽车市场，所以美国又是全世界汽车业最重要、竞争最激烈的地方。

但是美国在汽车界龙头老大的地位逐渐在 20 世纪 70 年代石油危机之后发生了动摇，这主要是因为日本小型汽车的崛起。从 70 年代到 90 年代，日本汽车大举打入美国市场，势如破竹，给美国汽车市场造成巨大损失，追究其中的根源，就是在于日本汽车企业制定了"一切围绕细节"的战略决策。

丰田公司在汽车的调研这件事上，也表现出了日本人特有的精细。发生在 20 世纪 90 年代的一件小事，说明了丰田公司市场调研的精细程度：

一位彬彬有礼的日本人来到美国，没有选择旅馆居住，却以学习英语为名，跑到一个美国家庭里居住。奇怪的是，这位日本人除了学习以外，每天都在做笔记，美国人居家生活的各种细节，包括吃什么食物、看什么电视节目等，全在记录之列。3个月后，日本人走了。此后不久，丰田公司就推出了针对当今美国家庭需求而设计的价廉物美的旅行车，大受欢迎。该车的设计在每一个细节上都考虑了美国人的需要，例如，美国男士（特别是年轻人）喜爱喝玻璃瓶装饮料而非纸盒装的饮料，日本设计师就专门在车内设计了能冷藏并能安全放置玻璃瓶的柜子。直到该车在美国市场推出时，丰田公司才在报上刊登了他们对美国家庭的研究报告，并向那户人家致歉，同时表示感谢。

正是通过这样系列细致的工作，丰田公司很快掌握了美国汽车市场的情况，5年以后，丰田终于制造出了适应美国需求的轿车——可乐娜。有一个关于可乐娜的广告宣传片是这样的：一辆可乐娜汽车冲破围栏腾空而起，翻了几个滚后稳稳落地，然后继续向前开。马力强劲、坚固耐用、造型新颖，同时价格低廉（不到2万美元）的可乐娜推向美国后获得巨大成功。当年丰田汽车在美国销售达3000多辆，是上年的9倍多。此后10年丰田汽车公司在美国不断扩展市场份额，1975年时已成为美国最大的汽车进口商，到1980年，丰田汽车在美国的销售量已达到58000辆，两倍于1975年的销售量，丰田汽车占美国进口汽车总额的25%。1999年，丰田公司在日本占据的市场份额从38%增加到40%以上，丰田还占据了东南亚21%的市场，差不多是最接近它的三菱汽车公司的两倍。

试想：如果日本丰田公司不做如此细致、准确的市场调研的话，能有现在这样辉煌的情形吗？

2．再好的战略，也必须落实到每个细节的执行上

汪中求先生一直认为，中国绝不缺少雄韬伟略的战略家，缺少的是精益求精的执行者；绝不缺少各类规章、管理制度，缺少的是对规章制度不折不扣的执行。好的战略只有落实到每个执行的细节上，才能发挥作用，也就是迈克尔·波特说的"各适其位"。

张先生在不到一年的时间中，在"宝岛眼镜连锁店"的两次经历让他在商业氛围中产生了真正的"感动"。第一次是在2003年3月初，那时张先生刚从南方来到现在工作的城市，对这个城市还不大了解。一天，路过"宝岛眼镜"，想起自己的眼镜架最近几天有点紧，压迫着太阳穴，很不舒服，径直走了进去。

刚进门，店内服务人员就向他问好，并询问他需要什么帮助。说明来意之后，服务人员把他领到一个柜台前，告知该柜台可以提供所需要的服务。由于柜台旁人很多，服务人员便让他坐在柜台附近的椅子上。坐下不久，服务人员端来一杯微微冒着热气的茶水，微笑着说："先生，先喝杯茶，桌子上的杂志您可以翻阅翻阅。很快就可以轮到你的。"张先生一边道谢，一边接过服务人员手中的纸杯。于是，一边喝水，一边翻阅杂志。没等多久就轮到了他，工作人员耐心地为他调整眼镜架的宽度，一次次试戴，直到他的感觉舒适为止。他很为工作人员发自内心的真诚感动，甚至感觉自己真做了一回"上帝"。于是，提出付费，工作人员却微笑着说："这些服务是免费的。"但是，张先生仍然过意不去，再三提出付费的请求，但是工作人员坚持拒绝收取服务费用。

2004年1月上旬，张先生的镜架又出现不适的感觉：一边高，一边低。想起宿舍附近也有一家"宝岛眼镜"，便打算第二天去修一修。但是，考虑到服务免费的问题，又有一些说不出的"难为情"。不过，想到镜架价值较高，最终还是决定去"宝岛眼镜"维修镜架。恰巧，第二天天气很冷，走进"宝岛眼镜"同样是一张张笑脸，询问可以提供什么样的帮助后，带领他到相关柜台，并搬来椅子让他坐下。不到一分钟，一位先生端来一杯热茶。张先生端在手中，明显地感觉到温度高于2003年3月那杯，联想到当天的室外温度，张先生顿时明白了这杯茶的温度所蕴含的真诚：细微之处替顾客着想。一想到此，另一种决定油然而生：下一次配镜一定选择"宝岛眼镜"。这是他发自内心的感动和决定，就像"宝岛眼镜"的真诚服务来自心灵深处一样。

关于海尔成功的秘密，张瑞敏这样说道："许多到海尔参观的人提出的问题跟企业管理最基础的东西离得太远，总是觉得好的企业在管理上一定有什么灵丹妙药，只要照方抓药之后马上就可以腾飞了。好的思路肯定非常重要，但饭要一口一口地吃，基础管理要一步一步地抓起来。"

海尔要求把生产经营的每一瞬间管住。在海尔，从上到下，从生产到管理、服务，每一个环节的控制方法尽管不同，却都透出了一丝不苟的严谨，真正做到了环环相扣，疏而不漏。如海尔生产线的10个重点工序都有质量控制台，每个质量控制点都有质量跟踪单，产品从第一道工序到出厂都建立了详细档案，产品到用户家里，如果出了问题，哪怕是一根门封条，也可以凭着"出厂记录"找到责任人和原因。

所以说，战略和战术、宏观和微观是相对的，战略一定要从细节中来，再回到细节中去；宏观一定要从微观中来，再回到微观中去。

● 做人不计小，做事不贪大

改革开放以来，我国出现了少有的蒸蒸日上、欣欣向荣的局面。这种形势为个人才能的施展搭建了舞台，使不少人走向辉煌，同时，又激发了不少人对成功的憧憬，为此去开拓、去拼搏。然而，任何事物都具有两重性，也引发了一些人一心只想做"大事"，幻想一夜成功、名扬四海。浮躁的心态，已成了一种常见的社会现象。

对此，有人质疑：中国的大学生真的过剩了吗？

中国的大学经过 1998 年大规模扩招之后，大学生似乎一下子多了起来，扩招的学生也已经开始走向社会，就业压力骤增，现在社会上已出现"大学生毕业即失业"的说法。据《新闻周刊》转述，2003 年 7 月 6 日教育部透露，毕业即签约的比例为：研究生 80%，本科生 60%，专科生、职高生 30%。全国有 106 万大学毕业生一时无法就业，还未包括此前毕业而未就业的大学生。学校、各级政府想尽办法，提高学生的就业率。但大学生人数增长更快，2003 年 212 万，2004 年 260 万，2005 年 320 万，压力越来越大。

细想想，中国的大学生真的是过剩了吗？

2003 年 11 月份，汪中求先生应河南安阳市工商联的邀请，去安阳为企业作营销培训。当地的一位知名企业的厂长在与他交谈时说："我们厂子花了 60 多万美元进口了两台世界上最先进的设备，可是我们操作机器的人水平达不到，两台设备发挥不出应有的效益。"汪先生问他："你们厂里操作这两台设备的人是什么水平？"他回答："是大专毕业生，而据出口这台设备的美国公司说，操作这两台设备的最低要求应该是研究生水平，而且应具有良好的英语水平和良好的责任心。"汪先生说："那你为什么不引进一些研究生和本科生呢？"他有些难为情地说："安阳是个小地方，别说研究生，就是本科生都不愿意来。"

安阳实际上不能算是个小地方，应该说是地区中心城市。我们的大学毕业生们一心盯着京、津、沪等直辖市，次一点也要去省会城市，而中国众多的中小城市却找不到合格的人才，这是不是与当代的大学生心态有关系呢？

说到底，不在于大地方、小地方，大企业、小企业，是你愿不愿意真正从基层做起，是你知不知道自己的身价几何？

客观地讲，从事业发展的角度来看，不发达的地域反而给自己的机会多些。这些地区的经济及各项事业有待于起飞，急需人才，所以那些有志气、有专长、能吃苦的人，如果下决心到这样艰苦的地区开拓事业，同样可以找到机会，同样能够大有作为。

有一位法律学校的毕业生，家在一个小县城里。毕业时，很多同学利用关系千方百计想留到大城市里，他没有任何关系只好回县城。当时还很沮丧，后来他才意识到，回到偏僻地方也许是一次难得的机遇。因为当一个好律师，必须有很多实践机会。他发现整个县城没有一个正式的律师，他是唯一一个受过正规训练的人，领导十分器重他，把很多案子交给他来办。由于他潜心学习，很爱动脑子，办了好多大案子甚至是棘手案子，取得成就的他很快崭露头角，成了顶梁柱。后来，有一个考取正式律师的名额，自然非他莫属，他刚 22 岁就成了一名正式律师，并当上了律师事务所所长。相反，与他同期毕业留在大城市的同学，由于省城人才济济，实习的机会少，几年之后有的还没有单独办过案子，还是见习律师，有的还在当文书，做助手。彼此见面的时候，同学们反而用羡慕的目光看他，说他是幸运儿、机遇好。其实，应该说这是落后艰苦地域给了他磨炼提高的好机会，使他很快成才。正是从这个意义上来说，艰苦的地域可以给有志青年提供有助于成长的机遇。

可见，能够做成"大事"之人都是从简单的、具体的、琐碎的、单调的"小事"中一步一步走过来的。把"小事"做好，把好事做大，是他们成就"大事"的基础和秘诀。

对此，老子早就说过：天下难事，必做于易；天下大事，必做于细。对于企业而言，如果不重视细节的运营，用心浮躁，急功近利的话，那么很难有很大的发展。

据统计，世界 500 强企业的平均寿命是 40～50 岁，美国每年新生 50 万家企业，10 年后仅剩 4%，日本存活 10 年的企业比例也不过 18.3%，而中国大企业的平均寿命是 7～8 岁，中小民营企业平均寿命是 2.9 岁。这的确是一个很严酷的现实。

由于浮躁，有的企业前期势头不错，刚发展到了几千万资产，就要搞多元化经营；刚搞到了几个亿，就要搞国际化，誓言几年之内进军世界 500 强云云。于是就头脑发热，盲目扩张；耳根发硬，听不进别人的意见；两眼发晕，看不到企业经营中的风险……

西方有句名言："罗马不是一天建成的。"说的就是做事一定要有坚忍的毅力，切忌浮躁。

与其苦苦追求缥缈的影子，不如脚踏实地一步一步前行。财富的聚敛方法也是同样的道理。

新加坡著名华人企业家、"橡胶"兼"黄梨"大王李光前有自己独特的经营方法。1928 年他创建南益树胶公司时，鉴于许多胶商因把资金用来购买胶园与烟房而使资金周转不灵甚至倒闭的教训，采取与众不同的方式，没有把资金用来购买胶园与胶厂烟房；他的烟房除了在麻坡武吉巴西的旧烟房外，是租用别人的胶厂；树胶则向小园主收购。这种经营方式虽然利润较低，但流动资金充裕，可以随时调动。

李光前采取现金交易的原则，这也是与众不同的。小园主把胶液与胶丝卖给南益公司，除可一手拿钱一手交货外，在急需现款时还可以向公司预借。因此小园主都乐于与他交易，使公司不致缺货或断货，弥补了没有树胶园的短处。1929年，世界性经济危机爆发并波及新加坡，胶价暴跌，拥有大量胶园与胶厂的树胶商损失惨重，中小胶商更是纷纷破产。而李光前的南益公司即使在胶价最低时，也现金充裕，受损失最为轻微。

此后，李光前在经营方式上更为谨慎，凡是购买胶园或增建胶厂的资金，绝不向银行借贷。银行给予的贷款，只用作流动资金。由于他信用良好，1958年，南益集团曾向新加坡汇丰银行取得4500万的抵押贷款，成为当时获得贷款最多的华人公司。因此，李光前曾经这样说过："凡是在工商业上最成功的人，就是最会利用银行信用的人。"后来，李光前进行多元化投资，其南益集团成为新加坡最大的企业集团之一。

邓小平同志说："发展是硬道理。"这是中国社会发展的大势所趋。求快、求发展是我们每个人的心愿，但如何做？这要求大家不论是做人、做事、做管理，都应当踏踏实实。从实际出发，从大处着手，从小事做起，拒绝浮躁，因此，要时刻牢记这样的一个口号："做事不贪大，做人不计小。"

● 万事之始，事无巨细

人生在世，做大事不拘小节，固然是一种处事态度。但这往往也是一种很危险的做法，不拘小节有时会误大事的事例不胜枚举。无论是在工作还是生活中，做事认真仔细，才能把事做得尽善尽美。很多时候，透过一件小事，足以看出一个人的态度和能力。

有三个人去一家公司应聘采购主管。他们当中一人是某知名管理学院毕业的，一名毕业于某商院，而第三名则是一家民办高校的毕业生。在很多人看来，这场应聘的结果都是很容易判断的，然而事情却恰巧相反。应聘者经过一番测试后，留下的却是那个民办高校的毕业生。

在整个应聘过程中，他们经过一番番测试后，在专业知识与经验上各有千秋，难分伯仲。随后招聘公司总经理亲自面试，他提出了这样一道问题，题目为：

假定公司派你到某工厂采购4999个信封，你需要从公司带去多少钱？

几分钟后，应试者都交了答卷。

第一名应聘者的答案是430元。

总经理问：

"你是怎么计算呢？"

"就当采购 5000 个信封计算，可能是要 400 元，其他杂费就算 30 元吧！"答者对应如流。

但总经理却未置可否。

第二名应聘者的答案是 415 元。

对此他解释道：

"假设 5000 个信封，大概需要 400 元左右，另外可能需用 15 元。"

总经理对此答案同样地没表态度。

但当他拿第三个人的答卷，见上面写的答案是 419.42 元时，不觉有些惊异，立即问：

"你能解释一下你的答案吗？"

"当然可以，"该同学自信地回答道，"信封每个 8 分钱，4999 个是 399.92 元。从公司到某工厂，乘汽车来回票价 10 元。午餐费 5 元。从工厂到汽车站有一里半路，请一辆三轮车搬信封，需用 3.5 元。因此，最后总费用为 419.42 元。"

总经理不觉露出了会心一笑，收起他们的试卷，说："好吧，今天到此为止，明天你们等通知。"

其实，工作就是由无数琐碎、细致的小事组成的，人们也是在这无数平凡的小事中创造不平凡的业绩的。这种重视细节的态度无论对个人和企业都是有益的。

当宝洁公司刚开始推出汰渍洗衣粉时，市场占有率和销售额以惊人的速度向上飙升，可是没过多久，这种强劲的增长势头就逐渐放缓了。宝洁公司的销售人员非常纳闷，虽然进行过大量的市场调查，但一直都找不到销量停滞不前的原因。

于是，宝洁公司召集了很多消费者开了一次产品座谈会，会上，有一位消费者说出了汰渍洗衣粉销量下滑的关键，他抱怨说："汰渍洗衣粉的用量太大。"

宝洁的领导们忙追问其中的缘由，这位消费者说："你看看你们的广告，倒洗衣粉要倒那么长时间，衣服是洗得干净，但要用那么多洗衣粉，算计起来更不划算。"

听到这番话，销售经理赶快把广告找来，算了一下展示产品部分中倒洗衣粉的时间，一共 3 秒钟，而其他品牌的洗衣粉，广告中倒洗衣粉的时间仅为 1.5 秒。

也就是在广告上这么细小的一点疏忽，对汰渍洗衣粉的销售和品牌形象造成了严重的伤害。这是一个细节制胜的时代，对于自己的工作无论大小，都要了解得非常透彻，数据应该非常准确，事实也应该非常真实，这样才能脚踏实地完成宏伟的目标。

美国绝大部分企业家都知道一些十分精确的数字：比如全国平均每人每天吃几个汉堡包、几个鸡蛋。之所以要了解得这么清楚，是因为他们想确保细节上多方面的优势，不给竞争者可乘之机，哪怕是一些细枝末节的漏洞。

只要保证产品在一比一的竞争中获胜，那么整个市场的绝对优势就形成了，而这些恰恰是市场拓展的精髓所在；要打败对手，唯有做到比对手更细！

在市场竞争日益激烈残酷的今天，任何细微的东西都可能成为"成大事"或者"乱大谋"的决定性因素。家乐福单是在选择商圈上就可谓细致入微，它通过5分钟、10分钟、15分钟的步行距离来测定商圈；用自行车的行驶速度来确定小片、中片和大片；然后对这些区域再进行进一步的细化，某片区域内的人口规模和特征，包括年龄分布、文化水平、职业分布以及人均可支配收入等等。如此细微的规划和考察，是家乐福一直保持在零售业第一梯队的关键原因之一。

类似的以细节取胜的经营之道逐渐成为一种流行的趋势，例如，很多餐厅准备了专供儿童使用的"baby椅"，客人吃完螃蟹后滚烫的姜茶便端送到其手中；商场在晚上关门前会播放诸如《回家》之类的音乐，让客人在萨克斯的情调中把轻松带回家……

在这么多例子中，能够把细节服务做到极致的是诺顿百货公司，这家由8家服装专卖店组成的百货公司，靠的就是细节服务取胜而不是削价赢利的竞争策略。诺顿百货公司的细节化服务有：

——替要参加重要会议的顾客熨平衬衫；

——为试衣间忙着试穿衣服的顾客准备饮食；

——替顾客到别家商店购买他们找不到的货品，然后打7折卖给顾客；

——在天寒地冻的天气里替顾客暖车；

——有时甚至会替顾客支付交通违章的罚款。

诺顿公司的总裁约翰先生在服务的细节上起到了带头作用，在高峰时间他从不占用可以多容纳一位顾客的电梯，而是从楼梯走上走下。

在诺顿百货公司的细致服务下，大批的忠实顾客都喜欢把自己称为"诺家帮"，诺顿百货公司也因此长盛不衰。可以说，做事情就是做细节，任何细微的东西都可能成为"成大事"或者"乱大谋"的决定性因素。

张瑞敏在1996年海尔正在快速发展时还一再强调："目前，我们的一些中层干部目标定得很大，但工作不细，只在表面上号召一下，浮浮夸夸，马马虎虎，失败了不知错在何处，成功了不知胜在何处，欲速则不达。"他的行动风格是，凡欲成就一件大事，事先都要做艰苦、周密的策划工作，对过程还要进行严密的监控。

可见，在海尔，细节的重要在领导人的头脑里简直就是关键因素，正是这种注重细节的严谨精神，使海尔获得了巨大的成功。

真可谓"成也细节，败也细节"。

● 要成大事，先做小事

俗语说"一滴水，可以折射整个太阳"，许多"大事"都是由微不足道的"小事"组成的。日常工作中同样如此，看似琐碎，不足挂齿的事情比比皆是，如果你对工作中的这些小事轻视怠慢，敷衍了事，到最后就会因"一着不慎"而失掉整个胜局。所以，每个员工在处理小事时，都应当引起重视。

工作中无小事，要想把每一件事情做到无懈可击，就必须从小事做起，付出你的热情和努力。士兵每天做的工作就是队列训练、战术操练、巡逻排查、擦拭枪械等小事；饭店服务员每天的工作就是对顾客微笑、回答顾客的提问、整理清扫房间、细心服务等小事；公司中你每天所做的事可能就是接听电话、整理文件、绘制图表之类的小事。但是，我们如果能很好地完成这些小事，没准儿将来你就可能是军队中的将领、饭店的总经理、公司的老总。反之你如果对此感到乏味、厌倦不已，始终提不起精神，或者因此敷衍应付差事，勉强应对工作，将一切都推到"英雄无用武之地"的借口上，那么你现在的位置也会岌岌可危，在小事上都不能胜任，何谈在大事上"大显身手"呢。没有做好"小事"的态度和能力，做好"大事"只会成为"无本之木，无源之水"，根本成不了气候。可以这样说，平时的每一件"小事"其实就是一个房子的地基，如果没有这些材料，想象中美丽的房子，只会是"空中楼阁"，根本无法变为"实物"。在职场中每一件小事的积累，就是今后事业稳步上升的基础。

美国已逝的总统罗斯福曾说过：

成功的平凡人并非天才，他资质平平，却能把平平的资质，发展成为超乎平常的事业。

有一位老教授说起过他的经历：

"在我多年来的教学实践中，发觉有许多在校时资质平凡的学生，他们的成绩大多在中等或中等偏下，没有特殊的天分，有的只是安分守己的诚实性格。这些孩子走上社会参加工作，不爱出风头，默默地奉献。他们平凡无奇，毕业分手后，老师同学都不太记得他们的名字和长相。但毕业后几年十几年中，他们却带着成功的事业回来看老师，而那些原本看来有美好前程的孩子，却一事无成。这是怎么回事？

"我常与同事一起琢磨，认为成功与在校成绩并没有什么必然的联系，但和踏实的性格密切相关。平凡的人比较务实，比较能自律，所以许多机会落在这种人身上。平凡的人如果加上勤能补拙的特质，成功之门必定会向他敞开。"

人们都想做大事，而不愿意或者不屑于做小事，中国人想做大事的人太多，而愿意把小事做好的人太少。事实上，随着经济的发展，专业化程度越来越高，社会分工越来越细，真正所谓的大事实在太少，比如，一台拖拉机，有五六千个零部件，要几十个工厂进行生产协作；一辆福特牌小汽车，有上万个零件，需上百家企业生产协作；一架波音 747 飞机，共有 450 万个零部件，涉及的企业单位更多。

因此，多数人所做的工作还只是一些具体的事、琐碎的事、单调的事，它们也许过于平淡，也许鸡毛蒜皮，但这就是工作，是生活，是成就大事不可缺少的基础。所以无论做人、做事，都要注重细节，从小事做起。一个不愿做小事的人，是不可能成功的。要想比别人更优秀，只有在每一件小事上比功夫。不会做小事的人，也做不出大事来。

日本狮王牙刷公司的员工加藤信三就是一个活生生的例子。有一次，加藤为了赶去上班，刷牙时急急忙忙，没想到牙龈出血。他为此大为恼火，上班的路上仍是非常气愤。

回到公司，加藤为了把心思集中到工作上，还是硬把心头的怒气给平息下去了，他和几个要好的伙伴提及此事，并相约一同设法解决刷牙容易伤及牙龈的问题。

他们想了不少解决刷牙造成牙龈出血的办法，如把牙刷毛改为柔软的狸毛；刷牙前先用热水把牙刷泡软；多用些牙膏；放慢刷牙速度等等，但效果均不太理想，后来他们进一步仔细检查牙刷毛，在放大镜底下，发现刷毛顶端并不是尖的，而是四方形的。加藤想："把它改成圆形的不就行了！"于是他们着手改进牙刷。

经过实验取得成效后，加藤正式向公司提出了改变牙刷毛形状的建议，公司领导看后，也觉得这是一个特别好的建议，欣然把全部牙刷毛的顶端改成了圆形。改进后的狮王牌牙刷在广告媒介的作用下，销路极好，销量直线上升，最后占到了全国同类产品的 40% 左右，加藤也由普通职员晋升为科长，十几年后成为公司的董事长。

牙刷不好用，在我们看来都是司空见惯的小事，所以很少有人想办法去解决这个问题，机遇也就从身边溜走了。而加藤不仅发现了这个小问题，而且对小问题进行细致的分析，从而使自己和所在的公司都取得了成功。

看不到细节，或者不把细节当回事的人，对工作缺乏认真的态度，对事情只能是敷衍了事。这种人无法把工作当成一种乐趣，而只是当成一种不得不接受的苦役，因而在工作中缺乏热情。而考虑到细节、注重细节的人，不仅认真地对待工作，将小事做细，并且注重在做事的细节中找到机会，从而使自己走上成功之路。

我们普通人，大量的日子，很显然都在做一些小事，怕只怕小事也做不好，小事也做不到位。身边有很多人，不屑于做具体的事，总盲目地相信"天将降大任于斯人也"。殊不知能把自己所在岗位的每一件事做成功、做到位就很不简单了。不要以为总理比村长好当。有其职斯有其责，有其责斯有其忧。如果力不及所负，才不及所任，必然祸及己身，导致混乱。所以，重要的是做好眼前的每一件小事。所谓成功，就是在平凡中做到不平凡的坚持。

周恩来位居总理之职，官不可谓不大，而他强调的却是"关照小事，成就大事"。他一贯要求身边的工作人员尽可能地考虑到事情的每个细节，最反感"大概"、"可能"、"也许"的做法和言语。一次在北京饭店举办涉外宴会，他问："今晚的点心是什么馅？"一位工作人员答道："大概是三鲜馅吧。"周恩来马上追问："什么叫大概？究竟是，还是不是？客人中如果有人对海鲜过敏，出了问题谁负责？"

周恩来总理正是以他这种一丝不苟的精神，不仅赢得了中国人民的爱戴，同样受到了国际友人的尊敬。尼克松说："对于周恩来来说，任何大事都是从注意小事入手这一格言，是有一定道理的。他虽然亲自照料每棵树，也能够看到森林。"尼克松回忆道："我们在北京的第三天晚上应邀去看乒乓球表演，当时天已下雪，而我们预定第二天要去参观长城。周恩来离开了一会儿，通知有关部门清扫通往长城路上的积雪。"

"海不择细流，故能成其大；山不拒细壤，方能就其高。"

周恩来总理重视细节的作风，希望能够对我们改变观念起到一定的作用。有的朋友以为做了大官才能做大事，或者只想做大事，最终肯定是不但成不了大事，反而连小事也做不好。

任何一位成功者都是磨炼出来的，人的生命具有无限的韧性和耐力，只要你始终如一地脚踏实地做下去，无论在怎样的处境，无论大事或小事，都不放松自我。不自暴自弃，你便可以创造出令自己和他人都震惊的成就。

不积跬步，无以至千里；不积小流，无以成江海。凡成就一份功业，都需要付出坚强的心力和耐性，你想坐收渔利，那只能是白日做梦。你想凭侥幸靠运气夺取丰硕的果实，运气永远不会光顾你。

也许你勤奋地工作，到头来却家徒四壁，一事无成。但是，你如果不去勤奋工作，你就肯定不会有香车豪宅，不会有成就。所以，如果你想成功，你就要去做，马上做，即使是小事。

● 大的利益源于小的付出

对艾伦一生影响深远的一次职务提升是由一件小事情引起的。一个星期六的下午，一位律师（其办公室与艾伦的同在一层楼）走进来问他，哪儿能找到一位速记员来帮忙——手头有些工作必须当天完成。

艾伦告诉他，公司所有速记员都去观看球赛了，如果晚来 5 分钟，自己也会走。但艾伦同时表示自己愿意留下来帮助他，因为"球赛随时都可以看，但是工作必须在当天完成"。

做完工作后，律师问艾伦应该付他多少钱。艾伦开玩笑地回答："哦，既然是你的工作，大约 1000 美元吧。如果是别人的工作，我是不会收取任何费用的。"律师笑了笑，向艾伦表示谢意。

艾伦的回答不过是一个玩笑，并没有真正想得到 1000 美元。但出乎艾伦意料，那位律师竟然真的这样做了。6 个月之后，在艾伦已将此事忘到了九霄云外时，律师却找到了艾伦，交给他 1000 美元，并且邀请艾伦到自己公司工作，薪水比现在高出 1000 多美元。

一个周六的下午，艾伦放弃了自己喜欢的球赛，多做了一点事情，最初的动机不过是出于乐于助人的愿望，而不是金钱上的考虑。艾伦并没有责任放弃自己的休息日去帮助他人，但那是他的一种特权，一种有益的特权，它不仅为自己增加了 1000 美元的现金收入，而且为自己带来一项比以前更重要、收入更高的职务。

因此，我们不应该抱有"我必须为老板做什么？"的想法，而应该多想想"我能为老板做些什么？"一般人认为，忠实可靠、尽职尽责完成分配的任务就可以了，但这还远远不够，尤其是对于那些刚刚踏入社会的年轻人来说更是如此。要想取得成功，必须做得更多更好。一开始我们也许从事秘书、会计和出纳之类的事务性工作，难道我们要在这样的职位上做一辈子吗？成功者除了做好本职工作以外，还需要做一些不同寻常的事情来培养自己的能力，引起人们的关注。

如果你是一名货运管理员，也许可以在发货清单上发现一个与自己的职责无关的未被发现的错误；如果你是一个过磅员，也许可以质疑并纠正磅秤的刻度错误，以免公司遭受损失；如果你是一名邮差，除了保证信件能及时准确到达，也许可以做一些超出职责范围的事情……这些工作也许是专业技术人员的职责，但是如果你做了，就等于播下了成功的种子。

付出多少，得到多少，这是一个众所周知的因果法则。也许你的投入无法立刻得到相应的回报，也不要气馁，应该一如既往地多付出一点。回报可能会在不经意间，以出人意料的方式出现。最常见的回报是晋升和加薪。除了老板以外，回报也可能来自他人，以一种间接的方式来实现。

伟大始于平凡，一个人手头的小工作其实是大事业的开始，能否意识到这一点意味着你能否做成一项大事业，能否取得成功。

从前在美国标准石油公司里，有一位小职员叫阿基勃特。他在远行住旅馆的时候，总是在自己签名的下方，写上"每桶4美元的标准石油"字样，在书信及收据上也不例外，签了名，就一定写上那几个字。他因此被同事叫作"每桶4美元"，而他的真名反倒没有人叫了。

公司董事长洛克菲勒知道这件事后说："竟有职员如此努力宣扬公司的声誉，我要见见他。"于是邀请阿基勃特共进晚餐。

后来，洛克菲勒卸任，阿基勃特成了第二任董事长。

这是一件谁都可以做到的事，可是只有阿基勃特一个人去做了，而且坚定不移，乐此不疲。嘲笑他的人中，肯定有不少人才华、能力在他之上，可是最后，只有他成了董事长。

一人的成功，有时纯属偶然，可是，谁又敢说，那不是一种必然呢？

恰科是法国银行大王，每当他向年轻人回忆过去时，他的经历常会令闻者沉思起敬，人们在羡慕他的机遇的同时，也感受到了一个银行家身上散发出来的特有精神。

还在读书期间，恰科就有志于在银行界谋职。一开始，他就去一家最好的银行求职。一个毛头小伙子的到来，对这家银行的官员来说太不起眼了，恰科的求职接二连三地碰壁。后来，他又去了其他银行，结果也是令人沮丧。但恰科要在银行里谋职的决心一点儿也没受到影响。他一如既往地向银行求职。有一天，恰科再一次来到那家最好的银行，"胆大妄为"地直接找到了董事长，希望董事长能雇佣他。然而，他与董事长一见面，就被拒绝了。对恰科来说，这已是第52次遭到拒绝了。当恰科失魂落魄地走出银行时，看见银行大门前的地面有一根大头针，他弯腰把大头针拾了起来，以免伤人。

回到家里，恰科仰卧在床上，望着天花板直发愣，心想命运对他为何如此不公平，连让他试一试的机会也没给，在伤心中，他睡着了。第二天，恰科又准备出门求职，在关门的一瞬间，他看见信箱里有一封信，拆开一看，恰科欣喜若狂，甚至有些怀疑这是否在做梦——他手里的那张纸是录用通知。

原来，昨天恰科蹲下身子去拾大头针的细节，被董事长看见了。董事长认为如此精细小心的人，很适合当银行职员，所以，改变主意决定雇佣他。恰科是一个对一根针也不会粗心大意的人，因此他才得以在法国银行界平步青云，终于有了功成名就的一天。

人生的美德再没有比爱心来得更宝贵的了。它是一切美好事物的头。"如果把爱拿走，地球就变成一座坟墓了。"而当你献出心中的爱时，得到爱会成倍地增加，甚至一个小小的爱心之举就会改变你的命运，让你一举成名。

韩国韩进企业集团的董事长赵重熏，原来只是在仁川干货运生意的一名司机，由于当时于司机这一行业是很低贱的工作，所以他设立的韩进商场发展得一直很慢。使他真正发达起来的转折点，就是他做了富有爱心的一件事。

一天，赵重熏由首尔开车前往仁川时，经过富平时，看到路旁有辆抛锚的轿车，是位美国女士的。他马上下车热心地帮这位美国女士修好车。令人意想不到的是这位女士竟然是驻韩美军高级将领的夫人，她在感激之余把赵重熏介绍给自己的丈夫。从此，这位企业家开始真正地起飞了。因为当时朝鲜战争结束不久，韩国国内物资极度匮乏，全靠美军援助。在这位驻韩美军高级将领的帮助下，赵重熏接下了美援物资运输这笔大生意，他开始日进斗金，快速发展起来。后来，在越南战争期间，他又利用和驻韩美军的亲密关系，获得了在越南从事军运的许可，从此赚到了1.3亿美元。

如今，韩国企业集团包括大韩航空在内，一年总营业额为12000亿元韩币。这一切成就的根源，就是赵重熏的爱心。

爱心的力量不可估量，它是一个人走向成功的内在动力。它不仅可以让你的心灵得到满足，重要的是，在你献出爱心的同时，他人会记住你的爱心，在你需要帮助的时候，他们也就会真心实意地支持你。爱心是互补的，只要你充满了爱心，你就会被别人的爱心所包围，这样的人自然更容易取得成功。

但是要培养出良好的"爱"的艺术并非轻而易举的事，它需要你通过自身的努力实践来获得。在生活中，你要处理好与同事、邻里和上司的关系，一旦他们有什么困难需要帮助时，你就要挺身而出，帮他们做一些力所能及的事。

总之，你要加强自我修养，多向一些修养好、品德高尚、富有爱心的人学习。毕竟人生因为有爱才有意义、有激情、有奔头。而能使你走向成功的唯一动力，也正是它——爱心。

第 2 章

魔鬼在细节中

密斯·凡·德罗作为20世纪世界上最伟大的建筑师之一，只用5个字来描述他成功的原因，即"细节是魔鬼"。

● 细节是一种创造

有位医学院的教授，在上课的第一天对他的学生说："当医生，最要紧的就是胆大心细！"说完，便将一只手指伸进桌子上一只盛满尿液的杯子里，接着再把手指放进自己的嘴中，随后教授将那只杯子递给学生，让这些学生学着他的样子做。看着每个学生都把手指探入杯中，然后再塞进嘴里，忍着呕吐的狼狈样子，他微微笑了笑说："不错，不错，你们每个人都够胆大的。"紧接着教授又难过起来："只可惜你们看得不够心细，没有注意到我探入尿杯的是食指，放进嘴里的却是中指啊！"

教授这样做的本意，是教育学生在科研与工作中都要注意细节。相信尝过尿液的学生应该终生能够记住这次"教训"。

其实我们做企业更需要养成注意细节的习惯。所谓千里之堤，溃于蚁穴，但是细节更为宝贵的价值在于，它是创造性的，独一无二的。因为在每一个看似细小的环节当中，都凝结着经营者点点滴滴的心血和智慧。台湾地区首富王永庆就是一个善于在经营中创新之人。

王永庆早年家里非常穷，根本读不起书，只好去别人的米行里做伙计。他做伙计期间，一边留心观察来来往往的各种人，特别是老板怎么谈生意，一边积累一点资金。

16 岁那年，王永庆在老家嘉义开了一家米店。当时，小小的嘉义已有 30 家米店，竞争相当激烈。当时仅有 200 元资金的王永庆，只能在一条偏僻的巷子里租一个很小的铺面。他的米店地段偏僻，开得晚，规模小，没有任何优势。刚开张的时候，生意冷冷清清，门可罗雀。

王永庆就背着米袋，一家一家地上门推销，但效果就是不行。王永庆感觉到，要想立足米市场，自己就必须有一别人没做到或做不到的优势。仔细思量以后，王永庆决定在米的质量和服务上下功夫。

20 世纪 30 年代的中国台湾，农村还非常落后，做饭的时候，都要淘米，很不方便。但长期积累的习惯，买卖双方都见怪不怪。

王永庆经过长期的观察在这里找到了突破口。他带领弟弟一起动手，不辞辛苦，不怕麻烦，一点点的将米里的秕糠、沙石之类的杂物挑出来，再出售。

这样，王永庆店里米的质量就比别人的高一个档次，深受顾客的喜爱，生意也就一天天好起来了。同时，王永庆在服务质量上也更进了一步。当时，客户都是自己来买米，自己扛回去。这对年轻人来说，也许并没什么；对老年人来说，就有些不方便了。王永庆注意到了这一点，便主动送货上门。这就大大方便了顾客，尤其是一些行动不便的老年人。这些为米店树立了非常好的声望。

王永庆送货上门并不是简单的一放了事。他送货时，还要将米倒到米缸里。如果缸里有米，他就将旧米倒出来，擦干净米缸，然后将新米倒进去，把旧米放在上层。这样，使米不至于因存放时间过长而变质。这一精细的服务，赢得了许多顾客的心，使回头客一天天变多了。

不光如此，王永庆每次送货上门后，还要用本子记下这家的米缸有多大，有多少人吃饭，多少大人，多少小孩，每人的饭量如何等等。他根据记载的情况估计顾客会什么时候要米。等时候一到，不用顾客上门，他就将相应数量的米送上门来了。

在送米的过程中，王永庆发现，当地的许多居民大多数都靠打工为生，经济条件不富裕，许多家庭还未到发薪的时候，就已经没钱花了。由于王永庆是主动送货上门的，货到要收款，有的顾客手头紧张，一时拿不出钱来，会弄得大家都很尴尬。于是，王永庆采取"按时送米、定时收钱"的办法，先送米上门，等他们发工资后，再约定时间上门收钱。这样极大地方便了一些经济条件较差的顾客，同时在社会上树立了好口碑。

酒香不怕巷子深。王永庆米行的生意很快就吸引了整个嘉义城。

　　经过一年多的资金积累和客户积累，王永庆便自己办了一个碾米厂，并把它设在最繁华的地段。从此，王永庆开始了向中国台湾首富的目标迈进。

　　事业发展壮大后，王永庆在管理企业时，同样注重每一个细节。他的下属深深为王永庆精通每一个细节所折服。当然也有不少人批评他"只见树木，不见森林"，劝他学一学美国的管理，抛开细节只管大政策。针对这一批评，王永庆回答说："我不仅做大的政策，而且更注意点点滴滴的管理，如果我们对这些细枝末节进行研究，就会细分各操作动作，研究是否合理，是否能够将两个人操作的工作量减为一个人，生产力会因此提高一倍，甚至一个人兼顾两部机器，这样生产力就提高了 4 倍。"

　　一个企业要创新，必须加强对细节的关注。一向以创新意识著称的海尔集团总裁张瑞敏曾经说过："创新存在于企业的每一个细节之中。"

　　曾经留意到一家小餐厅内部的布置颇有一丝新意。各个餐桌上都摆上了一个颇有创意的牙签筒：筒体以"露露"的蓝、白色为基色，印有"露露"的logo，并且表面绘有与露露杏仁露包装罐体图案一致的图案，看似一件设计精美的艺术品；另外餐厅的墙壁上也挂上了一个很有个性的店表：整个店表同样以蓝、白为基色，配以红色的表针，表面中上端印有"露露"的logo，下半部分印有"中国驰名商标"、"美容养颜、调节血脂、调节非特异性免疫"（露露宣传广告语）等字样，整个店表浑然一体，没有丝毫的杂乱之感。

　　小小的牙签筒，设计精美，图案简洁，色彩明快，告别了单调的白色，既为顾客的就餐消费提供了方便，同时，又通过与产品包装罐体一致的图案设计吸引了顾客的眼球，形成了"露露"品牌极强的品牌联想力与品牌亲和力。据餐厅老板反映，露露牙签筒因设计精美、实用性强，存在比较严重的丢失现象，排除社会道德方面的因素，我们应该怎样从宣传效果的角度看待这一现象呢？结论只有一个：露露的牙签筒受欢迎！不仅商家欢迎，消费者也欢迎。顾客吃完饭，把牙签筒拿回家，再配以家庭范围内的口碑宣传，最终使露露宣传品的宣传效果得到了放大。而"露露餐厅"以蓝、白为主色，红色为点缀，三色构成了"露露"宣传品的代表色，极易与周围餐厅的装潢风格融为一体，起到了一般宣传品所没有的装饰效果。还是听听餐厅老板对露露餐厅的评价吧："露露为我们考虑得很周到，并非单纯为了宣传他们自己，倒像是为装饰我们，虽说上面也有他们的宣传语，不过很简洁明了，可是谁看了还都知道是露露的东西，这个度很难掌握。不像有些厂家只顾自己宣传了，广告的感觉太浓，甚至地址、电话、联系人都写上了，显得太乱，我们不爱用，即使当时勉强用上，他们厂家的人一走，我们就赶快换了"。

也许，有的企业并不重视这些细小的事情，但在世界上凡是知名的服务企业都是非常注重从细节上提高服务质量，而且制定了明确的服务标准，一切为顾客设想的服务方式，添置了舒适的服务设施，重视提高员工的服务素质，努力为顾客提供细致入微，超越顾客期望的服务。

又如，美国希尔顿大酒店发现旅客最害怕的是在旅馆住宿会睡不着觉，即人们通常所说的"认床"，于是和全美睡眠基金会达成协议，联合研究是哪些因素促使一些人一换了睡眠环境，就会难以入眠，然后对症下药，消除这些因素。从1995年3月起，美国希尔顿大酒店用不同的隔音设备，为顾客配用不同的床垫、枕头等，欢迎顾客试用。通过一段时间的试验，摸索出一种基本上适合所有旅客的办法，从而解决了一些人换床后睡不着的问题。

我们的经营在于从细小处着手，致力于从细小处创新，把顾客置于真正"正常"的位置，给他们一个优良的服务环境，才能达到经营的效果。

● 细节是一种能力

人常说："世事洞明皆学问，人情练达即文章。"要想在生活中练就一双发现细节的眼睛，需要你经历一个长期积累，细致观察的过程，只有如此，你才能拥有鹰一样敏锐的目光，发现别人所关注不到的东西。

宋代的米芾是个大画家，专爱收集古画，甚至到了不择手段的程度。他在汴梁城闲逛时，只要发现有人在卖古画，总会立即上前细细观赏，有时还会要求卖画者把画让他带回去看看。卖画者认得他是当朝名臣，也就放心地把画交给了他，他便连夜复制一幅假画，第二天将假画还去而将真画留下。由于他极善临摹，那假画的确足以乱真，故此得到不少名人真迹。

又一日，当他又用此法将自己临摹的一幅足以以假乱真的假画还去时，画主人却说了一句："大人且莫玩笑，请将真画还我！"米芾大惊，问道："此言何意？"那人回答："我的画上有个小牧童，那小牧童的眼里有个牛的影子，您的画上没有。"米芾听罢，这才叫苦不迭。

上述这个极易被人忽略的小牧童眼里牛的影子，就是细节，而一向"稳操胜券"的米芾，也正是"栽"在眼中的牛这个小小的细节上！而画主人之所以能够发现这一细节，肯定是对于画作有着非凡的鉴赏力和卓越的观察力，这绝非一天的工夫。

类似的情节还常常见于文学作品，《聊斋志异》中就有一篇。

　　有个老人一向为人豪爽,常常主动借钱接济四方。有个好赌的无赖听说此事,就找到老人也想借钱,老人于是答应了他。可也就在这时,老人却发现了这位借钱者的一个极其熟练的动作——这位借钱者见案头放着几枚铜钱,便伸出手来,将那几枚铜钱"高下叠放,如此再三"。老人立即由这个细节看出,此乃赌徒的习惯动作,故此不再借钱给他。

　　汪中求先生说过:"素养来自于日常生活中一点一滴的细节积累,这种积累是一种功夫。"为此他还特意举了一个例子:

　　某著名大公司招聘职业经理人,应者云集,其中不乏高学历、多证书、有相关工作经验的人。经过初试、笔试等四轮淘汰后,只剩下6个应聘者,但公司最终只选择一人作为经理。所以,第五轮将由老板亲自面试。看来,接下来的角逐将会更加激烈。

　　可是当面试开始时,主考官却发现考场上多出了一个人,出现7个考生,于是就问道:"有不是来参加面试的人吗?"这时,坐在最后面的一个男子站起身说:"先生,我第一轮就被淘汰了,但我想参加一下面试。"

　　人们听到他这么讲,都笑了,就连站在门口为人们倒水的那个老头子也忍俊不禁。主考官也不以为然地问:"你连考试第一关都过不了,又有什么必要来参加这次面试呢?"这位男子说:"因为我掌握了别人没有的财富,我本人即是一大财富。"大家又一次哈哈大笑了,都认为这个人不是头脑有毛病,就是狂妄自大。

　　这个男子说:"我虽然只是本科毕业,只有中级职称,可是我却有着10年的工作经验,曾在12家公司任过职……"这时主考官马上插话说:"虽然你的学历和职称都不高,但是工作10年倒是很不错,不过你却先后跳槽12家公司,这可不是一种令人欣赏的行为。"

　　男子说:"先生,我没有跳槽,而是那12家公司先后倒闭了。"在场的人第三次笑了。一个考生说:"你真是一个地地道道的失败者!"男子也笑了:"不,这不是我的失败,而是那些公司的失败。这些失败积累成我自己的财富。"

　　这时,站在门口的老头子走上前,给主考官倒茶。男子继续说:"我很了解那12家公司,我曾与同事努力挽救它们,虽然不成功,但我知道错误与失败的每一个细节,并从中学到了许多东西,这是其他人所学不到的。很多人只是追求成功,而我,更有经验避免错误与失败!"

　　男子停顿了一会儿,接着说:"我深知,成功的经验大抵相似,容易模仿;而失败的原因各有不同。用10年学习成功经验,不如用同样的时间经历错误与失败,所学的东西更多、更深刻;别人的成功经历很难成为我们的财富,但别人的失败过程却是！"

男子离开座位，做出转身出门的样子，又忽然回过头："这10年经历的12家公司，培养、锻炼了我对人、对事、对未来的敏锐洞察力，举个小例子吧——真正的考官，不是您，而是这位倒茶的老人……"

在场所有人都感到惊愕，目光转而注视着倒茶的老头。那老头诧异之际，很快恢复了镇静，随后笑了："很好！你被录取了，因为我想知道——你是如何知道这一切的？"

老头的言语表明他确实是这家大公司的老板。这次轮到这位考生一个人笑了。

其实，这个考生从一进门就开始留意到这个倒茶水的老人的眼神、气度、举止等，看出他是这个企业的老板，说明他是一个观察力很强的人。这种洞察入微的功夫不是一朝一夕能够练就的，而需要长期的积累，在注重对每一个细节的观察中不断地训练和提高。这一点，对于一个人和一个企业来说都是相当重要的。

那些目光敏锐、头脑有准备的伟人、创业者，总能审时度势抓住机遇，取得成功。"商品"这个资本主义的产儿，自资本主义社会诞生之日起，就经常和人们打交道，走进千家万户。由于司空见惯，没有人对它特别注意。然而，马克思却紧紧抓住了它，并花费毕生的精力研究、剖析它，从而揭开了资本主义社会的内幕和秘密，写出了巨著《资本论》。我国江西省某县民办教师段元星，在极差的条件下，长期坚持业余观测，用目测方法独立发现了一颗新星。

注意细节其实是一种功夫，这种功夫是靠日积月累培养出来的。谈到日积月累，就不能不涉及习惯，因为人的行为的95%都是受习惯影响的，在习惯中积累功夫，培养素质。勉强成习惯，习惯成自然。爱因斯坦曾说过这样一句有意思的话："如果人们已经忘记了他们在学校里所学的一切，那么所留下的就是教育。"也就是说"忘不掉的是真正的素质"。而习惯正是忘不掉的最重要的素质之一，否则，人们怎么会说"好运气不如好习惯"呢？

大家也许还记得达·芬奇画蛋的故事吧，为了把一个蛋画圆，达·芬奇成百上千次地不停画圆圈。任何事情都是这样，把细节做好，最好的办法就是对小事进行训练，并形成习惯。

前美国国务卿基辛格博士，在诸事繁忙之时，仍然坚持让自己的下属不断地培养对细节关注的习惯。当他的助理呈递一份计划给他的数天之后，该助理问他对其计划的意见。基辛格和善地问道："这是不是你所能做的最佳计划？"

"嗯……"助理犹疑地回答，"我相信再作些改进的话，一定会更好。"

基辛格立刻把那个计划退还给他。

努力了两周之后，助理又呈上了自己的成果。几天后，基辛格请该助理到他办公室去，问道："这的确是你所能拟定的最好计划了吗？"

助理后退了一步，喃喃地说："也许还有一两点可以再改进一下……也许需要再多说明一下……"

助理随后走出了办公室，腋下夹着那份计划，他下定决心要研拟出一份任何人——包括亨利·基辛格都必须承认的"完美"计划。

这位助理日夜工作，有时甚至就睡在办公室里，三周之后，计划终于完成了！他很得意地跨着大步走入基辛格的办公室，将该计划呈交给国务卿。

当听到那熟悉的问题"这的确是你能做到的最最完美的计划了吗"时，他激动地说："是的，国务卿先生！"

"很好。"基辛格说，"这样的话，我有必要好好地读一读了！"

基辛格虽然没有直接告诉他的助理应该做什么，然而却通过这种严格的要求来训练自己的下属怎样完成一份合格的计划书。

其实任何事情在刚一开始的时候都很难做，都没有可循的模式，只有按照某一种步骤进行训练，用自己的意志来坚持，才会慢慢形成运动员一个标准的动作、艺术家潇洒而俊美的一笔一画。有一句话叫"勉强成习惯，习惯成自然"，说的就是这个道理。

现在的企业都在强调格式化，但是格式化的前提就应当是操作规范的培训，只有培训才能使所有的人找到一个统一的标准，行动步调才能一致起来，更进一步讲，团队精神便是从培训中得来的。

所以说，员工进入企业一定要训练，而且任何小事都要训练，只有这样长期坚持下去，才能成就优秀的员工、优秀的业绩，优秀的企业。

● 细节隐藏机会

在一些正式场合，人们对一个陌生人的了解，注意的往往就是他的小节。在互不熟悉的情况下，人们在不知不觉中就会先入为主地认为：一个小节常常反映出大问题。所以，我们的小节便是我们的名片，是我们身份的象征。

鲁尔先生要雇一名勤杂工到他的办公室打杂，他最后挑了一个男童。

"我想知道，"他的一位朋友问，"你为什么挑他，他既没有带介绍信，也没有人推荐。"

"你错了，"鲁尔先生说，"他带了很多介绍信。他在门口时擦去了鞋上的泥，进门时随手关门，这说明他小心谨慎。进了办公室，他先脱去帽子，回答我的问题干脆果断，证明他懂礼貌而且有教养。其他所有的人直接坐到椅子上准备回答我的问题，而他却把我故意扔在椅子边的纸团拾起来，放到废纸篓中。他衣着整洁，头发整齐，指甲干净。难道这些小节不是极好的介绍信吗？"

可见，小节不小，体现大素质，无独有偶的是，某公司高价招聘一位白领员工，不少能人前来应聘，但只有一人顺利过关，为什么？因为细心的经理注意到了一个细节，这就是当女服务员为这些应聘者递送茶水时，只有他一个人挺礼貌地站起来并用双手接过，还说了声"谢谢"。

这两则事例充分说明了，在交际场合尤其是事关重大的交际场合，请千万注意细节，因为这些细节之中隐藏着很多改变你人生的机遇，所以，不要放过你身边的一件细小之事，哪怕是为一位陌生的老人送去一把椅子。

一个阴云密布的午后，由于瞬间的倾盆大雨，行人们纷纷进入就近的店铺躲雨。一位老妇也蹒跚地走进费城百货商店避雨。面对她略显狼狈的姿容和简朴的装束，所有的售货员都对她心不在焉，视而不见。

这时，一个年轻人诚恳地走过来对她说："夫人，我能为您做点什么吗？"老妇人莞尔一笑："不用了，我在这儿躲会儿雨，马上就走。"老妇人随即又心神不定了，不买人家的东西，却借用人家的店堂躲雨，似乎不近情理，于是，她开始在百货店里转起来，哪怕买个头发上的小饰物呢，也算给自己的躲雨找个心安理得的理由。

正当她犹豫徘徊时，那个小伙子又走过来说："夫人，您不必为难，我给您搬了一把椅子，放在门口，您坐着休息就是了。"两个小时后，雨过天晴，老妇人向那个年轻人道谢，并向他要了张名片，就颤巍巍地走出了商店。

几个月后，费城百货公司的总经理詹姆斯收到一封信，信中要求将这位年轻人派往苏格兰收取一份装潢整个城堡的订单，并让他承包写信人家族所属的几个大公司下一季度办公用品的采购订单。詹姆斯惊喜不已，匆匆一算，这一封信所带来的利益，相当于他们公司两年的利润总和！

他在迅速与写信人取得联系后，方才知道，这封信出自一位老妇人之手，而这位老妇人正是美国亿万富翁"钢铁大王"卡内基的母亲。

詹姆斯马上把这位叫菲利的年轻人，推荐到公司董事会上。毫无疑问，当菲利打起行装飞往苏格兰时，他已经成为这家百货公司的合伙人了。那年，菲利22岁。

随后的几年中，菲利以他一贯的忠实和诚恳，成为"钢铁大王"卡内基的左膀右臂，事业扶摇直上、飞黄腾达，成为美国钢铁行业仅次于卡内基的富可敌国的重量级人物。

菲利只用了一把椅子，就轻易地与"钢铁大王"卡内基攀亲附缘、齐肩并举，从此走上了让人梦寐以求的成功之路。这真是"莫以善小而不为"。

有人说："上帝就在细节中。"当然了，你如果留意了这些细节，并且能做好这些细节，未必能够像菲利一样幸运地赢得平步青云的机会，但如果你不做的话，那你也永远不会有这样的机会。

虽然一个人的成功，有时纯属偶然，可是，谁又敢说，那不是一种必然呢？在芸芸众生之中，有几人能像菲利一样不去拒绝那些平凡而又高尚的小事；又有多少人能长时间地坚持做好这些小事呢？这就看出来在很多看似偶然成功的背后，必有必然的因素在起作用。那种必然支配着这些偶然，很可能就是他们高出众人的整体素质。很多时候，这种素质就表现在坚持将"小事"做好。

许多人都因为事小而不屑去做，对待事情常常不以为然，抱有严重的轻视态度。有一个关于古希腊著名先哲苏格拉底和名徒柏拉图的故事，说明了做与不做之间的巨大差别，也使善于做"小事"可以成就"大事"这个观点更具说服力。

开学第一天，苏格拉底站在讲台上，对他的学生们说："今天大家只要做一件事就行，你们每个人尽量把胳膊往前甩，然后再往后甩。"说着，他先给大家作了一次示范。接着他又说道："从今天开始算起，大家每天做300下，大家能做到吗？"学生们都自得地笑了，心想：这么简单的事，谁会做不到？可是一年过去了，等到苏格拉底再次走上讲台，询问大家的完成情况时，全班大多数人都放弃了，而只有一个学生一直坚持着做了下来。这个人就是后来与其师齐名的古希腊大哲学家——柏拉图。

这也许正说明了柏拉图认真做"小事"的态度，为他以后闻名世界，在哲学领域有所建树奠定了最起码的"精神基础"，虽没有直接联系，但可以说，二者之间也不无关系吧！"这么简单的事，谁会做不到？"这正是许多人的共同心态。但是，世界上所有人与事，最怕"认真"二字。所有学有所长的成功者，虽然一开始，他们与我们都做着同样简单的微不足道的琐事，但是结果却大相径庭。细细分析，唯一的区别是，能成功者，他们从不认为他们所做的事是简单的小事，他们始终认为，现在所做的"小事"是为今后的"大事"做准备，他们目光所及之处，是十分辽阔的沃野，是浩瀚无边的大海，而常人眼中，现在所从事的工作，只是毫无生机的衰草和茫无目标的沙漠。

无论是"把胳膊往前甩"，还是"军营训练"、"服务顾客"，它们都要求我们必须具备锲而不舍的精神，坚持到底的信念，脚踏实地的务实态度和自动自发、精益求精的责任心。小事如此，大事当然概莫能外，古语"一屋不扫，何以扫天下"也是一个绝佳的佐证。如果你想飞得更快更高，那么就从眼前的"小事"做起吧！

● 细节产生效率和效益

每一条跑道上都挤满了参赛选手，每一个行业都挤满了竞争对手。如果你任何一个细节做得不好，都有可能把顾客推到竞争对手的怀抱中。可是，任何对细节的忽视，都会影响企业的效益。

很多企业都在对细节的管理上下足了功夫：

戴尔电脑公司的 CMM（软件能力成熟度模型），软件开发分为 18 个过程域，52 个目标和 300 多个关键实践，详细描述第一步做什么，第二步做什么。

麦当劳对原料的标准要求极高，面包不圆和切口不平都不用，奶浆接货温度要在 4℃以下，高一度就退货。一片小小的牛肉饼要经过四十多项质量控制检查。任何原料都有保存期，生菜从冷藏库拿到配料台上只有两小时的保鲜期，过时就扔掉。生产过程采用电脑操作和标准操作。制作好的成品和时间牌一起放到成品保温槽中，炸薯条超过 7 分钟，汉堡包超过 19 分钟就要毫不吝惜地扔掉。麦当劳的作业手册，有 560 页，其中对如何烤一个牛肉饼就写了 20 多页，一个牛肉饼烤出 20 分钟内没有卖出就扔掉。

当然也有一些企业因为对细节的疏忽造成了许多不必要的损失，以至于大意失荆州。

有一家广告公司承接了国内著名的某家电集团一批商场海报的设计和印刷任务，在设计稿设计完毕准备输入写真的时候，突然设计师小 N 发现海报上的 E-mail 有一个字母不对，在准备打电话通知暂缓写真的时候，身后的广告公司经理说："不用了，那样要耽搁时间，这个稿子上的文字我们是依据 H 公司提供的文字设计的，而且他们也已经签过了字认可。""可是这的确与我们原来设计时附加的 E-mail 不一样……"小 N 还没来得及说完，"听我的，就这样了！"，经理一锤定音。交稿之后，在该家电集团领导到商场检查工作时，不经意间发现了这个错误的 E-mail。"哪家做的？"部长指着海报问。"××广告公司。"产品经理回答。"看，这哪是我们的 E-mail！？"第二天，这个广告公司就被这个家电集团停止了业务。

也许一个 E-mail 并不是广告公司被暂停业务的全部理由，但我们却不能不说这样的工作的失误无疑加速了广告公司被暂停的脚步。就此，如果重新定义服务的标准，我们可以说——在我们为客户服务的过程中，在我们的职责和能力之内，我们有理由为客户把细节工作做得更好。

有人认为"针头线脑"，零零碎碎的小买卖，纯属"服务性"生意，经济效益不高，因而不受重视。与此相反，北京天桥百货商场，却非常重视小买卖。他们把小商品品种数量的多少，列为考核柜台组、售货员的重要指标，全商场经营的商品中，小商品占 6/10，达 6000 多种！天桥的经理们说：从政治上讲，群众需要小商品，商店不能不做小买卖。从经济效益上说，小买卖连着大买卖，这里也有辩证法。

有一年的夏天，一位从东北来京出差的顾客，上衣的一只纽扣脱落了，到"天桥"来买一个一分钱的纽扣。正值傍晚时分，百货柜台前，顾客云集，业务繁忙。可售货员照样热情地接待这位只买一分钱东西的顾客，先是精心替他挑了一只一分钱的纽扣，然后又拿出针线，替他把纽扣缝好，说了声"欢迎您下次再来"，这才去接待别的顾客。

第二天，这位顾客又来了，还带来了 3 个伙伴，他们一起来到商场党支部，向书记、经理表达了他们的谢意。然后又在"天桥"买了两块手表、两套服装，还有一些其他商品，一共花了 550 元。买纽扣的那位顾客，还特意把手中的笔记本递到那位售货员的跟前，指着其中的"备忘录"说："这两块手表是别人托我买的，您看看，本上写着，让我上'亨得利'去买，可我要在你们'天桥'买。你们的服务态度好，叫人信得过！"

一个商场经营成败与否，不仅仅在于商品的质量好坏、样式多寡和管理是否有效上，而售货员的服务是至关重要的，他们服务的好与坏对一个百货商场的经营起到生命线作用。顾客都喜欢去售货员服务热情的商场购物，然而，就是由于这种热情服务，给商场赢得了多少固定客户和回头客呀。

这就是细节的魅力，只要您能够以细心的态度和真诚的服务去关注和满足客户需要的每个细节，即使是一个微笑，一束鲜花也会为您带来非常的惊喜，非常的效益。

在今天，凡是做营销的人没有不知道乔·吉拉德的，他被认为是"世界上最伟大的推销员"。他是如何成功的呢？

乔·吉拉德认为，卖汽车，人品重于商品。一个成功的汽车销售商，肯定有一颗尊重普通人的爱心。他的爱心体现在他的每一个细小的行为中。

有一天，一位中年妇女从对面的福特汽车销售商行，走进了吉拉德的汽车展销室。她说自己很想买一辆白色的福特车，就像她表姐开的那辆，但是福特车行的经销商让她过一个小时之后再去，所以先过这儿来瞧一瞧。

"夫人，欢迎您来看我的车。"吉拉德微笑着说。妇女兴奋地告诉他："今天是我55岁的生日，想买一辆白色的福特车送给自己作为生日的礼物。""夫人，祝您生日快乐！"吉拉德热情地祝贺道。随后，他轻声地向身边的助手交代了几句。

吉拉德领着夫人从一辆辆新车面前慢慢走过，边看边介绍。在来到一辆雪佛莱车前时，他说："夫人，您对白色情有独钟，瞧这辆双门式轿车，也是白色的。"就在这时，助手走了进来，把一束玫瑰花交给了吉拉德。他把这束漂亮的鲜花送给夫人，再次对她的生日表示祝贺。

那位夫人感动得热泪盈眶，非常激动地说："先生，太感谢您了，已经很久没有人给我送过礼物。刚才那位福特车的推销商看到我开着一辆旧车，一定以为我买不起新车，所以在我提出要看一看车时，他就推辞说需要出去收一笔钱，我只好上您这儿来等他，现在想一想，也不一定非要买福特车不可。"就这样，这位妇女就在吉拉德这儿买了一辆白色的雪佛莱轿车。

正是这种许许多多细小行为，为吉拉德创造了空前的效益，使他的营销取得了辉煌的成功，他被《吉尼斯世界纪录大全》誉为"全世界最伟大的销售商"，创造了12年推销13000多辆汽车的最高纪录。有一年，他曾经卖出汽车1425辆，在同行中传为美谈。

你对你的客户服务越周到，他们就越会和你保持良好的关系。你提供的服务越细致、越全面，顾客对你的印象就越深刻。

1971年，年轻的布伊诺刚从学校毕业完成医护训练，口袋里空空如也，但他却具备了企业家天生的特质果断且有敏锐的判断力，命中注定会成为声名显赫的企业家。

布伊诺医师的事业生涯开始于一家位于杜奎德卡斯这个贫困城市的小医院，在这家仅有35张病床的医院里，有九成的病人是孕妇。事实上若以医院的标准来看，这家濒临破产边缘的医院，只不过是一间设置了一些简易的医疗器材的房舍罢了。而病人更是少得可怜，每天大约只有三位病人来医院做每周的产前检查。

面对这种惨淡经营，布伊诺忧心如焚。照这样下去，医院不日就会关门大吉，他不想做一个"关门院长"，于是他果断地做出以下决定：送顾客礼物。

医院的第一份礼物是免费为病人提供可乐。

这家医院的病人大多是非常贫困的，每月平均的收入约60美元左右；对他们而言，能够喝一罐可乐，就是个天大的享受。

因此，布伊诺决定，凡是来医院做产前检查的孕妇，就可以免费得到一罐可乐。

医院的第二份礼物是免费为病人提供接送的专车。

医院原本有一辆只在下午供团体使用的厢型车，布伊诺决定在每天上午利用这辆车送新生儿及其母亲回家。这种极具关爱的行动，给当地妇女带来很大的便利，立刻受到当地人的欢迎，进而得到了病人的感激。

医院的第三份礼物是免费讲授产妇育婴知识。

只要妇女参加这类预防疾病的课程，就可获得一些食物，并可参加抽奖。奖品有婴儿床、高脚椅、尿布等等，而且这一切都是免费的。

第四份礼物是免费提供儿童读物。

1992 年，布伊诺在医院设立了一个儿童俱乐部，只要父母带孩童加入，就可以得到一些小礼物以及一些教导小孩良好卫生习惯的儿童书刊，供病人及病人家属免费取阅。

第五份礼物是不分昼夜，随时都有专家医生的接待。

一般的医院，所谓的专家教授，接受患者的求诊，还得事先预约，摆足了架子。而在布伊诺所在的医院却随时都安排专家接诊。

如果病人打电话进来，电话旁的医师便会告诉他应到哪栋楼哪一个科室。同时通知医护人员待命。因此，当病人送到，医护人员包括医护专家早已在旁等候了。

第六份礼物是为边远地区的病人准备救护直升机以及救护车。

救护直升机和漆着"全方位关心"的救护车在机场随时待命。这不仅是光鲜亮丽的直升机及救护车而已，它代表机动的强力医疗救援体系，以科技来救生命，和死神赛跑，而这所有的一切都是免费的。可以说，服务是一项非常具体而又需要细心的工作，客户对服务的要求通常是较高的，需要 100% 满意。正是因为布伊诺经营的医院抓住了做好服务细节这一关键性因素，使这所濒临关闭的小医院不仅起死回生，而且成了远近闻名、受人欢迎的大医院。这就是经营细节带来了神奇效益，所以精明的企业家都是关注和钟爱细节之人，只要抓住细节的手，就抓住了企业未来的命运之手。

● 细节有时正是事物的关键所在

王老板最怕淹水，因为他卖纸，纸重，不能在楼上堆货，只好把东西都放在一楼。

天哪！还差半尺。天哪！只剩两寸了。每次下大雨，王老板都不眠不休，盯着门外的积水看。所幸回回有惊无险，正要淹进门的时候，雨就停了。

一年、两年，都这么度过。这一天，飓风来，除了下雨，还有河水泛滥，门前一下子成了条小河，转眼水位就漫过了门槛，王老板连沙包都来不及堆，店里几十万的货已经泡了汤。

王太太、店员、甚至王老板才十几的儿子都出动了，试着抢救一点纸，问题是，纸会吸水，从下往上，一包渗向一包，而且外面的水，还不断往店里灌。

大家正不知所措，却见王老板一个人，冒着雨、蹚着水，出去了。"大概是去找救兵了。"王太太说。而几个钟头过去，雨停了、水退了，才见王老板一个人回来。这时候就算他带几十个救兵回来，又有什么用？店里所有的纸都报销了，又因为沾上泥沙，连免费送去做回收纸浆，纸厂都不要。

王老板收拾完残局，就搬家了，搬到一个老旧公寓的一楼。他依旧做纸张的批发生意，而且一下子进了比以前多两三倍的货。

"他是没淹怕，等着关门大吉。"有职员私下议论。果然，又来台风，又下大雨，河水又泛滥了，而且，比上次更严重。好多路上的车子都泡了汤，好多地下室都成了游泳池、好多人不得不爬上屋顶。

王老板一家人，站在店门口，左看，街那头淹水了；右看，街角也成了泽国，只有王老板店面的这一段，地势大概特高，居然一点都没事，连王老板停在门口的新车，都成了全市少数能够劫后余生的。王老板一下子发了，因为几乎所有的纸行都泡了汤，连纸厂都没能幸免，人们急着要用纸，印刷厂急着要补货、出版社急着要出书，大家都抱着现款来求王老板。

"你真会找地方，"同行业问，"平常怎么看，都看不出你这里地势高，你怎会知道？"

"简单嘛。"王老板笑笑，"上次我店里淹水，我眼看没救了，干脆蹚着水、趁雨大，在全城绕了几圈，看看什么地方不淹水。于是，我找到了这里。"

王老板拍拍身边堆积如山的纸，得意地说："这叫救不了上次，救下次，真正的'亡羊补牢'哇"。

其实，王老板之所以能够成功是与他留意到在大雨中，全城哪里不淹水这样的一个细节是紧密相连的，这充分说明了细节有时恰恰是事物的关键所在。当然，"成由细节，败由细节"，就看你能不能充分发现并重视这些细节。

同样，对于营销来说，一个营销方案是否能取得预期效果，就还原创意和实现创意的过程而言，执行过程中的细节绝对是重中之重。

某乳品企业营销副总谈起他们在某市的推广活动时说："我们的推广非常

注重实效，不说别的，每天在全市穿行的 100 辆崭新的送奶车，醒目的品牌标志和统一的车型颜色，本身就是流动的广告，而且我要求，即使没有送奶任务也要在街上开着转。多好的宣传方式，别的厂家根本没重视这一点。"

然而，这个城市里原来很多喝这个牌子牛奶的人，后来却坚决不喝了，原因正是送奶车惹的祸。原来，这些送奶车用了一段时间后，由于忽略了维护清洗，车身沾满了污泥，甚至有些车厢已经明显破损，但照样每天在大街上招摇过市。人们每天受到这种不良的视觉刺激，喝这种奶还能有味美的感觉吗？

创造这种推广方式的厂家没想到："成也送奶车，败也送奶车。"对送奶车卫生这一细节问题的忽视，导致了创意极佳的推广方式的失败。

同样的问题越来越多地出现在各企业的各个营销环节中。很多企业在营销出现问题的时候，一遍遍思考营销战略、推广策略哪儿出了毛病，但忽视了对执行细节的认真审核和严格监督。

为什么企业界会发生如此多的悲剧呢？看看这些企业当年的发展规模和发展速度，看看这些企业当年的运作模式，有哪一家的失败不是"千里之堤，溃于蚁穴"的呢？尤其是保健品巨头三株。

三株，曾在短短的 3 年时间里，销售额提高了 64 倍，达到 80 亿，创造了中国保健品行业无比辉煌的帝国，其销售网络遍布全国城市，甚至村镇。总裁吴炳新曾吹嘘过："在中国有两大网络，一是邮政网，一是三株销售网。"但是，一篇《八瓶三株口服液喝死一条老汉》的新闻报道，便使三株这个庞然大物轰然倒下，气病了难得的企业帅才吴炳新，同时也使许多企业界人士长嗟短叹，唏嘘不已。

三株的垮掉原因当然是仁者见仁，智者见智。但是，其中有一种很奇怪的现象——当三株遭危机时，各级销售人员纷纷携款而去，值得人们深思。如此大的企业，居然管理纪律不严，财务监督不严，没有对付突发事件的应急方案。

我们来看看总裁吴炳新在 1997 年年终大会上总结的三株"十五大失误"吧。

（1）市场管理体制出现了严重的不适应，集权与分权的关系没处理好。

（2）经营体制未能完全理顺。

（3）大企业的"恐龙症"严重，机构臃肿,部门林立,程序复杂,官僚主义严重,信息不流畅，反应迟钝。

（4）市场管理的宏观分析、计划、控制职能未能有效发挥，对市场的分析估计过分乐观。

（5）市场营销策略、营销战术与消费需求出现了严重的不适应。

（6）分配制度不合理，激励制度不健全。

（7）决策的民主化、科学化没有得到进一步加强。

（8）部分干部骄傲自满和少数干部的腐化堕落，导致了我们许多工作没做到位。

（9）浪费问题严重，有的子公司70%广告费被浪费掉，有的子公司一年电话费39万元，招待费50万元。

（10）山头主义盛行，自由主义严重。

（11）纪律不严明，对干部违纪的处罚较少。

（12）后继产品不足，新产品未能及时上市。

（13）财务管理严重失控。

（14）组织人事工作和公司的发展严重不适应。

（15）法纪制约的监督力不够。

由此可见，三株的倒闭并非是因哪家新闻报道所为，而是三株的"大堤"早已被"蚁穴"掏空了。试想，内部如此混乱不堪的一家企业，怎么经得起市场的大潮呢？如果不是三株内部管理存在这么多"蚁穴"，像三株这样大的企业产品质量不可能出现如此大的失误；如果不是三株内部存在这么多"蚁穴"，三株完全有能力事后补救，找出解救良药。

这也回答了这样一个问题，即为什么有的企业能够历尽风雨而长盛不衰，而有的企业却只能红火一时轰然倒下。重要的原因是对细节的态度和处理存在着根本的不同。从企业管理的角度来看，细节是管理是否到位的标志。管理不到位的企业很难成为成功的企业，更难以根基牢固。当前，忽视细节，管理不到位是不少企业的通病。如何在激烈的市场竞争中立于不败之地，是每个企业面临的重大课题。今后的竞争将是细节的竞争。企业只有注意细节，在每一个细节上下够功夫，才能全面提高市场竞争力，保证企业基业长青，在企业基本战略抉择成形以后，决定企业成败的就是"细节管理"。

在高科技日新月异，经济全球化飞速发展的形势下，伴随着社会分工的越来越细和专业化程度的越来越高，一个要求精细化管理的时代已经到来。细节成为产品质量和服务水平的有力表现形式。企业只有细致入微地审视自己的产品或服务，注意细节、精益求精才能让产品或服务日臻完美，在竞争中取胜。同样，如何处理好细节，从企业领导方面看，是领导能力与水平的艺术体现；从企业作风上看，是企业认真负责精神的体现；从企业发展上看，是企业实现目标的途径。

● 细节贵在执行

贝聿铭是一位我们熟知的华裔建筑师，他认为自己设计最失败的一件作品是北京香山宾馆。他在这座宾馆建成后一直没有去看过，认为这是他一生中最大的败笔。

实际上，在香山宾馆的建筑设计中，贝聿铭对宾馆里里外外每条水流的流向、水流大小、弯曲程度都有精确的规划，对每块石头的重量、体积的选择以及什么样的石头叠放在何处最合适等等都有周详的安排，对宾馆中不同类型鲜花的数量、摆放位置，随季节、天气变化需要调整不同颜色的鲜花等等都有明确的说明，可谓匠心独具。

但是工人们在建筑施工的时候对这些"细节"毫不在乎，根本没有意识到正是这些"细节"方能体现出建筑大师的独到之处，随意"创新"，改变水流的线路和大小，搬运石头时不分轻重，在不经意中"调整"了石头的重量甚至形状，石头的摆放位置也是随随便便。看到自己的精心设计被无端演化成这个样子，难怪贝聿铭要痛心疾首了。

因此，香山宾馆建筑的失败不能归咎于贝聿铭，而在于执行中对细节的忽视。

可见，一个计划的成败不仅仅取决于设计，更在于执行。如果执行得不好，那么再好的设计，也只能是纸上蓝图。唯有执行得好，才能完美地体现设计的精妙，而执行过程中最重要的在于细节。有时，看似一个微小细节的执行会给一个企业带来起死回生的神奇威力。

一位年轻人大学毕业后到一家大型企业工作。参加工作的前三年，公司的效益非常好，每个月他总会有一笔不菲的工资和奖金。在外人眼里，他能拥有这一切已经很不错了，他也很知足。和他一起共事的大都是大学毕业的年轻人，随着时间的推移，按部就班的工作节奏使他们变得懒散，总觉得工作生活中缺少激情。他们厌倦了目前的工作和生活，想跳槽换个环境。

市场的竞争是残酷的，经济的风云变幻是很难预料的。就在他们决定跳槽的时候，公司由于在一个重大项目上决策失误，损失惨重，多年来公司创造的辉煌一夜之间化为乌有，面临破产的困境。平时公司的经理带领他们创业，对这些年轻人也格外照顾。在公司处于困境的时候选择跳槽，他们很是过意不去，但是长期在公司待下去不会有太大的发展前途。权衡再三，他们决定离开，另谋高就。就这样他们联合了几个年轻人写好了辞职报告。

盛夏时节酷暑难耐，为了节约用电，公司老总把自己办公室空调的温度从

23℃提高到24℃。为此，经理特意在门口贴了一张小纸条："关键时刻，让我们从点滴做起。尽管公司处于困境，但困难只是暂时的，如同乌云遮不住太阳。为了节省1℃的电量，你们进入我的办公室时，可以随便减去一件衣服。"

在这个以严格的等级制度管人的公司，没有人可以在进入经理的办公室之前随随便便脱去西装。尽管经理贴出了小纸条，可是没有人在进入他的办公室之前减衣服。时间长了，经理发现了这一点，立即从自己做起，自己先减去一件衣服，穿着随便些，让来汇报工作的员工放松心情，自然一些。

那天他们走到经理办公室，看到小纸条，没敢脱衣服，但心微微地被震动了一下。走进办公室，他们发现经理穿着很随便，而且他们观察到经理室的空调温度比往常高了1℃。经理让他们脱去外套，有什么想法慢慢汇报。先前想好的理由顷刻间化为乌有，最后他们红着脸退了出去。此后，他们的心长久地被那1℃温暖着，尽管那1℃对一个员工上千的企业算不了什么，但是他们从那微不足道的1℃中看出了一种温暖，一种精神。几个月过去了，始终没有人提辞职的事情。后来那家公司走出了困境，企业的发展蒸蒸日上。有人说企业的成功与1℃有关，也有人说与1℃无关。但是，可以肯定大家都从企业的高出的1℃的温度中感受到了企业发展的内在潜力，留住了员工的心，也赢得了企业发展的机遇。

现代企业处在一个迅猛发展的时代，很多决策者制定的方针路线都是正确的。但是，往往出现这样一种情况，就是落实时，再好的计划都会走样变形，甚至完全失败。

反观这些企业所走的每一步路，就会发现，很多事之所以没有做好是因为细节没有做透，这就是执行力的问题。如果细节做到位了，执行力就不存在问题。这个问题是企业中的每一个人、每一个机构、每一个团队都有必要注意的。

有分析家认为，海尔企业精确管理的经验之一，就是把任何一个总目标科学准确地细化分解。

海尔细化、分解组织目标是按"集团—本部—事业部—各职能部门—责任部门—个人"的方式层层展开的。在细分的过程中，每个分目标的具体指标和详细的执行措施也随之逐层细分，纵向到底，直至落实到员工个人。科学的细化、分解举措保证了企业的各项工作的目的性和有效性，减少了资源浪费，为企业目标的实现提供了强有力的实施保障。

在对总目标进行细节分解时，首先要对员工进行认真的分析，把每个员工的长处和短处分析清楚，制定出最佳的细化方案，把任务安排给最合适的人去完成。做到了这一点，管理者手下就没有不可用之人，所有的人都会成为好的工作者。本着这样的精神去安排每一个人的工作，做到在自己所在范围内"人人有事做，事事有人管"，连办公室的玻璃由谁擦，电灯由谁关这样的细节都落实到人了，就会充分调动每个人的责任感和积极性。

而国内许多企业在投入与产出之间往往形成一个巨大的空档。只对投入产出作了理想的规划，对如何落实则没有扎实的手段。一些企业的领导者表面上气势很大，敢于拍板，实际上缺乏周密考虑，对战略实施的困难估计不足。这些企业都实行"大概级"的管理，其水平低下正是目前影响企业效益的根本原因之一。

还是以飞龙为例。飞龙集团总裁姜伟是"中国改革风云人物"之一，1990年10月创立企业时，注册资金只有75万元，第2年就实现利润400万元，1992年实现利润6000万元，1993年、1994年连续两年利润超过两个亿。这个靠"飞燕减肥茶"起家、"延生护宝液"发财的民营企业，资本积累速度绝不亚于海尔，其"地毯式"广告轰炸产生的品牌效应一时间也不亚于海尔，可为什么1995年一遇上保健品市场下滑就一蹶不振？

此中原因非常复杂，姜伟本人对此进行过深刻反省。在其《总裁的20大失误》里，姜伟对飞龙跌落的原因从决策、管理、市场、人才等诸个方面进行了剖析。其中第11大失误是：

"管理规章不实不细。飞龙集团发展6年中制定了无数条规章和纪律，规章制度已经比较完整。但这些规章大部分没有严密的具体细则，没有落实到具体责任人，导致有规难依的局面。纠正这一错误要从现在开始，总部各部门、市场各公司重新把现有的法规完善后，要增加两方面内容，即法规实施细则和实施检查细则。"

其实，像飞龙公司等企业，其规章制度不可谓无，也不可谓不严、不实、不细。但这些规章制度往往说在口头上、写在纸上、钉在墙上，就是落实不到行动上。

"天下大事，必做于细"我们可以延伸为"天下企业，必做于细"，关键在于一个"做"字，没有实际行动，领导者的宏伟目标只是空想而已。

第 3 章

留心细节，抓住机遇

人生无处不机遇。只要你能够留心身边每一个细节，也许只是一个无意间听来的小信息，也会带给你无限的惊喜。

● 事事留心皆机遇

人生漫漫，机遇常有，但决定我们命运的不是我们的机遇，而是我们对机遇的看法。机遇悄然而降，稍纵即逝。因此，你若稍不留心，她就将翩然而去，不管你怎样地扼腕叹息，她却从此杳无音讯，一去不复返。因此，有些人认为，一些人之所以不能成功，并不是因为没有机遇，并不是幸运之神从不照顾他们，而是因为他们太大意了，他们的大意使他们的眼睛混浊而呆板，因而机遇一次次地从他们眼前溜走而自己却浑然不觉。因此，对于这些人来说，他们要想取得成功，要想捕捉到成功的机遇就必须擦亮自己的双眼，使自己的双眼不要蒙上任何的灰尘。这样，他们才能够在机遇到来的时候伸出自己的双手，从而捕捉到成功的机遇。而那些之所以能够取得成功的人并不是幸运之神偏爱他们，幸运之神对谁都一视同仁，幸运之神不会偏爱任何一个人。成功的人之所以能每每抓住成功的机遇，完全是由于他们在生活中处处都很留心，他们具有一双捕捉机遇的慧眼，当机遇来临的时候，他们就能迅速做出反应，从而把机遇牢牢地抓在自己的手中。

捕捉机遇一定要处处留心，独具慧眼。其实只要你仔细留心身边的每一件小事，这每一件小事当中都可能蕴藏着相当的机会，成功的人绝不会放过每一件小事。他们对什么事情都极其敏感，能够从许多平凡的生活事件中发现很多成功的机遇。

有一次，日本索尼公司名誉董事长井琛大到理发店去理发，他一边理发一边看电视，但由于他躺在理发椅上，所以他看到的电视图像只能是反的。就在这时，他突然灵机一动。心想："如果能制造出反画面的电视机，那么即使躺着也能从镜子里看到正常画面的电视节目。"有了这些想法，他回到索尼公司之后就组织力量研制和生产了反画面的电视机，并把自己研制出来的电视机投放到市场上去销售。果然这种电视机受到了理发店、医院等许多特殊用户的普遍欢迎，因而取得了成功。这则事例给我们的启示就是功夫不负有心人，只要你能够处处留心，那么就有很多的机会在向你招手。

美国第四大家禽公司——珀杜饲养集团公司董事长弗兰克·珀杜，讲述了他成功的经历和童年的一段故事：

珀杜10岁时，父亲给了他50只自己挑选剩下的劣质仔鸡，要他喂养并自负盈亏。在小珀杜的精心照料下，这些蹩脚的鸡日见改观、茁壮成长。不久，产蛋量竟超过了父亲的优质鸡种，每日卖蛋纯收入可得15美元左右，这在大萧条时期可是一笔大钱。开始时，父亲不相信，当他亲眼看见小珀杜把鸡蛋拿出去时才开始相信他。后来珀杜开始帮助父亲管理部分鸡场，事实再一次证明他的管理和销售能力。他管理的几个鸡场的效益超过了父亲。1984年，父亲终于将他的整个家禽饲养场全部交给珀杜管理。

珀杜之所以能比父亲经营管理得好，是因为他能注意到一些很细小的环节。因为他对事物的仔细观察，使他发现了隐藏在细小事物中的机遇，从而见微知著。

10岁的时候，珀杜对鸡的生活习性一点也不了解。但是他认真观察后发现，当一只鸡笼里的小鸡少了时，小鸡吃得就多，成长得就快，但是太少了又会浪费鸡笼和饲料。于是他就慢慢地寻找最佳结合点，最后总结出每只笼子里养40只小鸡是最合理的。注意事物的每一个细节，从中可以发现使人成功的机遇，从而对总体的把握更加准确。抓住了微妙之处，也就把握了荦荦大端。

处处留心皆机遇，要做生活当中的有心人是因为机会往往来得都很突然或者很偶然。因此，只有留心、用心的人才有可能在机会来临的一瞬间捕捉到它。比如说世界上第一个防火警铃就是在实验室的一次实验中偶然发明的。第一个防火警铃的发明者杜妥·波尔索当时正在试验一个控制静电的电子仪器，忽然他注意到他身边的一个技师所抽的香烟把仪器的马表弄坏了。开始时，杜妥·波尔索的第一反应是非常懊恼，因为马表坏了必须中止实验，重新再装上一个马表。但他很快地就想到，马表对香烟的反应可能是一个非常有价值的资讯。

这个只是一瞬间发生的看似很不起眼的偶然事件，就促使杜妥·波尔索发明了第一个防火报警警铃，在防火领域做出了突破性的贡献。

不仅仅像防火报警警铃的发明来自生活中很突然的偶发事件，其实，世界上有很多的发明创造都是来自这种生活中突发的偶然事件。被称为"杂交水稻之父"的我国农业科学家袁隆平发明杂交水稻也是如此。袁隆平有一次在稻田里，无意之中突然发现了一株自然杂交的水稻。由此，他想到目前我们人类所认定的水稻不能杂交的结论可能是个错误的结论。于是，通过艰苦的科学研究，他攻克了一个又一个难关，终于成功地培育出了杂交水稻，从而一举成了足以改变人类命运的世界级的科学家。

面对许许多多这样成功的事例，你也许会说，我整天都坐在果园里，苹果树上的苹果把我的头都砸烂了，为什么我就没有像牛顿一样发明出一个什么定律？可能你还会说，我一年四季都不停地在稻田里转悠，我的脑子都快要被水稻装满了，我自己也快要变成水稻了，可我怎么就没有发现一株自然杂交的水稻？

有一句谚语说："有恒为成功之本。"这句话一语点破了勤奋出机遇的道理。机遇的出现是同个人的打拼紧密联系在一起的。

每个人心里都清楚，机遇并不是一朵开在花园里的鲜花，你伸手就能将它采摘，它是一朵开在冰天雪地、悬崖峭壁上的雪莲，只有那些不畏艰险，勇于攀登高峰的人才能闻得它的芳香，才能将它拥有。

拿著名漫画家方成来说，每个人都知道他以画漫画为业，但很少有人知道他曾经是一位从事化学研究的工作人员。方成在漫画上取得如此高的成就，完全是凭借个人的奋斗精神。多年以来，方成一直在报社当编辑，专门为文章配漫画，常常是夜里定下题目，然后仔细构思，反复揣摩，第二天就要交稿见报。然而并不是每次工作都能顺利完成，有时画稿交上去以后，回家后又想出新的主意，于是又重新画一幅；有时费尽心思也想不出好的点子，他就把头放在水龙头下冲一冲，继续思索，直到画出一幅自己满意的漫画为止。

几十年如一日，方成凭借自己的勤奋努力，抓住了一个几乎不存在的机遇——作为一个漫画家享誉中外。由此可见，如果方成缺乏一种奋斗精神，那么他不可能碰到这种得之不易的机遇；如果对一开始的退稿感到心灰意冷，那么他不可能最终成为知名的漫画家。

方成的成功，向我们说明了任何机遇都不是偶然的，而是"得之在俄顷，积之在平日"。只有平时的刻苦勤奋，只有敢于在荆棘丛生、充满危险的无路之处走出一条平坦的大道，才能创造出原本不属于自己的机遇。"天赐良机"，只是对那些平日潜心奋斗者的回报。

在人的一生中，总会碰到各式各样的偶然性的机会，但是，假如没有平时对知识的积累、辛勤持久的思索，那么，机会即使降临了，也无从知晓，知晓了也不会捕捉利用，所以，人不能把希望寄托在偶然性的机会上。

● 不放弃万分之一的机会

绝不放弃万分之一的可能，终归有收获；轻易放弃一分希望，得到的将是失败。

这是一个崇尚开拓创新的时代，人人都渴望能证实自我。正因为如此，我们更应该勇敢地面对失败。失败并不可怕，由于恐惧失败而畏缩不前才是真正可怕的。

要战胜失败，就不要放弃尝试各种的可能性。

以精益求精的态度，不放弃尝试种种的可能，终会有成果的。

有个年轻人去微软公司应聘，而该公司并没有刊登过招聘广告。见总经理疑惑不解，年轻人用不太娴熟的英语解释说自己是碰巧路过这里，就贸然进来了。

总经理感觉很新鲜，破例让他一试。面试的结果出人意料，年轻人表现糟糕。他对总经理的解释是事先没有准备，总经理以为他不过是找个托词下台阶，就随口应道："等你准备好了再来试吧。"

一周后，年轻人再次走进微软公司的大门，这次他依然没有成功。

但比起第一次，他的表现要好得多。而总经理给他的回答仍然同上次一样："等你准备好了再来试。"就这样，这个青年先后5次踏进微软公司的大门，最终被公司录用，成为公司的重点培养对象。

也许，我们的人生旅途上沼泽遍布，荆棘丛生；也许，我们追求的风景总是山重水复，不见柳暗花明；也许，我们前行的步履总是沉重、蹒跚；也许，我们需要在黑暗中摸索很长时间，才能找寻到光明；也许，我们虔诚的信念会被世俗的尘雾缠绕，而不能自由翱翔；也许，我们高贵的灵魂暂时在现实中找不到寄放的净土……那么，我们为什么不可以以勇敢者的气魄，坚定而自信地对自己说一声"再试一次！"永不放弃万分之一的可能性。

1832年，有一个年轻人失业了。而他却下决心要当政治家，当州议员，糟糕的是他竞选失败了。在一年里遭受两次打击，这对他来说无疑是痛苦的。他又着手办自己的企业，可一年不到，这家企业就倒闭了。在以后的17年里，他不得不为偿还债务而到处奔波、历尽磨难。

此间，他再一次决定竞选州议员，这次他终于成功了。他认为自己的生活可能有了转机，可就在离结婚还差几个月的时候，未婚妻不幸去世。他心力交瘁卧床不起，患上了严重的神经衰弱症。

1838 年，他觉得身体稍稍好转时，又决定竞选州议会长，可他失败了；1843 年，他又参加竞选美国国会议员，但这次仍然没有成功……

试想一下，如果是你处在这种情况下会不会放弃努力呢？他一次次地尝试，一次次地失败，企业倒闭，情人去世，竞选败北，要是你碰到这一切，你会不会放弃，你的梦想？他没有放弃，也始终没有说过：要是失败会怎样？1846 年，他又一次参加竞选国会议员，终于当选了。

在以后的日子里，他仍在失败中奋起，一次又一次地努力，最后，1860 年，他当选为美国总统，他就是亚伯拉罕·林肯。

林肯一直没有放弃自己的追求，一直在做自己生活的主宰，他用永不言败的精神迎来了成功。他以自己的经历告诉我们：成功不是运气和才能的问题，关键在于适当的准备和不屈不挠的决心。面对困难，不要退却，不要逃避。林肯压根就没有想过要放弃努力。他不愿放弃，也从不言败。

很多时候，所谓的困难只是一只"纸老虎"，它横在路上阻碍你前行，如果你被吓住了，那么你永远也遇不到它后面的成功。人们经常在做了90%的努力后，放弃了最后可以让他们成功的10%的努力。这不仅使他们输掉了全部的投资，更丧失了最后发现宝藏的喜悦。

告诉你一个保证失败的规律：每当你遭受挫折时便放弃努力。再告诉你一个保证成功的诀窍：每当你失败时，再去尝试，成功也许就在你的一点点努力之后。

在向成功之巅攀登的途中，我们必须记住：梯子上的每一级横级放在那儿是让搁脚的，是让我们向更高处前进的，而不是用来让你休息的。我们常常又累又乏，但举重冠军詹姆士·J·柯伯特常说："再奋斗一回，你就成了冠军。事情越来越艰难，但你仍需再努把力。"威廉·詹姆士指出，我们不仅要重整旗鼓，而且还要做第3次、第4次、第5次、第6次甚至是第7次的努力，在每个人体内都有巨大的储备力量，除非你明白并坚持开发使用，否则它是毫无意义的。因此，我们在工作和生活中碰到困难，绝不应轻言放弃。

丘吉尔下台之后，有一回应邀在牛津大学的毕业典礼上演讲。那天他坐在主席台上，打扮一如平常，还是一顶高帽，手持雪茄。

经过主持人隆重冗长的介绍之后，丘吉尔走上讲台，注视观众，沉默片刻。然后他用那种特别的丘吉尔式的风度凝视着观众，足足有 30 秒之久。终于他开口说话了，他说的第一句话是："永不放弃。"然后又凝视观众足足 30 秒。他说的第二句话是："永远，永远不要放弃！"接着又是长长的沉默。然后他说的第三句话是："永远，永远，永远不要放弃！"他又注视观众片刻，然后迅速离开讲台。当台下数千名观众明白过来的时候，立即响起了雷鸣般的掌声。

赌徒有一句名言："不怕输得苦，就怕断了赌。"意思很简单，输了不要紧，只要继续赌就可能赢回来。可能因为这个原因，于是有了"久赌无输赢"的赌谚。

我们是反对赌博的，但是这句赌博的谚语在人的生活中还是很有用的。一个人，只要心中充满了希望，就会不断地前进，最后实现自己的人生理想。如果没有理想，就像没有赌资的赌徒一样，就输到底了。

希望获得成功，必须坚持下去，平时做好准备，一是可以应付不时之需，二是为机会的到来做好准备。

两个人横穿大沙漠，一段时间以后，他们的水喝光了。烈日当空，酷热难当，其中一个人中暑倒下。

另一个人给他留下了一把枪和5发子弹，并叮嘱他："三小时后，每隔半小时向天空放一枪，我会尽快回来的。"说完，这个人就找水去了。

中暑的那个人在沙漠里焦急地等待。

时间是那样难熬，好不容易才过了两个半小时，他忍不住了，鸣响了第一枪；然后，第二枪、第三枪、第四枪也相继鸣响。可是找水的伙伴还是无影无踪。

只剩下最后一颗子弹了，怎么办？如果最后一颗子弹还不能唤回伙伴的话，自己就会被酷热的沙漠灼烤着痛苦地死去。

他一次次地问自己"怎么办"、"怎么办"，最后，他完全失去了信心和毅力，把最后的子弹，也就是第五颗子弹对准了自己的头打响了。

可是，他万万没有想到的是，正是这最后的第五颗子弹鸣响的时候，伙伴回来了，手里拿着满壶的清水……

在生活中，每个人都会遇到各种各样的难关。此时，我们只有两种选择：要么逃避，甚至于像那位中暑的人那样，用第五颗子弹结束自己的生命；要不就咬紧牙关挺过去。显然，任何人都应该进行第二种选择。因为，只有挺过去，才能为自己赢得机会——生命的机会！

● 说者无意，听者有心

少说多听，会更利于谈判者抓住对方的种种细节，以便找准突破口，使谈判成功。工于心计的谈判高手，往往用不到两分钟的时间介绍自己，而留下20

分钟让对方发言。

倾听是了解对方需要、发现事实真相的最简捷的途径。谈判是双方沟通和交流的活动，掌握信息是十分重要的。一方不仅要了解对方的目的、意图，还要掌握不断出现的新情况、新问题。因此，谈判的双方都十分注意收集整理对方的情况，力争了解和掌握更多的信息，但是没有什么方式能比倾听更直接、更简便地了解对方的信息了。

倾听能使你更真实地了解对方的立场、观点、态度，了解对方的沟通方式、内部关系，甚至是小组内成员的意见分歧，从而使你掌握谈判的主动权。

日本某公司在与美国某公司因购买设备而进行的谈判中，接连派出 3 个谈判小组，都是只提问、记录，而美方则滔滔不绝地介绍，把他们自己的底细全盘交给了日本人。当然，结果是日本人大获全胜，以最不利的交易条件争取到最大的利益。可见，会利用倾听也是一种非常有用的谈判战术。

其实，现在我们处在一个信息爆炸的时代。机遇就来自这浩如烟海的资讯，有时，一句话、一则消息，一件微不足道的小事，就包含着难得的机遇，关键看你是否善于倾听，留心这些信息以及如何对待它，能不能及时抓住它。

香港有"假发业之父"称号的刘文汉则是靠餐桌上的一句话抓住机遇的。

1958 年，不满足于经营汽车零配件的小商人刘文汉到美国旅行、考察商务。有一天，他到克利夫兰市的一家餐馆同两个美国人共进午餐，美国人一边吃、一边叽里呱啦谈着生意经，其中一个美国人说了一句只有两个字的话："假发。"刘文汉眼睛一亮，脱口问道："假发？"美国商人又一次说道："假发"，说着，拿出一个长的黑色假发表示说，他想购买 13 种不同颜色的假发。

像这样餐桌上的交谈，在当时来说，只不过是商场上普通的谈话，一句只有两个字的话，按说也没有什么特殊意义和价值，但是，言者无意，听者有心。刘文汉凭着他那敏捷的头脑，很快就做出判断：假发可以大做一番文章。这顿午餐，竟成了刘文汉发迹的起点。

他经过一番苦心的调查了解发现，一个戴假发的热潮，正在美国兴起，在刘文汉面前，展现了一个十分广阔的市场。他一回到香港，就马不停蹄，开始了对制造假发的原料来源的调查。他发现，把从印度和印尼输入香港的人发（真发）制成各种发型的发笼（假发笼），成本相当低廉，最贵的每个不超过 100 港元，而售价却高达 500 港元。刘文汉喜出望外，算盘珠一拨，立即做出决定：在香港创办工厂，制造假发出售。

但是，制造假发的专家到哪里去找？刘文汉又陷入了苦恼和焦虑。一天，一位朋友来访，闲谈中提到一个专门为粤剧演员制造假须假发的师傅。刘文汉不辞辛苦地追踪开了，终于找到了他。可是，这位高手制造一个假发，需要3个月的时间！这样怎么能做生意？怎么办？刘文汉的思路没有就此停止，他在头脑中飞快地将手工操作与机器操作联系起来，终于想出了办法。把这位独一无二的假发"专家"请来，再招来一批女工，精通机械之道的刘文汉又改造了几架机器，他手把手地教工人操作，由老师傅把质量关，发明与生产同步进行，世界第一个假发工厂就这样建成了。

各种颜色的假发大批量地生产出来，消息不胫而走，数千张订货单雪片般飞来，刘文汉兜里的钞票也与日俱增，到了1970年，他的假发外销额突破10亿港元，并当选为香港假发制造商会的主席。

刘文汉学会了听别人的话从而抓住了机遇，这不是点石成金，而是给他打开了一座机遇的宝库。所以说者无意，听者要有心。

说起来，机遇对于每个人都是公平的，她不在等待中出现，更不在幻想中降临，她只偏爱那些专注细节善于留心各种信息的人们，偏爱那些时刻奋斗着的人们，但是，很少有人会知道世界闻名的"希尔顿饭店"的诞生竟然是从一句话开始。

第一次世界大战结束之后，还不满30岁的希尔顿从法国战场回到美国，光荣退伍。

可是不久，他的父亲车祸丧生，这使他伤心至极。这时，他突发奇想，想在一种流浪式的移动中充分认识自己，从而寻找到未来生活的归宿。

他几乎走遍了新墨西哥州，并且处处留心观察州内的石油工业、小城镇的银行业、杂货店、公寓及旅店的生意情况，最后，他终于下定决心从事银行业。

希尔顿在新墨西哥州找不到银行业的事做，他的口袋里还有5000美元，于是他不想放弃，就继续向前，越过了州界，来到德克萨斯州。

德州盛产石油，他便决定到充满石油和发财机会的休斯哥镇去冒险。抵达镇上，得知靠近火车站有一家银行，便走进去问经理："你们这家银行要多少钱才出售？"

经理告诉他："只要你出得起7.5万美元就会售给你。"

希尔顿听了满怀信心，心里对自己说："对于一个渴望得到某种东西的人应该而且完全能够想尽办法去获得它。"

这时，他完全忘了自己身上有多少钱，也顾不得和对方讨价还价，就急忙走到火车站，在电报柜台给那家银行的业主拍出一份电报，表示他愿意以7.5万美元的价格买下这家银行。

电报发出之后，希尔顿的心情轻松起来，便悠闲自得地来到大街上漫步，心里还想着今后如何专心经营这家银行。他开始梦想着如何成为"银行业王国"的国王。

然而，当他重新回到这家银行时，报务员立即交给他一份电报说："售价已经涨到8万美元，买不买随你。"

希尔顿挨了这当头一棒，一时气得面红耳赤，半天说不出话来，最后只好悻悻地从银行里退了出来。

这时天色已晚。路灯照得街道对面的"莫利希饭店"几个字闪闪发亮，希尔顿想在那里住一夜，就横过街去。

"莫利希饭店"是一幢两层楼的红砖房，生意很好，希尔顿走进店门，见走道里站满了人，许多人挤到服务台前，争着要服务员办理住宿登记手续。

希尔顿想要一个房间，也挤上前去，话还没说出来，那个服务员就把旅店登记簿合上了，说："别挤啦，客满了！"

这时，挤在走道里的人群又骚动起来了，还没等希尔顿反应过来，许多人就像小孩子抢座位似的，拼命争抢走道里仅有的几张椅子。

希尔顿明白过来时，也想争一把椅子，但椅子早就被人抢光了，留下来的只有他身旁的那根柱子，他只好靠在柱子上站着，闭目盘算着，下一步该怎么办呢？

他突然觉得有人推了他一下，睁开眼来，见是一个绷紧了面孔的人在推这个又推那个，并一路叫着："出去！"原来他是在驱赶坐在椅子上的人。希尔顿站直了身子没有动，那人又走过来对他说："对不起，朋友，请在8点钟我们腾空了这个地方的时候，你们再到这里来。"

希尔顿听此觉得有些好奇，于是，问："你的意思是说，你只让他们睡8个小时，就做第二轮生意吗？"

那人说："是的，一天到晚，每24小时分做三轮生意。如果你愿意付款，我允许你睡在餐厅的餐桌上。"

希尔顿又问："你是这家旅店的老板吗？"

那人说："是的，但我也被它紧紧地束缚住了。这个时候，我应该出去，到油田那边去多赚几个实实在在的钱。"

希尔顿觉得纳闷，这里的生意这么好，他怎么还不安心呢？难道他想出售这家店吗？于是试探着说："可是，你的旅店生意很不错呀！"

旅店老板说："不，在别人一夜之间便可成为百万富翁的时候，你愿意待在旅店里和一群浑人纠纠缠缠吗？唉，只要我能够摆脱这个地方……"

希尔顿听他这一说，简直高兴得差点跳起来，但他还是抑制住了内心的兴奋，用平静的口气问："老板，你是不是说，准备出售这家旅店？"

老板说："是的，不管任何人，只要他愿意付出5万美元的现金，谁就可以得到这座旅店，连里面的所有设备都归他。"

希尔顿立时把头昂起来，说："老板，你已经找到买主了！"

希尔顿俨然成了店主人似的，用了3个小时，先查阅了莫利希旅店的账簿，心里想，这个想发石油财的家伙真是一个十足的大傻瓜。经过一番讨价还价以后，店主愿以45000美元的价格出售。

就这样希尔顿在和店主的交谈之中，意外地获得了此店要出售的消息，于是他毫不犹豫地抓住了这个机遇，想尽一切办法筹集资金，最终，成功地买下了莫希利旅店，从此翻开了"希尔顿饭店帝国"发迹史的第一页。

● 看准时机，敢于冒险

面对机遇，如果少几分瞻前顾后的犹豫，多几分义无反顾的勇气，说不定会闯出"柳暗花明"来。

19世纪中叶，美国人在加利福尼亚州发现了金矿，这个消息就像长上了翅膀，很快就吸引了很多的美国人。在通往加利福尼亚州的每一条路上，每天都挤满了去淘金的人。他们风餐露宿，日夜兼程，恨不得马上就赶到那个令人魂牵梦萦的地方。

在这些做着美梦的人流中，有一个叫菲利普·亚默尔的年轻人，他当年才17岁，是一个毫不起眼的穷人。

就是这个亚默尔，后来却干出了使人感到很惊奇的事情，到了加利福尼亚州之后，他的"黄金梦"很快就破灭了：各地涌来的人太多了。茫茫大荒原上挤满了采金的人，吃饭喝水都成了大问题，

刚开始的时候，亚默尔也跟其他人一样，整天在烈日下拼命地埋头苦干，每天都是口干舌燥，一般人无法忍受这种折磨。

亚默尔很快就意识到，在这里，水和黄金一样贵重。他曾经不止一次地听到有人说："谁给我一碗凉水，我就给他一块金币！"可是很多人都被金灿灿的黄金迷住了，没有人想到去找水。

亚默尔想到了，他很快就下了决心，不再淘金了，弄水来卖给这些淘金的人，赚淘金者的钱。

卖水其实很简单，挖一条水沟，把河里的水引到水池里，然后用细沙过滤，就可以得到清凉可口的水了。他把这些水分装在瓶里，运到工地上去卖给那些口干舌燥的人。那些人一看到水，就像苍蝇发现血迹，一下子就拥了过来，纷纷慷慨解囊，拿出自己的辛苦钱来买亚默尔的水解渴。

看到亚默尔的举动，很多淘金者都感到很可笑：这傻小子，千里迢迢跑到这里来，不去挖金子，而干这种玩意儿，没出息！

这本身就是一种大胆的决策，亚默尔自然不会被这些话吓回去，依然我行我素，天天坚持不懈，一直在工地上卖水。

经过一段时间，很多淘金者的热情减退了，本钱用完了，血本无归，两手空空地离开了加利福尼亚。亚默尔的顾客越来越少，"点水成金"已经成为过去，他也应该走人了。

这时，他已经净赚了6000美元，在那个年代，已经是一个小富翁了。

追求成功的人不害怕犯错，更不会因一时的错误就谴责自己，不原谅自己。因为他们知道，害怕犯错实际上是一个最大的错误，因为它制造了恐惧、疑惑和自卑，这些使他们不能够放开心志，瞄准时机，大胆地去冒险和尝试。

有一次，但维尔地区经济萧条，不少工厂和商店纷纷倒闭，被迫贱价抛售自己堆积如山的存货，价钱低到1美元可以买到100双袜子。

那时，约翰·甘布士还是一家织制厂的小技师。他马上把自己积蓄的钱用于收购低价货物，人们见到他这股傻劲，都公然嘲笑他是个蠢材！

约翰·甘布士对别人的嘲笑漠然置之，依旧收购各工厂和商店抛售的货物，并租了很大的货仓来贮货。

他妻子劝他说，不要把这些别人廉价抛售的东西购入，因为他们历年积蓄下来的钱数量有限，而且是准备用作子女教养费的。如果此举血本无归，那么后果便不堪设想。

对于妻子忧心忡忡的劝告，甘布士笑过后又安慰她道：

"3个月以后，我们就可以靠这些廉价货物发大财了。"

甘布士的话似乎兑现不了。

过了10多天后，那些工厂即使贱价抛售也找不到买主了，便把所有存货用车运走烧掉，以此稳定市场上的物价。

他太太看到别人已经在焚烧货物，不由得焦急万分，抱怨起甘布士。对于妻子的抱怨，甘布士一言不发。

终于，美国政府采取了紧急行动，稳定了但维尔地区的物价，并且大力支持那里的厂商复业。

这时，但维尔地区因焚烧的货物过多，存货欠缺，物价一天天飞涨。约翰·甘布士马上把自己库存的大量货物抛售出去，一来赚了一大笔钱，二来使市场物价得以稳定，不致暴涨不断。

在他决定抛售货物时，他妻子又劝告他暂时不忙把货物出售，因为物价还在一天一天飞涨。

他平静地说：

"是抛售的时候了，再拖延一段时间，就会后悔莫及。"

果然，甘布士的存货刚刚售完，物价便跌了下来。妻子对他的远见钦佩不已。

后来，甘布士用这笔赚来的钱开设了5家百货商店，业务也十分发达。

如今，甘布士已是全美举足轻重的商业巨子了。

在这里应当说，冒险精神不是探险行动，但探险家的行动必须拥有足够的冒险精神。所以，郑和下西洋、张骞出使西域、哥伦布发现新大陆、麦哲伦环球航行，都具备人类最伟大的冒险精神。没有这一点，成功与他们无缘。

一天，有个男孩将一只鹰蛋带回到他父亲的养鸡场。他把鹰蛋和鸡蛋混在一起让母鸡孵化。后来母鸡孵化成功。于是一群小鸡里出现了一只小鹰。小鹰与小鸡们一样生活着，极为平静安适，小鹰根本不知道自己不同于小鸡。

小鹰长大了，发现小鸡们总是用异样的眼神看着自己。它想：我绝对不是一只平常的小鸡，我一定有什么的地方不同于小鸡。可是它却无法证明自己的怀疑，为此十分烦恼。直到有一天，一只老鹰从养鸡场上飞过，小鹰看见老鹰自由舒展翅膀，顿时感觉自己的两翼涌动着一股奇妙的力量，心里也激烈地震荡起来。它仰望着高空自由翱翔的老鹰，心中无比羡慕。它想：要是我也能像它一样该多好，那我就可以脱离这个偏僻狭小的地方，飞上天空，栖息在高高的山顶之上，俯瞰大地和人间。

可是怎么能够像老鹰一样呢？我从来没有张开过翅膀，没有飞行的经验。如果从半空中坠下岂不粉身碎骨吗？犹豫、徘徊、冲动，经过一阵紧张激烈的自我内心斗争，小鹰终于决定甘冒粉身碎骨的风险，也要尝试一把，于是展翅高飞。

它终于起飞了，飞到了空中。它带着极度的兴奋，再用力往高空飞翔，飞翔……

小鹰成功了。它这才发现：世界原来这么广阔，这么美妙！

小鹰成功的历程，几乎展示了每一个冒险家成功的历程，当我们不满足于眼下平淡的生活，而希望享受到一种新的乐趣的时候，当我们开始厌恶自己现在的生存方式而希望尝试一种更富有创造性的理想的生存方式的时候，我们比照小鹰成功的案例，可以得到这样的启示：

新的生活，理想的人生，就潜伏在看似平常的生存中，只要你能够像小鹰一样找准时机，勇敢地尝试飞翔，勇于冒险，就有机会展示自己超凡的才能，赢得成功。

● 独具慧眼识商机

现在社会里，把握先机变得越来越重要，经商也是这样。人们常常说，时间就是金钱，经营实践也证明，先机确是金钱。谁先抓住先机并迅速采取行动，谁就可能成为赢家。

现在的各厂商都极为重视先机，千方百计地收集商业情报，以做到领先别人，知己知彼，百战不殆。有很多原来一文不名的小人物，由于有着鹰一般的眼光，洞察先机而富甲一方的也并不鲜见。

日本就曾有一位著名的企业家古川久好就从报纸中一条普通的小信息敏锐地捕捉到了商机，从而走上发家之路的。

年轻时代的古川久好只是一家公司地位不高的小职员，平时的工作是为上司干一些文书工作，跑跑腿，整理整理报刊材料。工作很是辛苦，薪水也不高，他总琢磨着想个办法赚大钱。

有一天，他在经手整理的报纸上发现这样一条介绍美国商店情况的专题报道，其中有段提到了自动售货机。

上面写道："现在美国各地都大量采用自动售货机来销售商品，这种售货机不需要人看守，一天24小时可随时供应商品，而且在任何地方都可以营业。它给人们带来了方便。可以预料，随着时代的进步，这种新的售货方法会越来越普及，必将被广大的商业企业所采用，消费者也会很快地接受这种方式。前途一片光明。"

古川久好开始在这上面动脑筋，他想：日本现在还没有一家公司经营这个项目，将来也必然会迈入一个自动售货的时代。这项生意对于没有什么本钱的人最合适。我何不趁此机会走到别人前面，经营这项新行业。至于售货机销售的商品，应该是一些新奇的东西。

于是，他就向朋友和亲戚借钱购买自动售货机。他筹到了30万日元，当时这一笔钱对于一个小职员来说不是一个小数目。他一共购买了20台售货机，分别将它们设置在酒吧、剧院、车站等一些公共场所，把一些日用百货、饮料、酒类、报纸杂志等放入自动售货机中，开始了他的事业。

古川久好的这一举措，果然给他带来了大量的财富。人们头一次见到公共场所的自动售货机，感到很新鲜，只需往里投入硬币，售货机就会自动打开，送出你需要的东西。

一般地，一台售货机只放入一种商品，顾客可按照需要从不同的售货机里买到不同的商品，非常方便。

古川久好的自动售货机第一个月就为他赚到了 100 万日元。他再把每个月赚的钱投资于售货机上，扩大经营的规模。5 个月后，古川久好不仅还清了所有借款，还净赚了 2000 万日元。

古川久好在公共场所设置自动售货机，为顾客提供了方便，受到了欢迎。一些人看这一行很赚钱，也都跃跃欲试。古川久好看在眼里，敏锐地意识到必须马上制造自动售货机。他自己投资成立工厂，研究制造"迷你型自动售货机"。这项产品外观特别娇小可爱，为美化市容平添了不少光彩。

古川久好的自动售货机上市后，市场反应极佳，立即以惊人之势开始畅销。古川久好又因制造自动售货机而大发了一笔。

无数的事实告诉我们，经商者要有鹰一般的眼光、敏锐的头脑，注重市场或大或小的信息的收集、处理和利用，先于对手做出正确的销售、经营决策，才会使你在复杂激烈的市场竞争中找到立身之地，这应该是每一位成功的企业家必备的素质。

全球知名企业"亚马逊"的创始人贝索斯 30 岁时已是某金融公司的副总裁。然而当贝索斯偶然看到"网络用户一年中猛增 23 倍"这样一条信息后，出人意料地就告别了华尔街，而转创办网上商务。

在网络上先卖什么东西好？贝索斯列出了 20 多种商品，然后逐项淘汰，精简为书籍和音乐制品，最后他选定了先卖书籍。为什么做出如此唯一的选择？因为贝索斯在分析过程中发现传统出版业有一个根本矛盾：出版商和发行零售商的业务目标相互冲突。出版商需要预先确定某部图书的印数，但图书上市之前，谁也无法准确预知该书的市场需求量。为了鼓励零售商多订货，出版商一般允许零售商卖不完就退回，零售商既然囤积居奇毫无风险，也往往超量定购。贝索斯一针见血地说："出版商承担了所有的风险，却由零售商来预测市场需求量！"

贝索斯所看到的，其实就是经济活动中无法彻底根除的一种弊病：市场需求与生产之间的脱节。他自信，运用互联网，省略掉商品流通一系列中间环节，顾客直接向生产者下订单，就可以真正做到以销定产。

4 年之后，贝索斯创办的"亚马逊"的市值已经超过 400 亿美元，拥有 450

万长期顾客,每月的营业额数亿美元,杰夫·贝索斯也成为全球年轻的超级大富豪。

贝索斯之所以成功,是他独具慧眼,敏感地认识到网络里有无限商机,跟着又发现和利用了别人没有解决的供销方面的矛盾——这是一座大有开发价值的宝山;经过精心筛选,他找到了一个切入点——网上卖书;利用美国的风险基金,经过锲而不舍的努力,他终于走向辉煌。

其实,在社会中闯荡的每一位成功者,他们之所以能够超越常人,捕获商机,就在于他们利用自己丰富的阅历、非凡的智慧、敏锐的眼光,发现和察觉了平凡中的不平凡,寻常中的不寻常。

麦当劳有今天的地位,主要不是由于麦氏兄弟,而是由于一个叫克罗克的推销员。他第一次接触麦当劳,已经52岁了。从世界超大型公司的创始里程来看,他也许是最老的。

克罗克曾回忆说:"踏进餐厅的那一刻,我震惊了。我感到,准备多年,我终于找到我潜意识里要寻找的东西。"克罗克凭什么来寻找呢?经验和直觉。在此之前,他已做了25年的推销员。

那是1954年,在一个中午,克罗克直进了麦当劳餐厅,去推销他该死的奶昔机。小小的停车场,差不多挤着150个人,而麦当劳的服务是快速作业,15秒钟就交出客人的食物。

克罗克激动了,来不及思考,经验告诉他,自己要面对一个全新的世界了,在成千上万的地方开麦当劳餐厅。

不过,当与麦当劳兄弟谈判时,克罗克还念念不忘他的奶昔机。但他很快抓住了关键细节,奶昔机消失了。

与麦当劳一样,可口可乐也不是阿萨·坎德勒发明的,但正是在他手上,可口可乐才成为风靡世界的王牌饮料。这仅仅是因为,发明可口可乐的彭伯顿只完成了科技创新,却不懂得市场价值,而阿萨·坎德勒懂。

阿萨·坎德勒出生在佐治亚的医生家庭,南北战争打破了他的学习生涯,19岁的他在一家小药店打工,干了两年半。考虑到前途,他离开小地方,去到亚特兰大。大城市是孕育大成功的土壤。

在跟别人打工7年之后,阿萨·坎德勒开了一家药材公司,这对可口可乐的发展是极其重要的,因为他由此获得了丰富的商业经验。在后面的叙述中,我们会感受到,这几年独立经营的经验(而不再是打工),对高度专业化的商业能力的形成是多么的重要。通过这几年的经营,阿萨·坎德勒发现,药房的利润主要不是来自配方,而是出售药材。

阿萨·坎德勒开始着力建设自己的商品体系。在这样的商业背景下，可口可乐出现在他的面前。

1862年，11岁的阿萨·坎德勒从一辆装满东西的货车上掉下来，车轮从头上碾过去，造成头部骨折。可怜的小阿萨·坎德勒虽免一死，却留下后遗症：偏头痛。于1886年，彭伯顿发明可口可乐，把它作为药物来推广。1888年，阿萨·坎德勒的一个朋友，建议他试试可口可乐。阿萨·坎德勒照办了，头痛果然减轻。后来，他不断饮用可口可乐，偏头痛竟逐渐好转。这使得身为药剂师的阿萨·坎德勒对可口可乐大感兴趣。经过调查，他发现，彭伯顿并不善于经营，于是他决定入股，把这种优良的"药品"推广开来，并且相信有利可图。

关键的一步是，阿萨发现，把可口可乐作为饮料来卖，市场会大得多。就是这个微妙而伟大的灵感，才有了今天的"可口可乐"。但就阿萨本人来说，他终生都相信可口可乐的医疗价值。阿萨入股可口可乐之后，觉得彭伯顿和参与生产、销售可口可乐原浆的人都没有做好工作。他不想部分地接管一项管理不善的事业。要么不干，要么完全控制！阿萨经营的药剂事业在南方最为兴旺发达，从他的有利地位出发，他认为可口可乐可以大展宏图。果然，在阿萨的精心经营策划之下，"可口可乐"今天已经成为全球流行的饮料品牌。

小信息带来大惊喜

人生无处不机遇，有时别人无意间的一句话，报纸上的一小段文字或许都会成为上帝送给你的一个惊喜，或许是巨大的财富，或者是事业的成功。

下面是美国富翁亚默尔发瘟疫财的故事：这个故事发生在1875年春天。

一天，亚默尔像往常一样在办公室里看报纸，报纸上一条条的小标题从他的眼睛中溜过去，就像小小的溪流一样。突然，他的眼睛发出了光芒，他看到了一条几十字的短讯："墨西哥可能出现了猪瘟。"

这几个字实在是太平凡了，在别人看来，这有什么好惊奇的呢？可是他立即想到，如果墨西哥出现猪瘟，就一定会从加利福尼亚、德克萨斯州传入美国。一旦这两个州出现猪瘟，肉价就会飞快上涨，因为这两个州是美国肉食生产的主要基地。

他的脑子还正在运转，手已经抓起了桌子上的电话，问他的家庭医生是不是要去墨西哥旅行。家庭医生一时间弄不清什么意思，满脑子的雾水，不知道怎么回答。

亚默尔只简单地说了几句，就又对他的家庭医生说："请你马上到野炊的地方来，我有要事与你商议。"

原来那天是周末，亚默尔已经与妻子约好，一起到郊外去野餐，所以，他把家庭医生约到了他们举行野餐的地方。

他、他的妻子和他的家庭医生很快就聚集在一起了，他满脑子都是钱，对野餐已经失去了兴趣。他最后说服他的家庭医生，请他马上去一趟墨西哥，证实一下那里是不是真的出现了猪瘟。

医生很快证实了墨西哥发生猪瘟的消息，亚默尔立即动用自己的全部资金大量收购佛罗里达州和德克萨斯州的肉牛和生猪，很快把这些东西运到美国东部的几个州。

不出亚默尔的预料，瘟疫很快蔓延到了美国西部的几个州，美国政府的有关部门下令一切食品都从东部的几个州运往西部，亚默尔的肉牛和生猪自然在运送之列。

由于美国国内市场肉类产品奇缺，价格猛涨，亚默尔抓住这个时机狠狠地发了一笔大财，在短短的几个月时间内，就足足赚了900多万美元。

事后，亚默尔还感到很后悔，他本来是想叫他的家庭医生当天就到墨西哥去的，由于野餐白白地耽搁了一天时间，使自己整整少赚了100多万美元。

他之所以能够赚到这样一大笔别人没有赚到的钱，就是因为他比别人的消息灵通一点，抓住一个有用的信息并充分地发掘出信息的最大价值。

任何机会，归根结底都是信息，收集的信息越多，获取的机会也就越多，这是不证自明的道理。

对商业企业来说，信息是命根子，是企业取得最佳经济效益的根本保证。

信息就是金钱，信息也是机会，谁对得到的信息反应最为敏捷，并迅速采取行动，谁就占有了机会。

在日常生活中，我们经常可以听到这样的事：一条信息救活了一家企业，一条信息赚了很多很多的钱，一条信息使一个穷光蛋一夜间变成了富翁……这就需要你去留心这些信息。

曾经有一位商人，在与朋友的闲聊中，朋友说了一句话：今年滴水未降，但据天气预报部门预测，明年将是一个多雨的年份。

说者无心，听者有意。商人从朋友的话里，发现了这是一个商业机会，什么与下雨关系最密切呢？当然是雨伞。

说干就干，商人着手调查今年的雨伞销售情况。结果是大量积压。于是他同雨伞生产厂家谈判，以明显偏低的价格从他们手中买来大量雨伞囤积。

转眼就是第二年，天气果然像预测的那样，雨果真下个没完。商人囤积的雨伞一下子就以明显偏高的价格出了手，仅此一个来回，商人一年时间里就大赚了一笔。

现代社会里，信息变得越来越重要，对于人们的生活和事业的成功更起着非常重要的作用，信息抓得越快越准，获取的机会就会越大越多。

期货市场是投机者的乐园，搞期货交易的人必须要深谋远虑，要在别人之前抢先抓住机遇，才能够赚大钱。王志远初入期货市场，对期货一无所知，但是他凭着对于投机的灵感，而做成了一笔又一笔的大生意。

所以说抓住机遇，也是一种投机，但是在这里所说的投机并不是所谓的巧取豪夺、尔虞我诈，而是说善于观察和利用时机来取得成功。看准了时机，敢于冒险，凭着一种直觉和毅力，全身心地投入进去，在别人意想不到的地方获取巨额的财富。

有一次，一位布厂老板让王志远替他买下100张日本棉纱合约，他以为日本的棉纱行情不错，一定可以赚一大笔。谁知事与愿违，不久之后，日本市场疲软，这批期货一个多月都无法脱手，资金积压，造成流通不畅。王志远和布厂老板都仿佛捧着一盆热炭，急得像热锅上的蚂蚁。

正在此时，中国唐山发生了大地震。而唐山是红豆的主产区，这次地震一定会大大减少红豆的产量。王志远听到了这个消息，灵机一动，他感到机遇来了，于是马上去见了布厂老板，对他讲了自己的想法。

第二天，王志远买下了100张红豆合约。别人觉得很奇怪，既然那100张棉纱合约都已经被套牢了，怎么还那么大胆去买进100张红豆合约呢？他们都认为王志远初涉期货市场，对此一无所知，有些人好心地劝他，有些人则冷嘲热讽，但王志远并没有理会。

不久之后，红豆价格暴涨。王志远将手中的合约尽数抛出，所赚取的钱除了弥补了由于买入棉纱合约的损失，还另获了一大笔利润，布厂老板笑逐颜开，连声赞叹王志远的敏锐眼光。

王志远从这件事上了解到要在期货市场有所成就，就必须要充分掌握信息，并且还要通识各种知识，之后，他勤奋自学，并且时时关注一切可能引起期货市场波动的信息。

有一次，王志远从电视上看到沙特阿拉伯提高石油价格的新闻，一下子从床上跳起来，衣服都没有穿就马上打电话下单买入香港"九九"金。

果然，一天不到，金价开始暴涨。一夜之间，王志远的每张合约就赚了10

多万港元。

就这样，王志远以其特有的直觉和敏感留心每一个细小的信息，就在期货市场中如鱼得水，赚得了大钱，获得了巨大的成功

其实，在现代社会中如果能留心市场上的所谓的"零次信息"，也会带给人们巨大的利益。

所谓"零次信息"，指的是那些内容尚未经专门机构加工整理就直接作用于人的感觉的信息情报。比如，"一句话"、"一点灵感"、"一丝感觉"、"一个突出点子"等等均可称为"零次信息"。

这些"零次信息"产生于日常生活中，存在于平民百姓间，无须支付任何费用，任何人都可以获得，任何企业都可以利用。正因为如此，它们总是不被人看重，常常得不到利用。但是，也有一些有眼光的经营者却依靠利用开发"零次信息"而获得了滚滚财源。例如，十几年前，冰箱都是单门的，日本三洋电机公司生产的冰箱也不例外。有一天，该公司一技术人员偶尔听到用户的一句无心话："每天打开冰箱门拿东西，冰箱里的冷气大量外泄，很可惜。要是将冰箱的外门制成上下两半，拿东西只需开一半，那就能节省很多冷气了。"这句话竟产生了三洋公司的畅销产品"双门冰箱"。

日本三洋电机公司成功的关键就在于他们利用了别人不注意的"零次信息"。可惜的是，我们生活中的许多非常有价值的"零次信息"却一直在闲置，得不到开发利用。诚然，投资这类前所未有的"零次信息"是要担很大风险的，有可能令投资者亏本破产。但是，我们也应该知道，"无限风光在险峰"，风险大的投资也是利润最丰厚的投资。难怪有专家认为：一个"零次信息"有可能使穷汉变成富翁，一个"零次信息"可以让一个企业起死回生乃至兴旺发达。的确，"零次信息"反映的都是人们在生活中碰到的不便或需求，每一个"零次信息"的背后隐藏的就是一块很有开发价值的市场处女地。

● 善于从细节中发现机会

许多人在追求机会的道路上，虽穷尽心力，但终究得不到幸运女神的青睐，对于这种人，最好的方法就是让他另辟蹊径从细节中找寻机会。

机会虽然比比皆是，但追求机会的人更是多如繁星，在人们所熟知的行业中，机会和追求机会的人之间的比例是严重失调的，可惜，许多人虽然意识到了这一点，却还是拼死要往里钻，结果不但没能得到命运的垂青，反而浪费了自己

的大好青春。

事实上，在每一个地方，都有机会的存在，善于抓住机会的人，就懂得往人少的地方去，如果某个地方只有你一个人，那岂不是意味着这里所有的机会都只是属于你一人吗？

学会独辟蹊径，并从人生的细处经营，将使你的人生柳暗花明又一村。

美国的查朱原来是乡下一个小火车站的站员。由于车站偏僻，购物困难，而且价格偏高，附近的人们常常要写信请在外地的亲友代买东西，非常麻烦。查朱注意到这个细节：如果能在附近开一个店铺，一定会是一个发财的机会。可是，他既没有本钱，也没有房子，怎么办呢？他决定尝试用一种全新的、无人尝试过的邮购方法，即先将商品目录单寄给客户，然后按客户的要求寄去商品。他雇了两名职员，成立了"查朱通信贩卖公司"。此后，人们纷纷仿效，并从美国风靡到全世界，查朱也成为"无店铺贩卖"方式的创始人，当然，作为创始人的回报就是在5年之后，查朱成了百万富翁。

如果你觉得这个例子离你太遥远，毕竟我们不是查朱，不能在火车站留意到人们代买物品方面的情况，但接下来的例子却那么贴近我们的生活，也能更充分地印证细节之中自有机遇的真理。

1973年，年仅15岁的格林伍德收到别人送给他的圣诞礼物——一双滑冰鞋，他非常高兴，因为他一直渴望有滑冰的机会。这个愿望终于实现了。

拿到这件礼物后，格林伍德马上就跑出屋子，到离家很近的结了冰的河面上去溜冰。可能是他初次出来溜冰的时候，他感觉天气太冷了，一溜冰，耳朵被风吹得像刀子割似的发疼。他戴上了皮帽子，把头和腮帮捂得严严实实，结果时间长了，又闷又热，直流汗。

格林伍德想，应该做一件能专门捂住耳朵的东西。他终于琢磨出一个大概的样子，回家后请妈妈照他的意思做。妈妈摆弄了半天，给他缝了一双棉耳套。

格林伍德戴上棉耳套去溜冰时，果然很起保暖作用。一些朋友看见，都向他要。格林伍德和妈妈商量了以后，把祖母请来，一起做耳套。经过几次修改，耳套做得更适用、更美观了。格林伍德把它叫作"绿林好汉式耳套"，并且向美国专利局申请了专利。

你也许会问，一副耳套值多少钱？申请专利又有什么用？你如果这样想，很遗憾，类似的机遇你一生也抓不住、看不见。

告诉你，格林伍德后来成了世界耳套生产厂的总裁，因为这项专利，他成了千万富翁。

你会领悟点什么了吧！这种生活中司空见惯的东西，换个角度去看去想，往往会发现其中隐藏了许多机遇。

机遇是那样广泛地存在，它又是那样的公平与客观。当你失去机遇时，你不能怪谁，只能怪自己。它一直在那儿，你却没发现。别人发现了，那是因为脑筋转得快。机遇可不会主动投怀送抱。

多年前，美国兴起石油开采热。有一个雄心勃勃的小伙子，也来到了采油区。但开始时，他只找到了一份简单枯燥的工作，他觉得很不平衡：我那么有创造性，怎么能只做这样的工作？于是便去找主管要求换工作。

没有料到，主管听完他的话，只冷冷地回答了一句："你要么好好干，要么另谋出路。"

那一瞬间，他涨红了脸，真想立即辞职不干了，但考虑到一时半会儿也找不到更好的工作，于是只好忍气吞声又回到了原来的工作岗位。

回来以后，他突然有了一种感觉：我不是有创造性吗？那么为何不能就从这平凡的岗位上做起呢？

于是，他对自己的那份工作进行了细致的研究，发现其中的一道工序，每次都要花 39 滴油，而实际上只需要 38 滴就够了。

经过反复试验，他发明了一种只需 38 滴油就可使用的机器，并将这一发明推荐给了公司。可别小看这 1 滴油，它给公司节省了成千上万的成本。

你知道这位年轻人是谁吗？他就是洛克菲勒，美国最有名的石油大王。上述故事说明了一个道理：在任何单位、任何机构，能够主动运用智慧去工作善于从细节中发现问题的人，最容易脱颖而出。

有一年，松下公司要招聘一名高级女职员，一时应聘者如云。经过一番激烈的比拼，山川季子、原亚纪子、宫崎慧子 3 人脱颖而出，成为进入最后阶段的候选人。3 个人都是名牌大学的高才生，又是各有千秋的美女，条件不相上下，竞争到了白热化状态。她们都在小心翼翼地做着准备，力争使自己成为"笑到最后"的胜利者。

这天早上 8 点，3 人准时来到公司人事部。人事部长给她们每人发了一套白色制服和一个精致的黑色公文包，说："3 位小姐，请你们换上公司的制服，带上公文包，到总经理室参加面试。这是你们最后一轮考试，考试的结果将直接决定你们的去留。"3 位美女脱下精心搭配的外衣，穿上那套白色的制服。人事部长又说："我要提醒你们的是，第一，总经理是个非常注重仪表的先生，而你们所穿的制服上都有一小块黑色的污点。毫无疑问，当你们出现在总经理面前时，必须是一个着装整洁的人，怎样对付那个小污点，就是你们的考题；第二，总经理接见你们的时间是 8 点 15 分，也就是说，10 分钟以后，你们必须准时赶到总经理室，总经理是不会聘用一个不守时的职员的。好了，考试开始了。"

3 个人立即行动起来。

山川秀子用手反复去揩那块污点，反而把污点越弄越大，白色制服最终被弄得惨不忍睹。山川秀子紧张起来，红着脸央求人事部长能否给她再换一套制服，没想到，人事部长抱歉地说："绝对不可以，而且，我认为，你没有必要到总经理室去面试了。"山川秀子一下子愣住了，当她知道自己已经被取消了竞争资格后，眼泪汪汪地离开了人事部。

与此同时，原亚纪子已经飞奔到洗手间，她拧开水龙头，撩起自来水开始清洗那块污点。很快，污点没有了，可麻烦也来了，制服的前襟处被浸湿了一大片，紧紧贴在身上。于是，原亚纪子快步移到烘干器前，打开烘干器，对着那块浸湿处烘烤着。烤了一会儿，她突然想起约定的时间，抬起手腕看表：坏了，马上就到约定时间了。于是，原亚纪子顾不得把衣服彻底烘干，赶紧往总经理室跑。

赶到总经理室门前，原亚纪子一看表，8 点 15 分，还没迟到。更让她感到庆幸的是，白色制服上的湿润处已经不再那么明显了，要不是仔细分辨，根本看不出曾经洗过。何况堂堂大公司总经理，怎么会死盯着一个女孩的衣服看呢？除非他是一个色鬼。

原亚纪子正准备敲门进屋，门却开了，宫崎慧子大步走出来。原亚纪子看见，宫崎慧子的白色制服上，那块污迹仍然醒目地躺在那里。原亚纪子的心里踏实了，她自信地走进办公室，得体地道声："总经理好。"总经理坐在大班桌后面，微笑地看着原亚纪子白色制服上被湿润的那个部位，好像在"分辨"着什么。原亚纪子有点不自在。

这时，总经理说话了："原亚纪子小姐，如果我没有看错的话，你的白色制服上有块地方被水浸湿了。"原亚纪子点了点头，"是清洗那块污渍所致吗？"总经理问。原亚纪子疑惑地看着总经理，点了点头。总经理看出原亚纪子的疑惑，浅笑一声道："污点是我抹上去的，也是我出的考题。在这轮考试中，宫崎慧子是胜者，也就是说，公司最终决定录用宫崎慧子。"

原亚纪子感到愕然："总经理先生，这不公平。据我所知，您是一位见不得污点的先生。但我看见，宫崎慧子的白色制服上，那块污点仍然清晰可见。"

"问题的关键是，宫崎慧子小姐没有让我发现她制服上的污点。从她走进我的办公室，那只黑色公文包就一直优雅地横在她的前襟上，她没有让我看见那块污迹。"总经理说。

原亚纪子说："总经理先生，我还是不明白，您为什么选择了宫崎慧子而淘汰了我呢？我准时到达您的办公室，也清除了制服上的污点，而宫崎慧子只不过耍了个小聪明，用皮包遮住了污点。应该说，我和宫崎慧子打了个平手。"

"不。"总经理果断地说，"胜者确实是宫崎慧子，因为她在处理事情时，思路清晰，善于分清主次，善于利用手中现有的条件，她把问题解决得从容而漂亮。而你，虽然也解决了问题，但你却是在手忙脚乱中完成的，你没有充分利用你现有的条件。其实，那只公文包就是我们解决问题的杠杆，而你却将它弃之一旁。如果我没猜错的话，你的'杠杆'忘在洗手间里了吧？"

原亚纪子终于信服地点了点头。总经理又微笑着说："如果我没猜错的话，宫崎慧子小姐现在会在洗手间里，正清洗她前襟处的污渍呢。"

宫崎慧子就这样因为一个极小的细节取得了成功。但在这小小的细节中凝结着她超人的智慧和细心。有人说，成功＝才能＋机遇。才能是内因，机遇是外因。但人生中却有许多的人空叹一身的才能，缺少的只是在细节中找寻机遇的眼睛。

● 留意生活就有启发

有一次，苦于买不到衣服的胖女士南茜走出第六家服装店，真的有些绝望了，难道偌大一个新加坡就真的买不到一件适合自己穿的时装吗？

从生下第二个孩子开始，不到3年的时间，南茜的体重增加了80磅，到处也买不到像她这样身材的女人可以穿的漂亮时装。时髦的新款没有大号码，有大号码的款式既难看又过时，那些时装设计师和商人们只注意到那些身材苗条的女人，真的有些忽略了为数众多的肥胖女人。无奈的南茜只好自己动手做起各式各样的时装来。好在对于曾经是服装设计专业高才生的她来说，这并不是一件很困难的事情。

有一天，买菜回家的路上，南茜遇到了两个和她差不多胖的女人。她们惊讶地问她的衣服是在哪儿买的。当得知是南茜自己做的时，两个胖女人摇着头失望地走了。南茜回到家中，突然涌出来一个念头：能不能开一家服装店，专门出售自己为胖女人设计制作的时装。

第二天，南茜就风风火火地干起来了。新店开张后，生意出乎意料地火爆。原来，竟有那么多胖女人渴望着能买到专为她们设计的服装。没有多久，南茜的时装公司就拥有了16家分店及无数个分销处。她每年定期去欧洲进布料，在全国各地飞来飞去巡视业务，豪宅、名车也随之而来。

最让南茜高兴的是，她每天都可以穿一件自己设计的漂亮时装去逛街。

南茜创办的那家时装公司的名字就叫：被遗忘的女人。

不久，美国内华达州举行"最佳中小企业经营者"选拔赛，南茜赢得了冠军。南茜夺冠的秘诀其实很简单，只不过把服装尺码改了一个名称而已。一般的服装店都是把服装分为大中小以及加大码 4 种，南茜唯一不同的做法就是用人名代替尺码。

玛丽代替小号，林思是中号，伊丽莎白是大号，格瑞斯特是加大号。他们都是女强人。这样一来，顾客上门，店员就不会说"这件加大号正合你身"，取而代之的是"你穿格瑞斯特正合身呢"。

南茜说："我注意到，所有上店里来买大号或加大号服装的女性，都呈现出不很愉快的表情。而改个名称情况就完全不一样了，况且这些人都是名声很响的大人物"

在挑选店员时，南茜也别具匠心，站在大号和特大号服装前的店员个个都是胖子，无形中又使顾客消除了不好意思的感觉，因而顾客盈门，利润滚滚。

其实，在每一个市场里，都有一些被人忽视的消费群体。只要你能够留意生活，总能发现人生的机遇。在人类历史上，这样的例子屡见不鲜。

苹果落地、壶盖被蒸气顶起的自然现象，使牛顿和瓦特受到启发，由此产生了对人类进步有着划时代意义的创造。而一个很平常的街景，使一个日本商人突发"灵感"，经过几年的创造，一种"用开水一冲就可以吃"的面条竟神话般地历经 40 余年而不衰。很少有人知道这种被人称为"方便面"的发明者，就是日本著名的"日清食品公司"的老板安藤百福。

年轻时的安藤百福是个安分的日本小商人，他辛勤地经营着一家以加工和出售食品为主的小企业。每天晚上，安藤在回家的途中，总要经过一家小饭铺。每天都看到有很多人在门口排队，原来是大家结束了一天的工作，都想在这里吃上一碗热汤面。他忽然想到这样一个念头：既然大家都喜欢吃热面条，为什么不可以发明一种"用开水一冲就可以吃"的面条，让大家随时都能吃上。谁也没料到，安藤的这个"一闪念"，最终创造了一个拥有 2500 亿日元市场的大企业，也使他成为名噪日本的大老板。

尽管员工们对安藤的想法反应很冷淡，但安藤还是一步步实现着他的"梦想"。其中经历的种种曲折和辛苦一言难尽，但最终还是在国内市场一炮打响。

20 世纪 60 年代，安藤到英、法、美等国家进行市场调查，看到欧美人对这种面条的口味是认同的，只是泡面要用碗之类的容器，这对于欧美人来说习惯上还有一点障碍。

有一次他看到公司的女雇员吃午饭时，把干面条折断后放进杯子用开水冲而受启发，安藤就把欧美市场上的产品改成一手就能握住的"杯装面"，即便是在走路时也能吃，结果大受欧美人士的欢迎。随着人们工作节奏的加快，这种"方便面"已经成了上班族的快餐之一，靠"方便面"起家的安藤的小生意也摇身成为赫赫有名的"日清"大公司。

世界上的许多事业有成的人，不一定是因为他比你聪明，而仅仅因为他比你更懂得创造机遇。

弗里德里克出生于美国旧金山的一个中产阶级家庭，少年时期便梦想成为一个成功的商人，由于没有什么太好的机遇，他的心中也时常显得焦躁不安。

在一个很偶然的机会里，他发现，常常被人们废弃的冰块的用途实际上是非常广泛的。而它的主要用途，也就是最普遍、最大众化的用途就是食用。而且，冰块加入水中，或者化为水，就可以成为冷饮。他立即敏锐地发现在气候炎热的地方，这种饮料一定会有广阔的市场。

弗里德里克由此看到了一个潜在的商机。但是，他发现现在自己的当务之急是改变人们的饮用习惯，用冷饮取代人们习以为常的热饮，创造一种冷饮流行的市场局面才可能使冰块销售业务有长足进展。

于是，弗里德里克开始不断地实验创造消费。他试着利用冰块做各种各样的冷饮，并将冰块加入各种酒中勾兑出各种口味的鸡尾酒。经过多次试验，他终于试制出适合于多数人饮用的冷饮。

实验成功之后，他开始思索怎样才能让冷饮自动地成为一种时尚，成为一种备受人们青睐的消费倾向，而不靠自己挨家挨户地去劝说顾客呢？

渐渐地，他观察到人们一般情况下只是在酒店或者热饮店里喝饮料或酒。到了夏天天气炎热的时候，这些酒店生意都不太好，店主也为之烦恼不已。于是，他决定从酒店入手，传播自己创造的时尚。

开始时，他免费给一些小酒店提供冰块，并且教会他们用冰块去做各种冰镇饮品及勾兑各种鸡尾酒；因为这些冷饮在炎热天气下有解暑降温的作用，经冰镇过的各种液体又会变得十分可口，这些饮品便立即在各个地方，尤其是那些气温高而又缺水的地区率先风靡起来。

于是，许多店主开始纷纷仿效他的做法，大量购买冰块制作冷饮。

弗里德里克也不失时机地自己经营了一家冷饮店，专营冷饮。一时间，冷饮蔚然成风，人们渐渐改变了以往只喝热饮的饮食习惯，学会了在热天里饮用冷饮止渴。于是，冷饮开始在全国各地广泛地流行起来，成为一新型的健康时尚。

冷饮的风行大大地带动了冰块的销售，一切都如弗里德里克所预料的那样，冰块的销售业务得到了巨大的发展，弗里德里克的一番努力终于使冰块的市场得到第一次的充分发掘，他的心态开始稳定下来，事业也逐渐从起始的艰难中走出来，开始慢慢向成功的高峰挺进。

抓住机遇就意味着成功，但是，创造机遇并非一蹴而就，它需要人们以百倍的勇气和耐心在崎岖的道路上慢慢摸索；机遇又往往在险峰之间，它只钟情于那些不畏艰难困苦的人。一个少年时的梦想使弗里德里克从灰色的现实中破冰而出，他的成功缘于：机遇与奋斗。

● 只要多留心，到处都是客户

有一天，乔治搭乘出租车去办事，车在十字路口遇红灯停了下来。紧跟在他后面的一部黑色高级轿车和他的出租车并列停在了路口。透过车窗玻璃，乔治看到那部豪华轿车的后座上坐着一位颇有气派的绅士，正在闭目养神。

乘坐如此豪华的轿车，一定是一位大富豪。红灯变成绿灯后，那部黑色豪华轿车起步较快，跑在了乔治的车的前面。于是，他立刻掏出笔和记事簿写下了车牌号码。当天，乔治办完事后，立即着手调查那辆豪华轿车车主的情况。

乔治从办公室里找出各种各样的名人录、公司名录、电话号码簿及地图，开始对那位富豪作全面调查了。经过调查得知，此人毕业于东京一所著名大学，在这家公司从基层干起，逐渐晋升到了今天的地位。

到此为止，乔治已大约掌握了那位富豪的情况。他再把调查所得的资料与他第一次在轿车内看到的第一印象互相比较并加以稍微修正后，就描绘出关于那位富豪的雏形——一位全身散发着柔和气质，颇受女性欢迎的理智型的企业家。

那位富豪的住所位于高级住宅区的一幢二层楼洋房，看起来还很新。突出的阳台，可俯瞰屋外的院子。院子里铺满了青翠的嫩草，并种了一些树木。那真是一幢令人心旷神怡的好房子啊！

乔治看清了住宅的情况之后，就从那扇淡褐色的大门前面走过，来到附近的杂货店，再打探情况。只要有助于他深入了解那位常务董事本人及他的家庭的，他都尽量在住宅附近打听、询问，以便获得更详细的资料。调查工作完成之后，乔治就开始追踪那位常务董事本人了。

　　为了弄清楚关于他的一些细节问题，乔治自然要锲而不舍地追踪下去。这种调查似乎跟做间谍一样，要对准客户进行全面的调查和了解，然后有准备地去拜访，可见此过程的认真和辛苦，但是最终的结果让人满意，就是乔治又赢得了这样一位大客户。对此，乔治说：

　　"一个优秀的推销员，他首先必须是一个优秀的调查员，同时还要随时处于临战状态，像一台高度灵敏的雷达，随时随地注意身边发生的事、身旁走过的人，眼观六路，耳听八方，绝不放过一条有价值的细小的信息，以不断扩大自己的资料库，增加准客户资源。"

　　其实，客户到处都有，只要你多留心、多用心，即使总统也会成为你的客户。

　　2001 年 5 月 20 日，美国一位名叫乔治·赫伯特的推销员，成功地把一把斧子推销给了小布什总统。布鲁金斯学会得知这一消息，把刻有"最伟大的推销员"的一只金靴子赠予了他。这是自 1975 年该学会的一名学员成功地把一台微型录音机卖给尼克松以来，又一学员登上了如此高的门槛。

　　布鲁金斯学会创建于 1927 年，以培养世界上最杰出的推销员著称于世。它有一个传统，在每期学员毕业时，设计一道最能体现推销员能力的实习题，让学员去完成。在克林顿当政期间，他们出了这么一道题：请把一条三角裤推销给现任总统。8 年间，有无数学员为此绞尽脑汁，可是，最后都无功而返。克林顿卸任后，布鲁金斯学会把题目换成了"请把一把斧子推销给小布什总统"。

　　鉴于前 8 年的失败和教训，许多学员知难而退。个别学员甚至认为，这因为现任的总统什么都不缺少，再说即使缺少，也用不着他们亲自购买，再退一步说，即使他们亲自购买，也不一定正赶上你去推销的时候。

　　然而乔治·赫伯特却做到了，并且没有花多少工夫。一位记者在采访他的时候，他是这样说的：我认为，把一把斧子推销给小布什总统是完全可能的。因为，布什总统在得克萨斯州有一农场，我发觉那里长着许多树。正是留心到这一细节，我才给他写了一封信，说："有一次，我有幸参观了您的农场，发现那里长着许多矢菊树，有些已经死掉，木质也已经变得松软。我想，您一定需要一把小斧头，但是从您现在的体质来看，这种小斧头显然太轻，因此您仍然需要一把不甚锋利的老斧头。现在我这儿正好有一把这样的斧头，它是我祖父留给我的，很适合砍伐枯树。假若您有兴趣，请按这封信所留的信箱，给予回复……"最后他就给我汇来了 15 美元。

　　乔治·赫伯特成功后，布鲁金斯学会在表彰他的时候说：金靴子奖已空置了 26 年。26 年间，布鲁金斯学会培养了数以万计的推销员，造就了数以百计的百万富翁，这只金靴子之所以没有授予他们，是因为我们一直想寻找这么一个人。这个人从不因有人说某一目标不能实现而放弃，从不因某件事情难以办到而不去寻找方法。

的确，把斧子推销给总统难以做到，但是如果我们能像乔治那样细心，用心的话，有很多的机遇都是可以把握的。

由此，让我们成为一个积极寻求方法留心细节的优秀推销员吧。这样会使我们在工作中尽快脱颖而出，成为一个真正卓越的人。

在一家名叫天威的天线公司。总裁来到营销部，让大伙儿针对天线的营销工作各抒己见，畅所欲言。

营销部胖乎乎的赵经理耷拉着脑袋叹息说：“人家的天线三天两头在电视上打广告，我们公司的产品毫无知名度，我看这库存的天线真够呛。”部里的其他人也随声附和。

总裁脸色阴霾，扫视了大伙一圈后，把目光驻留在进公司不久的一位年轻人身上。总裁走到他面前，让他说说对公司营销工作的看法。

年轻人直言不讳地对公司的营销工作存在的弊端提出了个人意见。总裁认真地听着，不时嘱咐秘书把要点记下来。

年轻人告诉总裁，他的家乡有十几家各类天线生产企业，唯有001天线在全国知名度最高，品牌最响，其余的都是几十人或上百人的小规模天线生产企业，但无一例外都有自己的品牌，有两家小公司甚至把大幅广告做到001集团的对面墙壁上，敢与知名品牌竞争。

总裁静静地听着，挥挥手示意年轻人继续讲下去。

年轻人接着说：“我们公司的老牌天线今不如昔，原因颇多，但归结起来或许就是我们的售销定位和市场策略不对。”

这时候，营销部经理对年轻人的这些似乎暗示了他们工作无能的话表示了愠色，并不时向年轻人投来警告的一瞥，最后不无讽刺地说：“你这是书生意气，只会纸上谈兵，尽讲些空道理。现在全国都在普及有线电视，天线的滞销是大环境造成的。你以为你真能把冰推销给因纽特人？”

经理的话使营销部所有人的目光都射向年轻人，有的还互相窃窃私语。

经理不等年轻人“还击”，便不由分说地将了他一军：“公司在甘肃那边还有5000套库存，你有本事推销出去，我的位置让你坐。”

年轻人提高嗓门朗声说道：“现在全国都在搞西部开发建设，我就不信质优价廉的产品连人家小天线厂也不如，偌大的甘肃难道连区区5000套天线也推销不出去？”

几天后，年轻人风尘仆仆地赶到了甘肃省兰州市天元百货大厦。大厦老总一见面就向他大倒苦水，说他们厂的天线知名度太低，一年多来仅仅卖掉了百来套，还有4000多套在各家分店积压着，并建议年轻人去其他商场推销看看。

接下来，年轻人跑遍兰州几个规模较大的商场，有的即使是代销也没有回旋余地，因此几天下来毫无建树。

正当沮丧之际，某报上一则读者来信引起了年轻人的关注，信上说那儿的一个农场由于地理位置关系，买的彩电都成了聋子的耳朵——摆设。

看到这则消息，年轻人如获至宝，当即带上十来套样品天线，几经周折才打听到那个离兰州有100多公里的金晖农场。信是农场场长写的。他告诉年轻人，这里夏季雷电较多，以前常有彩电被雷电击毁，不少天线生产厂家也派人来查，知道问题都出在天线上，可查来查去没有眉目，使得这里的几百户人家再也不敢安装天线了，所以几年来这儿的黑白电视只能看见哈哈镜般的人影，而彩电则只是形同虚设。

年轻人拆了几套被雷击的天线，发现自己公司的天线与他们的毫无二致，也就是说，他们公司的天线若安装上去，也免不了重蹈覆辙。年轻人绞尽脑汁，把在电子学院几年所学的知识在脑海里重温了数遍，加上所携仪器的配合，终于发现疏忽了这样一个细节，即天线放大器的集成电路板上少装了一个电感应元件。这种元件一般在任何型号的天线上都是不需要的，它本身对信号放大不起任何作用，厂家在设计时根本就不会考虑雷电多发地区，没有这个元件就等于使天线成了一个引雷装置，它可直接将雷电引向电视机，导致线毁机亡。

找到了问题的症结，一切都变得迎刃而解了。不久，年轻人将从商厦拉回的天线放大器上全部加装了感应元件，并将此天线先送给场长试用了半个多月。期间曾经雷电交加，但场长的电视机却安然无恙。此后，仅这个农场就订了500多套天线。同时热心的场长还把年轻人的天线推荐给存在同样问题的附近5个农林场，又给他销出2000多套天线。

一石激起千层浪，短短半个月，一些商场的老总主动向年轻人要货，连一些偏远县市的商场采购员也闻风而动，原先库存的5000余套天线当即告急，因为及时地弥补了这个小细节，才使年轻人所在的公司赢得了大量的代理商和客户。

一个月后，年轻人筋疲力尽地返回公司。而这时公司如同迎接凯旋的英雄一样，将他披红挂彩并夹道欢迎。营销部经理也已经主动辞职，公司正式下令任命年轻人为新的营销部经理。

因此，在"世界上最伟大的推销员"乔·吉拉德看来客户就在你身边，对任何一位推销员来说，只要您能够真诚地为顾客服务，留心每一个细节和问题，相信您一定能把冰块卖给因纽特人。

● 把握时机，秀出自己

机遇不会平白无故降临到自己头上，要想获得机遇，就要善于表现自己，这样机遇才会注意到你，从而来到你身边。

在我们身边有这样的人，他在工作时非常卖力，他勤奋、忠诚、守时、可靠并且多才多艺；他为自己的事情付出许多心血，按理说他应该前途光明。

但事实并非如此，他什么也没有得到。即使是比他差得多的人，都不断获得升迁、获得机遇、获得成功。原因就在于他不懂得表现自己，别人从来没有注意到他，机遇也没有注意到他。

你是否也是这样？若是如此，就必须学会表现自己,这样成功就会容易多了。适当地表现自己和以不正当的手段吸引别人的注意，是完全不同的。真正的自我推销必须是创意的，需要良好的技巧。

记住，表现自己必须是光明正大的，不能打击或贬低别人的价值。

担任从事多种经营、旗下拥有数个子公司的美国主要建设公司副经理路易斯·休特把创造机会诠释为"替自己的才华安装聚光灯"。

他认为人应该在让大家看得到的地方工作，并尽力让自己的才华在众人之中凸显出来。

路易斯指出："现在这个时代，能人辈出，但许多人空有才华而无人赏识，就这样浮浮沉沉地过了一生，令人为之惋惜！"

他则不同，他绝不甘心被人忽视。于是，一开始他便将自己安排在容易创造机会的地方。

休特为能达成自己的人生计划，首先在学校里主修法律，一方面他认为以此为业既安全又可靠，另一方面他认为作为一名法学家还可以有许多机会在众人面前展露自己的才华。

因此，就在这种观念的支持之下，他以十分优异的成绩毕业于佛罗里达州立大学。

他的就学并没有白费，毕业之后，他便马上进入塔拉哈希市一家法律事务所工作。

关于实务方面，他把积极参与社会活动作为自己的行动方针。

没有多长时间，他便得到青年商会、军人组织等团体的认同。

如此热情参与社会活动的结果，使他获得了第一次发展机会。

他在事务所工作不到一年的时间，即被塔拉哈希市的人们公认为是最有才华的年轻有为的法学家，因此他在 24 岁时就被任命为该市的法院推事。

直至今日，在佛罗里达州，他仍然是年纪最轻的法律推事纪录保持人。

这个职位，使他在当地的声望愈来愈高，州府对他也颇为器重。

3 年后，当他被任命为佛罗里达州饮料局局长时，他的第二次发展机会也翩然降临。

此时的他又成为全州人们所瞩目的对象，但他并不以此为满足。他知道自己仍然有发展的机会，并深信在周围的人群当中会有人带领他走向事业的另一座高峰。

果然不出所料，在注意他的人群里，美国最成功的年轻金领路易斯沃弗逊也在其中。

两个人志同道合，经介绍认识之后，很快就变成了好朋友。

3 个月后，休特非常自信地告诉沃弗逊说："你恐怕不知道，有一天，我将成为你们那伙人中的一分子。"

沃弗逊更想象不到的是"那一天竟然这么快就来临"。

3 年后，在休特 30 岁那年，他被沃弗逊任命为美国主要建设公司的助理总经理。

这个旁人求之不得的天大机会，就是休特 6 年来不断显示自己才华的结果。

在沃弗逊的世界里，休特的事业快速成长。

一年以后，他成为该公司的副总经理；未隔多久，他又成为经营着世界排名数一数二的庞大企业的总经理。

路易斯·休特的成功，证明了善于推销自己，努力展示自己才华的重要性。善于推销自己的人才能赢得更多的机会。

有个承包工程的老板，亲自督导一幢摩天大楼的兴建工作。一名衣衫褴褛的小孩，走到这位衣服光鲜的大老板身旁，问道："我长大之后，怎样才能像你那么有钱？"

这位老板上了年纪，是由小工苦干出身的。他看一看那个小孩，然后粗声粗气地说："买件红色衬衫，然后拼命工作。"

那小孩给对方的语气吓了一跳。他显然不明白那个老板的话。于是，老板用手指指那些往来于大楼各层脚手架的工人，然后对小孩说："你看看那边的工人，他们全都是我的员工。我不记得他们的名字。而且，他们之中，有些人我从未见过。但你看看那个穿红衣服的。他很特别，因为人家都穿蓝色，只有他一个人穿红色的。而根据我近日的观察，他比其他工人都认真，每天早到迟退，工作时手脚又勤快。我之所以注意到他，是因为他穿着与众不同的衣服。我打算上那儿去，问他愿不愿做工地的监工。他肯干的话，日后也一定会升职，搞不好会当上我的副经理。"

"其实，我以前也是这样干起来的。我要求自己工作比别人勤快，比别人好。我跟大家一起穿工人裤，但我的上衣是一件与众不同的条纹衬衫。这样，老板才会注意到我。我拼命地工作，最后真的受到老板的注意和赏识。升迁后，我存了一笔钱，自己开公司当老板。我就是这样创出今天的局面的。"

现在是一个讲究张扬自己个性的时代，尤其是身处职场上的人们，在关键时刻恰当地张扬也就是"秀"（show）一下，不失为一个引起领导注意的好办法。

要在上级面前表现自己，这是大家都知道的。让有权控制升迁的人知道你有优良表现；此外，在同事面前，一样要保持最佳状态，要让同事也觉得你办事能力强，理由是同事对你的评价，也是上级考虑是否提拔你的因素。当然，要让同事觉得你升级是值得的，不作第二人之想，赢取他们的敬服。

不要理会别人的闲言碎语。人人都希望获得上级赏识，得到他的提拔，为此展开明争暗斗，谁跑在最前头，谁就成为众矢之的。中伤、谣言、闲言碎语、冷言冷语，最易令人困扰，挫伤工作热情和斗志。因此，集中精神工作，只要闲言冷语无损你的形象和前途，就不要理会。你为闲言碎语而烦恼，别人会暗里高兴。争取工作表现，利用优良的工作成绩来回答闲言闲语。

在某种特殊的场合下，沉默谦逊确实是一种"此时无声胜有声"的制胜利器，但无论如何你也不要把它处处当成金科玉律来信奉。在人才竞争中，你要将沉默踏实肯干谦逊的美德和善于表现自己结合起来，才能更好地让别人赏识你。

曾有一个很优秀的女孩子，在学校时是一个有名的才女，她不但琴棋书画无所不通，论口才与文采也是无人可与之比肩的，大学毕业后，在学校的极力推荐下去了一家小有名气的杂志社工作。谁知就是这样的一个让学校都引以为自豪的人物在杂志社工作不到半年就被炒了鱿鱼。

原来，在这个人才济济的杂志社内，每周都要召开一次例会，讨论下一期杂志的选题与内容。每次开会很多人都争先恐后地表达自己的观点和想法，只有她总是悄无声息地坐在那里一言不发。她原本有很多好的想法和创意，但是她有些顾虑，一是怕自己刚刚到这里便"妄开言论"，被人认为是张扬，是锋芒毕露，二是怕自己的思路不合主编的口味，被人看作为幼稚。就这样，在沉默中她度过了一次又一次激烈的争辩会。有一天，她突然发现，这里的人们都在力陈自己的观点，似乎已经把她遗忘在那里了。于是她开始考虑要扭转这种局面。但这一切为时已晚，没有人再愿意听她的声音了，在所有人的心中，她已经根深蒂固地成了一个没有实力的花瓶人物。最后，她终于因自己的过分沉默而失去了这份工作，因此，要告诫大家，沉默是金，同时也是埋没天才的沙土，只是看你怎样去利用。

请记住：把自己的美展示给人，从而赢得机遇的青睐，并不是件羞耻的事。

第 **4** 章

关注细节，拥有财富

细节是开启金库的钥匙。只要您留心生活中的每一件小事，即使是点点的爱心，也会为你带来亿万的财富。

细节是开启金库的钥匙

有人说，一等智商经商，二等智商做官，三等智商搞教研。于是，随着改革开放的深入，涌现出了全民经商的热潮。但是，经商的结果却大不一样，有的发财成为大老板，有的却血本无归。什么原因呢？

在现代社会，市场竞争日趋激烈，利益空间逐步缩小，整个经济进入了微利时代，因此，要想立于不败之地，必须善于从细节处发现问题。

1957 年，美国在芝加哥举办了一场全国博览会，大名鼎鼎的美国五十七罐头食品公司经理汉斯却忧心忡忡。原来他的层位被分配在全场最僻静的一个角楼上。尽管汉斯多次与筹委会交涉，但筹委会坚持这项安排是集体做出来的，任何人都没权利改变。

汉斯没办法，只好转向全公司职员征求意见，以求改变公司不利的状态。这时，会议室里静悄悄的，连一根针掉在地上都能听得见。突然，一个小小的响声打破了宁静——不知哪位员工袋里的硬币掉到地上了。大家都不约而同地把目光投到了地板上。这时，汉斯的大脑里闪出了一个念头——做一种类似刚才落地的硬币这样的东西招揽参观者。

这时，他没有怪罪那位失态的员工，而是微笑着说："谢谢你投了这枚硬币！我找到了一个力扭乾坤的办法！"

大家都惊愕地看着汉斯。汉斯接着说:"刚才,我看到了大家低头观看硬币的眼神,里面都有一种好奇。我们也可以利用一下观光者的这种心态。"

大家听了汉斯的话后纷纷称妙。于是,你一言我一语地讨论开了。最后,大家一致决定在会展中投一种小铜牌。

几天以后,展览会隆重地开幕了。络绎不绝的参观者们可以不时发现一种精致的小铜牌,小铜牌上有一行字:"请您凭这块小铜牌到展览会阁楼上的汉斯食品公司陈列处换一件可心的纪念品。"

原来僻静的小阁楼顿时人来人往,欢声笑语不绝。在小阁楼内,汉斯公司集中了最好的罐头食品。这些罐头食品经过了最精心的包装,还有最漂亮的姑娘担任销售员。

在本届博览会上,汉斯出尽了风头。到博览会结束,汉斯获纯利55万美元。

一个微小的细节,一个个小小的铜牌,为汉斯立下了汗马功劳。

其实,在商业大潮中,某些微小的细节就会带来很大的经济利益。

现在餐巾纸已经成为中国人日常生活中不可缺少的生活必需品了,但三十多年前,在人们的生活水平普遍还不高时,即使在日本,使用过即扔的纸餐巾无疑是一种奢侈的消费。当然社会是在进步的,一旦人们的生活达到一定水平,那么使用纸餐巾就不仅不是奢侈,反而是一种必须。社会的进步和企业的发展往往是相连的,日本有一家小企业就是因为恰到好处地把握住了这种社会变化的脉搏,而为企业迎来了发展的春天。

这个小企业是只有几十名工人的田中造纸厂。这个厂的经理田中治助是一个非常注意市场变化的经营者,厂子初创之时,他就在当时造纸行业竞争异常激烈的情况下,针对印刷业发展的需要,开发生产了"美浓型纸",赢得了用户的赞许和大批订单。

20世纪60年代后期,日本社会开始进入了经济"起飞"时期,一切都处于剧变之中——包括人们的生活方式。在每个人都为日新月异的变化而惊喜时,田中治助想到的却是这种变化会给自己的企业带来什么。他是个造纸的商人,切入点当然还是在自己的老行当上。他想,经济发展了,人民的生活水平提高了,那么过去仅供少数高收入者使用的餐巾纸必然成为一种大众化的用品,可是当时市场上的餐巾纸却很少。

既然认准了社会发展会带来纸餐巾的普及,田中治助就迅速地行动起来。他果断地用4000万日元从德国引进了两台最新式的生产纸餐巾的机器,开始抓紧时间生产这种还未流行的生活用品。

就在他开足马力，生产出大量纸餐巾的时候，日本大阪于 1968 年到 1969 年承办了万国博览会，各大饭店、餐厅都大量需要纸餐巾。再加上日本人民的生活水平已经提高了，他们受这股风潮的影响，也都开始把纸餐巾作为生活的一部分。一时间，日本的纸餐巾供不应求。

此时，田中治助及时推出了自己的"艺术纸餐巾"，由于他先人一步，他的产品快就占领了大部分的市场，畅销日本全国。不要小看了这一不起眼的纸餐巾，现在田中造纸厂已发展成为田中造纸工业股份有限公司，该公司的主要产品印刷用品和高级纸餐巾在日本市场的占有率分别为 80% 和 50%，年营业额达 13 亿日元。

田中造纸厂能成为日本的"纸餐巾大王"，不是因为别的，正是因为它有一个善于掌握社会生活变化并能从中发现赚钱机遇的当家人。

"机遇偏爱有准备的头脑"这句朴素的格言，包含了深刻的真理。有时候，面对同一个机会，有的人抓住了，有的人却只能眼睁睁地看它溜走。这是因为抓住机会，只是一瞬，但是准备的时间却是十分长久，而这并不是每一个人都能做到的。

李嘉诚，香港首富，他的故事给我们很多教益。

1950 年，李嘉诚倾其积蓄成立了"长江塑胶厂"，由此开始了创业之路。凭着自己的勤学和商业头脑，他发了几笔小财，但由于经验不足和过于自信，工厂转而严重亏损，这一惨淡经营期一直持续了 5 年。

李嘉诚经过一连串磨难后，痛定思痛，开始冷静分析经济形势和市场走向，在种类繁多的塑胶产品中，他生产的塑胶玩具已经趋于饱和状态了。这意味着他必须重新选择一种能救活企业的产品，从而实现塑胶厂的转机。

机会来了。有一次，李嘉诚从杂志上注意到这样一则信息：用塑胶制造的塑胶花即将倾销欧美市场。这样一个小小的细节，使他马上联想到，和平时期的人们，在生活有了一定的保障之后，必定在精神上有更高的要求。如果种植花卉等植物，不但每天要浇水，除草，而且花期短，这与人们较快的生活节奏很不协调。如果生产大量塑胶花，则可以达到价廉物美，美观大方的目的，能很好地美化人们的生活。想到这时，他兴奋地预测到，一个塑胶花的黄金时代即将来临。

接着，李嘉诚四处奔波，不辞辛劳，经过一番艰苦的努力，终于生产出了既便宜又逼真的塑胶花，并通过各方面的促销和广告活动，使塑胶花为香港市民所普遍接受，也使"长江塑胶厂"为人们所熟悉。

不久，李嘉诚又从出口洋行获得准确的消息：美国塑胶市场正在扩大，除了家庭室内插花装饰外，家庭外的花园，公共场所，都用塑胶花点缀。他密切注视市场的动态，抓住每一个变化的细节，并开始逐渐加大广告宣传的力度。

他非常希望接洽到资金雄厚的大客户，以图稳步发展。

这年秋天，李嘉诚意外地收到一家北美大公司的电报。电报说这家垄断公司将派一名经理视察李嘉诚的工厂，以及香港其他塑胶花企业，决定从中挑选一家最有实力的进行长期合作。他预测到这个机会将带来令人振奋的前景。于是，连夜在公司召开紧急会议，并决定马上寻求一切机会向银行申请贷款，以便购入全新的塑胶花生产设备，租赁新厂房。

李嘉诚的一大特点，就是不放过任何一个哪怕再小不过的机会。他与全体员工一起苦战 7 个昼夜，终于在一周内将一切准备完毕。在北美经理到达的那一天，李嘉诚亲自开车去迎接这位"财神爷"。当这位经理参观完之后，深感此公司实力雄厚，气派非凡。经过会晤恳谈之后，这位经理同意与李嘉诚签订长期合约，因此成了长江公司的最大主顾。通过这家公司李嘉诚还与加拿大银行界有了互相信任的友好往来，为日后拓展海外市场埋下了"伏笔"。

从此，李嘉诚的事业蒸蒸日上，饮誉世界。而他不放过任何一个小细节，抓住每一个小机会的精神更是值得所有人学习。无怪乎，有人感叹说，细节就是金库的钥匙。

● 注重小细节，带来大效益

西村金助是一个制造沙漏的小厂商。沙漏是一种古董玩具，它在时钟未发明前是用来测算每日的时辰，时钟问世后，沙漏已完成它的历史使命。而西村金助却把它作为一种古董来生产销售。

沙漏作为玩具，趣味性不多，孩子们自然不大喜欢它，因此销量很小。但西村金助找不到其他比较适合的工作，只能继续干他的老本行。沙漏的需求越来越少，西村金助最后只得停产。

一天，西村翻看一本讲赛马的书，书上说："马匹在现代社会里失去了它运输的功能，但是又以高娱乐价值的面目出现。"在这不引人注目的两行字里，西村好像听到了上帝的声音，高兴地跳了起来。他想："赛马骑手用的马匹比运货的马匹值钱。是啊！我应该找出沙漏的新用途！"

就这样，从书中偶得的灵感，使西村金助的精神重新振奋起来，把心思又全都放到他的沙漏上。经过苦苦的思索，一个构思浮现在西村的脑海：做个限时 3 分钟的沙漏，在 3 分钟内，沙漏上的沙就会完全落到下面来，把它装在电话机旁，这样打长途电话时就不会超过 3 分钟，电话费就可以有效地控制了。

于是西村金助就开始动手制作。这个东西设计上非常简单，把沙漏的两端嵌上一个精致的小木板，再接上一条铜链，然后用螺丝钉钉在电话机旁就行了。不打电话时还可以作装饰品，看它点点滴滴落下来，虽是微不足道的小玩意，也能调剂一下现代人紧张的生活。

担心电话费支出的人很多，西村金助的新沙漏可以有效地控制通话时间，售价又非常便宜。因此一上市，销路就很不错，平均每个月能售出 3 万个。这项创新使沙漏转瞬间成为生活有益的用品，销量成千倍地增加，濒临倒闭的小作坊很快变成一个大企业。西村金助也从一个小企业主摇身一变，成了腰缠亿贯的富豪。

西村金助成功了，而且是轻轻松松，没费多大力气。可是如果他不是一个关注细节的有心人，即便看了那本赛马的书，也逃不脱破产的厄运，还很可能成为身无分文的穷光蛋。这就给人们一个启示：成功会格外偏爱那些有心人。

这几年，在北京地铁环线的车站里，矗立起了一座座精制的"百万庄园"美食亭。它的问世，不仅吸引了南来北往的乘客，而且还成为"上班族"经常光顾的"定点餐馆"。虽说地铁的客流量很大，但未必人人都到这里消费。于是，经营者别出心裁地打出了"借伞"的告示，意思是：凡因下雨被困在车站的乘客，"庄园"可免费借其一把伞，只要第二天路过时还上即可。由于此种促销方式颇有人情味。既打出商亭的知名度，又解决了乘客的"燃眉之急"。使原来不在这里消费，却又受到了"庄园"恩惠的人，变成了这里的常客。

生意场上就是选择，要想吸引顾客，取得成功，就在服务的细节上下功夫，并能不断转变观念，改变经营方式，才能找到与市场的最佳结合点。其实，有不少的企业家都是善于在小细节抓效益的高手。

现今，商界竞争越来越激烈，一些小企业或者是小公司只有不断运用新奇的点子，在细节上做文章才能在大集团、大公司的夹缝里寻求生存的机遇，顺应发展，获得成功。1957 年，刚刚荣升台北市第十信用社董事会主席的蔡万春面色肃然，在台北的金融同行中，"十信"太渺小了，小到根本无人去理睬它。台北有的是信用良好、资金雄厚的大银行，稍有点名声的商家企业都把钱存放到他们那里去了。

蔡万春深知自己的实力不可与资金雄厚的大银行较量。但他又坚信，大银行虽然财大气粗，它不可能没有"薄弱"或"疏漏"之处，那些"薄弱"或"疏漏"之处，就是"十信"的生存之地！

蔡万春在街头巷尾徜徉，与市民交谈，跟友人商榷，终于发现了各大银行不屑一顾的一个潜在大市场——向小型零散客户发展业务。

蔡万春大张旗鼓地推出1元钱开户的"幸福存款"。一连数日,街头、车站、酒楼前、商厦门口,到处都是手拿喇叭、殷殷切切、满腔热忱向人们宣传"1元钱开户"种种好处的"十信"职员,而令人眼花缭乱的各种宣传品更是满城飞。"十信"的宣传活动令金融同行们大笑不止,人人都在嘲讽蔡万春瞎胡闹——"1元钱开户"?连手续费还不够哩!

但是,精诚所至,金石为开。奇迹出现了:家庭主妇们、小商小贩们、学生们争先到"十信"来办理"幸福存款","十信"的门口竟然排起了存款的长队,而且势头长盛不衰。没过多久,"十信"即名扬台北市,存款额与日俱增。

迈出了成功的第一步,蔡万春信心倍增。"不能跟在别人后面走,一定要创新路!"蔡万春经过仔细地观察分析,又发现了一个大银行家没有涉足的市场——夜市。随着市场的繁荣,灯火辉煌的夜市不比"白市"逊色多少,而银行是不在夜晚营业的。蔡万春大胆推出夜间营业,台北市的各个阶层一致拍掌说好,许多商家专门为夜市在"十信"开户,"十信"誉满台北。

就这样,"十信"以涓涓细流汇成大海,很快发展成为一个拥有17家分社、10万社员、存款额达170亿新台币的大社,列台湾地区信用合作社之首。

一个小细节的创新,就可以让企业在激烈的竞争中胜出,这一点无论对于任何企业都是适用的。

在各种产品与服务风起云涌的今天,星巴克公司却把世界上最古老的一种商品——咖啡,发展成为与众不同的品牌。回顾星巴克塑造品牌之路,可以发现,星巴克并没有使用其他品牌市场战略中的传统手段,如铺天盖地的广告宣传和促销活动等。星巴克的成功关键在于它是"细节下的蛋"。通过"细节"这只手,星巴克从一间小咖啡屋发展成为国际上最著名的咖啡连锁店品牌。

星巴克认为,体验决非就是一种虚无缥缈的感觉,它可化成一种实实在在的"有形"商品。消费者一旦被体验感动,就会心甘情愿地花钱买体验。根据这一认识,星巴克决定独辟蹊径,创造性地处理"体验"这一细节,以制造富有自身个性的品牌。为此,星巴克提出了自己独特的价值主张:星巴克出售的不是咖啡,而是人们对咖啡的体验。

在星巴克咖啡店,顾客能找到充满活力的为自己煮咖啡的人,能找到不厌其烦教自己喝咖啡的人。星巴克要求服务人员在教顾客饮用咖啡时,目光必须自然地注视着顾客的眼睛。同时,顾客还可以喝到任何一种咖啡,可以随意谈笑,甚至挪动桌椅随意组合。

关注于体验这一细节时,星巴克更擅长营造咖啡之外的体验:如店内气氛、个性化的店内设计、暖色灯光、柔和的音乐等。通过这些，星巴克把一种独特的格调传送给顾客，这种格调就是浪漫。

星巴克努力通过每一个细节，把顾客在店内的体验化作一种内心的体验——让咖啡豆浪漫化，让顾客浪漫化，让所有感觉浪漫化。

一件产品是如何被注意到的？作为产品，必须一开始就表现出它的与众不同。这种与众不同不是仅仅通过夸大的、不属实的广告宣传就能实现的。真正有效的方法是在细节处加以改变。

企业只有认识到出众的细节对产品的重要性，将创造性融入产品的每一个细节中，才能使产品独具特色，由此企业才能从业务活动中获得更多的收益。

谁要认识不到细节的重要性，不把细节个性化当作个人品牌的核心，就很难创造出真正与众不同的品牌，获得更大的成功。这是因为，细节创造了一种现实，它能做到与众不同，从大众产品中推出一些独特的、珍贵的和令人渴望的东西。

● 留心细节，化腐朽为神奇

将无用变有用，是给埋没者一片翱翔的天空，还是让星星在夜里亮得更晶莹？对于成功的人们来说，他们总有一双慧眼，总会有自己的聪慧和勤奋为自己赚取金钱，获得成功。

在20世纪80年代初，农村经济体制的改革极大地调动了农民的生产积极性，也提高了农民对生产投入的兴趣。在一段时间里，一般农户对镰刀、锄头等最基本生产工具的需求大增，导致生产这类农具的原料——毛铁和钢板供不应求，在一些地方甚至完全脱销。与此同时，在国营大厂的围墙里，堆着大量边角料和废铁板，如何处置这些"废物"成了厂长们的一块心病。

在这种情况下，一位"钢铁大王"应运而生了。

所谓"钢铁大王"，也并没有什么特殊之处，只不过是一个稍微有点文化的人，然而他的头脑十分灵活，这是最重要的。

有一天，他到在供销社供职的同学那里喝茶聊天，偶尔说起毛铁脱销以及城里一些工厂的边角料怎么比毛铁还好的事，他就想起了自己的一位姑父在H城一家船厂里工作，心中突然一亮。第二天一大早，他兜里装着80块钱的全部资本直奔H城，找到了在造船厂当保卫科长的姑父，又通过姑父找到了厂长。富有人情味的厂长一听说需要他们厂的废钢铁，便把大板一拍，二话没说，便吩咐派辆卡车送去。这一趟他是无本万利，净赚了一千多元。看到了那沉甸甸的票子，吓得他愣是没敢往家里拿。

几天后，他就买了礼品二上 H 城，还拉着那位同学，算是供销社领导，一起登门致谢，并同厂方订立了长期协议：所有废弃的边角料都被他们以极低的价格包销，一包就是 3 年。

以后，"钢铁大王"更是如鱼得水，尝到了更大的甜头。货源有的是：造船厂的拉光了，被介绍到机械厂、机床厂；H 城的拉光了，又被介绍到 N 城，S 城……市场更是不成问题：本地市场饱和了，使销到外地、外省……开始是用汽车运，后来就鸟枪换大炮，改用火车车皮装。

他的生意越做越大，人缘越混越好，财路也越来越宽。等到别人也明白过来，一哄而上时，他已经金盆洗手，另谋别的财路去了。

留意细节，废物也就变成了宝。只要你具有积极的心态，再黯淡的人生也会想出办法摆脱困境，赢得另一片天地。

一天夜里，一场雷电引发的山火烧毁了美丽的"万木庄园"，这座庄园的主人迈克陷入了一筹莫展中。面对如此大的打击，他痛苦万分，闭门不出，茶饭不思。

转眼间，一个多月过去了，年已古稀的外祖母见他还陷在悲痛之中不能自拔，就意味深长地对他说："孩子，庄园变成了废墟并不可怕，可怕的是，你的眼睛失去了光泽，一天一天地老去。一双老去的眼睛，怎么能看得见希望呢？"

在外祖母的劝说下，迈克决定出去转转。他一个人走出庄园，漫无目的地闲逛。在一条街道的拐弯处，他看到一家店铺门前人头攒动。原来是一些家庭主妇正在排队购买木炭。那一块块躺在纸箱里的木炭让迈克的眼睛一亮，他看到了一线希望，急忙兴冲冲地向家中走去。

在接下来的两个星期里，迈克雇了几名烧炭工，将庄园里烧焦的树木加工成优质的木炭，然后送到集市上的木炭经销店里。

很快，木炭就被抢购一空，他因此得到了一笔不菲的收入。他用这笔收入购买了一大批新树苗，一个新的庄园初具规模了。

几年以后，"万木庄园"再度绿意盎然。

"山重水复疑无路，柳暗花明又一村。"世间没有死胡同，就看你如何去寻找出路。不让心智老去，才不会让心灵荒芜，才不会无路可走。

无独有偶的是，有一位年轻的江西人，喜欢做些小贩生意，呼啦圈作为一种健身运动产品，曾在我国各大城市引起轰动，但它像一阵风似的，流行一下子就衰落了，结果，造成大批积压，连白送人也不要，这让年轻人感到很郁闷，但是他并没有绝望。有一天，他去批发农用薄膜，当他看到有个塑料厂有许多积压的呼啦圈时，忽然从中悟出商机。因为他想到了农村竹用顶棚支架。于是，他花钱大量购进十分便宜的呼啦圈把它一分为二，劈成两半，作为农用薄膜顶棚支架。由于这种聚乙烯树脂在土壤中有经久耐用、不腐烂的特点，且又价格低廉，所以，很快就取代了过去惯用的竹用棚架，而这一项小小的发明使过时的呼啦圈重新获得了价值，自己也从中获取了丰厚的利润。

在神奇的大千世界之中，变废为宝，化腐朽为神奇的故事还有很多，在大山深处居住的农民靠侍弄树桩也能赚大钱，凭的是一敏锐的眼光和灵巧的双手。

有位48岁的山里农民黄启才侍弄树桩可谓入了迷，他家的庭院里到处都是树桩。本是些只能当柴火烧的树桩，经黄启才那么一侍弄，就长出了千奇百怪的枝叶，开出了姹紫嫣红的花朵，成了人见人爱的大型树桩盆景，不仅美化了庭院，而且一颗盆景就能卖出上万元的好价钱。一个山里的农民怎么就有这等化腐朽为神奇的本领，怎么就有这等拿山里废物卖大钱的好眼光？

故事还要从头说起。那是很多年前一天，家住梅村镇必胜村的黄启才到城里看望岳父，因为知道岳父爱好侍弄盆景，他临行前就在山里挖了几棵树桩准备带给老岳父。不曾想，在城里刚下车的时候，他带的树桩竟然被一伙人看上了，争相抢购，几棵树桩当时就卖了50多元。头脑灵活的黄启才敏感地意识到，山里当柴火烧的树桩，到了城里其实还满值钱的哩。他进而又想，连树桩都这么值钱，要是把它培育成树桩盆景，那不是更值钱吗？岳父在市场上买个小盆景，还要花个百儿八十的哩，何况是树桩育出的大盆景呢？

从20世纪80年代末开始，黄启才走上了自己近20年的培育树桩盆景之路。刚开始，为了弄懂树桩盆景的栽培和管理技术，他一方面订阅大量有关花卉盆景的书刊如饥似渴地钻研，一方面拜师访友刨根问底地请教，同时悉心观察各种树桩的习性，反复进行实践。功夫不负有心人，黄启才终于渐渐掌握了树桩盆景的栽培技艺。

10多年来，黄启才要么奔走在崇山峻岭之间物色树桩，要么一头扎进自己的庭院里精心培育。随着岁月的流逝，他家的庭院里树桩盆景越来越多，盆景的造型也愈来愈奇妙。精品的紫薇、榆树、梅树及三角枫树桩盆景造型各异、栩栩如生、灵动异常，不仅倾倒了路过的行人，而且吸引了不少外地盆景爱好者及生意老板的目光，上门求购者络绎不绝。2000年以来，黄启才每年都有七八万元的树桩盆景收入，产品销售到长三角和合肥等地。

培育树桩盆景能赚大钱的消息不胫而走，周围的农户也开始效法黄启才侍弄树桩盆景，结果都收入不菲。近年来，上山的树桩资源渐渐枯竭，黄启才又动起了培育小树桩盆景的脑筋。2001 年，他从肥西进了 300 多棵黑松苗，今年又引进了 1000 多棵梅树苗，目前，他家的自育树桩小盆景达 1300 多盆，占地 4 亩多。在他的影响下，邻近村民又有 10 多户开始培育起了苗木花卉。

如今，黄启才把自己庭院里经数年培育的 1200 多盆大树桩盆景视为宝贝疙瘩，每天细心侍弄之余，他都要赏玩再三。可不是嘛，这些东西已是日渐稀有之物了，除非谁愿意出令黄启才心动的价，否则，他是怎么也舍不得卖的。

其实，机遇对每个人来说都是平等的，但是它只钟情于事事留心，处处在意的人，只青睐那些即使在困境之中也不丧失信心的人，只爱戴那些用自己的聪慧和奋斗来赚取金钱，赢得人生的人，对他们而言，即使是废物也会变成宝，这也就可以理解他们为什么总能比别人发现更多的金子。

● 崇尚节俭创造财富

养成勤俭节约的美德，把自己的资金用来投资，是成功致富者必须具备的素质之一。从创业成功的人身上，都能见到节俭和投资创业的共同本质。

社会上有一些先富起来的人，只顾眼前，不思长远，总想"把鸡下的蛋吃光"，盲目攀比、盲目消费，就像梦中发了横财，不知如何是好，于是就赌博、吸毒、比赛烧钞票，而没有想去扩大实业，拓展生意。因此，致富者应该明白家有金钱万贯，不如投资经营的道理。钱再多也是有限的，"坐吃"必然导致"山空"。钱财只有流通起来才能赚取更多的利润，才能使优越的生活得到保证。

可以用三个词来勾画富人的肖像，那就是：节俭！节俭！再节俭！

有人问百万富翁卢卡斯："你购买一套服装，最多花过多少钱？"

约翰尼把眼睛闭上片刻。显然，他在认真回忆。观众悄然无声，都料想他会说："大约在 1000 美元至 6000 美元之间。"但是事实表明，观众的想法是错的。这位百万富翁这样说："我买一套服装花钱最多的一次……最多的一次……包括给自己买的、给我妻子琼买的、给我儿子巴迪、达里尔和给女儿怀玲、金洛买的……最多一次花了 399 美元。噢！我记得那是我花得最多的一次，买那套服装是因为一个十分特殊的原因——我们结婚 25 周年庆祝宴会。"

观众对约翰尼的陈述会有什么反应呢？可能大吃一惊，不相信。事实上，人们的预想和大多数美国百万富翁的实际情况并不一致。

每一个年轻人都应该知道，除非他养成节俭的习惯，否则他将永远不能积聚财富。

两个年轻人一同寻找工作，一个是英国人，一个是犹太人。

一枚硬币躺在地上，英国青年看也不看地走了过去，犹太青年却激动地将它捡起。

英国青年对犹太青年的举动露出鄙视之色：一枚硬币也捡，真没出息！

犹太青年望着远去的英国青年心生感慨：白白地让钱从身边溜走，真没出息！

两个人同时走进一家公司。公司很小，工作很累，工资也低，英国青年不屑一顾地走了，而犹太青年却高兴地留了下来。

两年后，两人在街上相遇，犹太青年已成了老板，而英国青年还在寻找工作。

英国青年对此不可理解，说："你这么没出息的人怎么能这么快成功了？"

犹太青年说："因为我没有像你那样绅士般地从一枚硬币上迈过去。你连一枚硬币都不要，怎么会发大财呢？"

英国青年并非不要钱，可他眼睛盯着的是大钱而不是小钱，所以他的钱总在明天。这就是问题的答案。

没有小钱就不会有大钱。你不爱惜钱，钱也不会来找你。

如果你养成了节俭的习惯，那么就意味着你具有控制自己欲望的能力，意味着你已开始主宰你自己，意味着你正培养一些最重要的个人品质，即自力更生、独立自主，以及聪明机智和创造能力。换句话说，就意味着你有了追求，你将会是一个大有成就的人。

洛克菲勒垄断资本集团的创始人约翰·戴维森·洛克菲勒，1839年出生于一个医生家庭，生活并不宽绰，艰难的生活使他养成了一种勤俭的习惯和奋发的精神。他在16岁时，决心自己创业。虽然他时常研究始何致富，但始终不得要领。一天，他在报纸上看到一则广告，是宣传一本发财秘诀的书。洛克菲勒看后喜出望外，急忙照着广告注明的地址到书店购买这本"秘书"。该书不能随便翻阅，只在买者付了钱后，才可以打开。洛克菲勒求知心切，买后匆匆回家打开阅读，岂知翻开一看，全书仅印有"勤俭"二字，他又气又失望。洛克菲勒当晚辗转不能成眠，由咒骂"发财秘书"的作者坑人骗钱，渐渐细想作者为什么全书只写两个字，越想越觉得该书言之有理，感到要致富确实必须靠勤俭。他大彻大悟后，从此不知疲倦地勤奋创业，并十分注重节约储蓄。就这样，他坚持了5年多的打工生涯，以节衣缩食的节俭精神，积存了800美元，经过多年的观察，洛克菲勒看清了自己的创业目标：经营石油。经过几十年的奋斗，他终于成为美国石油大王。

石油商人成千上万，最后只有洛克菲勒独领风骚，其成功绝非偶然。专家在分析他的创富之道时发现，精打细算是他取得成就的主要原因。洛克菲勒在自己的公司中，特别注重成本的节约，提炼每加仑原油计算到第三位小数点。他每天早上一上班，就要求公司各部门将一份有关净值的报表送上来。经过多年的积累，洛克菲勒能够准确地查阅报上来的成本开支、销售及损益等各项数字，并能从中发现问题，以此来考核每个部门的工作。1879 年，他写信给一个炼油厂的经理质问："为什么你们提炼一加仑原油要花 1 分 8 厘 2 毫，而东部的一个炼油厂干同样的工作只要 1 分 8 厘 1 毫？"就连价值极微的油桶塞子他也不放过，他曾写过这样的信："上个月你厂汇报手头有 1119 个塞子，本月初送去你厂 1 万个，本月你厂使用 9527 个，而现在报告剩余 912 个，那么其他的 680 个塞子哪里去了？"洞察入微，刨根究底，不容你打半点马虎眼。正如后人对他的评价，洛克菲勒是统计分析、成本会计和单位计价的一名先驱，是今天"一块拱顶石"。

节俭的原则不仅适用于金钱问题，而且也适用于生活中的每一件事，从合理安排自己的时间、精力，到养成勤俭的生活习惯。节俭意味着科学地支配和自己的时间与金钱，意味着最明智地利用我们一生所拥有的资源。

节俭是一名员工的基本素质，但是节俭并不是说要所有的员工都去考虑如何节省几千元、几万元的大笔资金，这对大多数员工是不大现实的。对于员工来说，节俭就在于点点滴滴之间。这里几元，那里几元，如果我们把节约的观念用在所有这些小地方，那么加在一起可以成为很大的数目。

在 2003 年度《财富》世界 500 强企业中，有一个有趣的现象，以营业收入计算，丰田汽车排在第 8 位，但是以利润计算，丰田汽车却排在第 7 位。同时《财富》世界 500 强的数据显示，2003 年丰田汽车赚取的利润远远超过美国三大汽车公司的利润之和，就是比排在第二位日产汽车的 44.59 亿美元利润，也高出 1 倍多。实际上，丰田的利润已经远远超出了全球汽车行业其他企业利润的平均水平。丰田的惊人利润从何而来？

在丰田的利润中，可以说很大一部分是丰田员工节俭下来的。丰田的厉行节俭是全球出名的。丰田办公室的员工用过的纸不会随意扔掉，反过来做稿纸，铅笔削短了加一个套继续用，领一支新的也要"以旧换新"；机器设备如果达到标准，很陈旧也一样使用；鼓励工人提出合理化建议，几乎每天都有人在技术革新、小改小革上下功夫。

举个简单的例子，丰田的员工很注意在组装流水线上的零件与操作工人的距离有多大才合适。如果放得不合适，取件需要来回走动，这种走动对于整个工序就是一种浪费，要坚决避免。另外，丰田还有一个特别的地方，在丰田的整个流水线上有一根绳子连动着，任何一名工人一旦发现流过来的零件存在瑕疵就会拉动绳子，让整个流水线停下来，并将这个零件修复，决不让它留到下一个流程。

不但如此，节约水电、暖气、纸张等都是丰田所倡导的，细微之处的节俭为丰田带来了不小的收益。

"勿以善小而不为，勿以恶小而为之。"节俭也是一样不论大小。每一个企业都有许多细微的小事，这往往也是大家容易忽略的地方。有心的员工是不会忽视这些不起眼的小事的，因为他们懂得，大处着眼，小处着手，节约成本应当从一点一滴做起。

其实生活工作中，有很多的小事都是举手即可完成的。例如：

(1) 节约每一度电，做到随手关灯，人走灯灭，人走电器关，电脑不用时将它调至休眠状态或关掉。

(2) 节约每一滴水，水龙头用后及时关闭，及时修理水管水箱，杜绝滴漏水的现象。

(3) 节约每一个电话，不用公费电话聊天、谈私事；提高打电话的效率。打电话时最好在拿起话筒前拟一份简明的通话提纲，重要内容一字不差地写在提纲上。这样做有利于保证通话内容的准确、完整、精练，节省通话时间和提高通话效率。

(4) 节约每一张纸，复印纸、公文纸统一保管，按需领取，节约使用，尽可能双面打印或复印，公共卫厕使用的卫生卷纸勤俭节约，禁止盗拿。

(5) 不要把公司的办公用品私自拿回家据为己有；把平时习惯丢掉的纸张捡起来，看看是否还能够派上其他用场。

当然，节约成本远不止表现在以上几个方面，还需要在工作中多多留心。坚持少花钱多办事，会议、接待、招待等尽量从简和节约，不该花的钱不花，能少花的钱不多花，不必要办的事不办，可勤俭办的事不铺张办。一名优秀的员工就是要在点点滴滴之间节俭，不放过能够节俭下来的每一分钱。而一分一分地累加，就能成为一个巨大的数字，而这些都是变成了企业的利润。

由此可见，"节俭"非小事，它体现着一个人良好的素质和修养，也关系到一个公司，一个企业的自身利益，万不可视"节俭"为吝啬。

虽然，一个生性吝啬的人，他的前途也仍然大有希望，但如果是一个挥金如土、毫不珍惜金钱的人，他的一生可能将因此而断送。不少人尽管以前也曾经刻苦努力地做过许多事情，但至今仍然是一穷二白，主要原因就在于他们没有储蓄的好习惯。

● 点点爱心生财源

在一个又冷又黑的夜晚，一位老人的汽车在郊区的道路上抛锚了。她等了半个多小时，好不容易有一辆车经过，开车的男子见此情况，二话没说便下车帮忙。

几分钟后，车修好了，老人问他要多少钱，那位男子回答说："我这么做只是为了帮助你。"但老人坚持要付些钱作为报酬。中年男子谢绝了她的好意，并说："我感谢您的深情厚谊，但我想还有更多的人比我更需要钱，您不妨把钱给那些比我更需要的人。"最后，他们各自上路了。

随后，老人来到一家咖啡馆，一位身怀六甲的女招待员即刻为她送上一杯热咖啡，并问："夫人，欢迎光临本店，您为什么这么晚还在赶路呢？"于是老人就讲了刚才遇到的事，女招待员听后感慨道："这样的好人现在真难得，你真幸运碰到这样的好人。"老人问她怎么工作到这么晚，女招待员说为了迎接孩子的出世而需要第二份工作的薪水。老人听后执意要女招待员收下200美元小费。女招待员惊呼不能收下这么一大笔小费。老人回答说："你比我更需要它。"

女招待员回到家，把这件事告诉了她丈夫，她丈夫大感诧异，世界上竟有这么巧的事情。原来她丈夫就是那个好心的修车人。

也许你觉得这个故事只是一个巧合，但是谁也无法否认一个真理：

想得到爱，先付出爱，要得到快乐，先献出快乐，播种终会收获，只问耕耘不问收获的人，没有什么事情做不成，也没有什么地方到不了。

一次。一个哲学家问他的学生们："世界上最可爱、最宝贵的财富是什么？"学生们听了，便争先恐后地站起来回答，各抒己见。最后一个学生回答道："世界上最可爱、最宝贵的东西，是爱心。"那位哲学家说："的确，他们所有的回答，都被你这两个字所包含，因为爱心比那千万家产有价值得多。而且有这种财富的人，常不用花一分钱的代价，也能做出伟大的事业。"

其实，这是一句真言。在人生之中，再也没有比爱心更能打动人心，赢得好人缘，从而使自己走上成功之路的。

市场经济是什么？谁拥有了上帝，谁就拥有经济效益。上帝靠什么去争取？靠"爱"，一般人通常把爱心视为一种善良的情感。但是，对一个成功的经营者来说，爱是一种能力、一种态度，是一门需要修养和努力的艺术，其基础就是给予、关心、责任感、尊敬和了解。如果你不努力掌握经营爱心的艺术，那么，你的所有的经营意图都注定不成功。因为要想赢得别人的"爱"，必须先从关爱别人开始。对爱心吝啬的人，只能得到别人的冷遇而走向失败。

很多上班族都因上班时间受限制，在接送孩子上学这个问题上大伤脑筋。失业司机李松透过这一现象看到了商机，便开了一家家政服务部，专门负责接送孩子上学。刚开始时，很多家长都跟他联系，让他接送孩子。但李松认为自己不是为了替人分忧，而纯粹是为了赚钱。营业后，他对孩子们缺乏爱心和耐心，在接送的途中，有的孩子口渴了他不给喝水，有的孩子吵闹打架他也不予制止，甚至有的孩子尿急他也不理不睬，并且还经常出现漏接孩子的现象，这使得家长们整日为孩子提心吊胆，才过了两个月，就再也没有孩子愿让他接送了，他的家政服务部也只好"关门大吉"了。而离他不远的另一家服务部则与他的经营方式完全相反，他们在接送车上备好食品、开水和玩具，对孩子们细心照顾，并且经常给孩子们讲一些有趣的故事，这些做法赢得了家长的信任和孩子们的喜爱，他们的生意也日益红火起来。

的确，李松的失败就很好地证实了一点，爱心有利于事业的经营。说起来，更为神奇的是，爱还能促使人不断地去创新、去发明，从而使人赚取得大量金钱。

小创新创造大财富的例子简直举不胜举，这些小创新确实很普通，普通得使人常常难以注意到它们的存在，但它们又很重要，因为人们之所以注意不到它们，往往是因为它们太常用了，用多了，习惯了，也就不特别注意了。就拿日常生活中的小磕小碰来说吧，如果我们的手或其他部分被划破了，我们最常说的一句话就是："没事，贴上点邦迪就好了。"是啊，创可贴如此平常，以至谁也没有意识到它曾是一个重要发明。但是，你只要设想一下，如果没有这种方便、简捷的伤口处理用品会怎样？

说起来，创可贴的发明真是体现了爱心的一个创造。它的发明者是埃尔·迪克森——一位在生产外科手术绷带的工厂工作的先生，20世纪初，这位先生刚刚结婚，他的太太是一位娇巧的美人，可这位年轻的太太对于居家过日子还不太熟悉，她常常在做饭时切着手或烫着自己。迪克森先生由于工作原因，当然能够很快为她包扎好，但他想，要是能有一种自己就能包扎的绷带，在太太受伤而无人在家的时候，就不用担心她自己包扎不了了。

他考虑到，如果把纱布和绷带做在一起，就能用一只手包扎伤口。他拿了一条纱布摆在桌子上，在上面涂上胶，然后把另一条纱布折成纱布垫，放在绷带的中间。但是有个问题，做这种绷带要用不卷起来的胶布带，而暴露在空气中的粘胶表面时间长了就会干。

后来他发现，一种粗硬纱布能很好地解决这个问题，于是他完成了这项实验。当迪克森太太又一次割破手时，就自己揭下粗纱布，用她聪明丈夫发明的绷带贴在伤口上。

当公司了解了他的新思想后，就非常愉快地将这种备好的绷带作为公司的新产品。这种绷带一直到 1920 年还没有商品名称，只是销售产品。后来工厂主管凯农先生建议用 Band—Aid 这个名称，其中 Band 指的是绷带，而 Aid 用于这种急救和手术绷带产品，后来也成了绷带的同义词。

迪克森先生出于对妻子的爱而发明的这种小东西，就是现在中国城市家庭几乎家家必备的邦迪牌创可贴。我们暂且不去想，它在全世界有多大市场，只粗略估计一下它在中国的使用情况，就可以想象它为公司赚了多少钱。

无独有偶的是，世界上第一条女用卫生棉条的发明，也是源于一位对妻子有着无限爱心的丈夫之手。

1929 年，美国人伊勒·C.哈斯只是位医生，非常的普通。他行医、娶妻、享受天伦之乐，他还热衷于发明创造，且十二分地投入。

很多次，他无意中听到太太在抱怨自己身为女人，有种种的不方便，尤其是每月的那几天……深爱妻子的哈斯医生觉得自己该为妻子做些什么，他放下手头的发明试验，坐到她身边。于是，哈斯夫妇进行了一次亲密无间的谈话。

哈斯终于明白了妻子的苦恼，他从生理医学的角度分析了妻子在特殊日子的特别感受，意识到她的不快乐，并非完全缘于生理现象，很大的一个因素，缘于妇女用品的不纤巧不灵活不能随心所欲。在他的头脑中闪现出经历无数次的外科手术：医生和护士经常用消毒棉和纱布来吸收创口出血。"我能不能给太太也试用一下呢？"哈斯医生一连几天躲在实验室里，他将压缩的医用药棉制造出长短适中的棉条，再用一根棉线贯穿地缝在棉条当中，并用纸管当导管……世界上第一支女性内用卫生棉条，就这样诞生在一个时刻关爱妻子的医生手上。

这项服务于全人类女性的发明，于 1939 年获得了专利，取名丹碧丝。它首销于美国，现在已被世界上一百多个国家的妇女所接受。这项专利无论带给哈斯医生怎样的财富，哈斯太太一生所感念的，仍是丈夫那颗仁爱之心。

拥有一颗善心、一种爱人的心情、一种为爱甘于付出又能够付出的资质，就是拥有了无与伦比的财富。

● 不用一文，占尽风流

许多人既想做大生意，又苦于缺少资金，其实缺少资金只能难住那些平庸的商人，聪明的商人能够以小博大，甚至能上演出空手起家的传奇。

　　某百货大楼位于广州市商业闹市，占地 1400 平方米，有中央空调、扶手电梯、豪华装饰。建成这样一座现代化百货大楼，至少也得数百万，甚至上千万资金。然而有一个年轻的总裁，能够把别人的钱变成自己的钱，他只用 2000 元就把这座大楼建成了。

　　他的方法是：他将这座大楼划分为 220 多个局部单位（摊位），每个单位一次收 10 年租金 5 万元。每年退还其中的 10%，不包括利息。另外每个单位每月收取比市面价低 2/3 的管理费。这样优惠的条件，使得这座待建的百货大楼成为人们争相租赁的抢手货。220 多个单位 20 几天便全部租出去，获得租金 1000 多万元。而这个年轻的总裁只在报上花费了 2000 元的招租广告费。

　　其实贫穷并不可怕。可怕的是你用什么样的姿势站着与它对话。相反，它是立大志者的第一财富，饱尝了风雨之后的身躯，再不会因苦难而低下头颅。什么是资本，什么是人的财富？是智慧。可比智慧更高一筹的是没有鸡而有蛋的预言……

　　在现代人的头脑中，住房是第一问题，解决其问题，颇费一番折腾呢。因为它是任何一个人所必需的落脚点或躲风避雨所在。

　　如果我告诉你，有这么一个人，没钱也盖起了自己的房子，而且不是普通的房，是在寸土寸金的闹市区，盖起了一栋大楼，你会相信吗？现在，这栋 16 层的大厦就矗立在市中心，这位奇迹的创造者名叫郑敏。

　　当初，他怀揣着 5000 元人民币只身闯广东，现在，面对平地而起的广厦千间，像面对生日宴会上的蛋糕。他踌躇满志地开始切蛋糕了；留两层自用足矣；一至四层出租，每年坐收租金 500 万元；其余 10 层全部售出，获购房款 4000 余万元。除去各种费用，郑敏净赚 2000 万元。

　　高楼万丈平地起，郑敏用的是巧办法。

　　郑敏初闯广东，适逢房地产热，地价疯涨，要想建房，要么花大价钱买地皮自建，要么投资与当地人合建，然后分成。真可谓：有钱出钱，有地出地，没钱没地靠边稍息。郑敏没钱又没地，可是他不愿靠边稍息。他想到了租地。

　　于是，他骑着自行车，到处找可租之地，终于找到了一家即将迁往城外的工厂。郑敏提出，租地 70 年，建巴蜀大厦，建成后，每年交厂方 11 万元。他特另向厂方强调："租期内你们将收入 770 万元。"厂方听说 770 万元的租金，比卖地还多不少的钱，挺划算的，很快就拍板同意了。

　　这是郑敏下的一着妙棋第一，租地不用像买地那样预付大量的现款，就把别人的地变成了"自己的地"；第二，在租金上占了大便宜。寸土寸金的闹市区，两亩多地每年租金才 11 万元，与后来他盖起 16 层大楼后仅其中四层的租金每年就 500 万元比起来，简直是九牛一毛。虽说租期内租金共有 770 万元，但那是要用漫长的 70 年作分母来除的啊。厂方得到微薄的租金，失去了 70 年的机会。

郑敏大功告捷，聪明处在于他用浓彩粉墨渲染了 770 万元这一庞大数字，瞒天过海掩饰仅仅 11 万的年租金。

地皮落实后，他马上又通过新闻媒介向四川各地广而告之：四川省将在广州市建一"窗口"——巴蜀大厦，现预订房号、预收房款，使他轻而易举地集资 2000 万元。他省钱省事搞到了地皮，又走捷径解决了建房款。建房时，又恰逢建房热急剧降温，建房大军无米下锅，只要有活干、能糊口，亏本也愿接工程。郑敏把工程包出去，不但不用给承建方工程预付款，而且还要求对方垫支施工，大楼建了一半，承建方已垫支了数百万。

郑敏空手套白狼，未动自身分毫，借鸡生蛋，坐拥广厦千万间。

而大楼真正的建造者，在郑敏搬进总经理办公室的同时，又要另找一处工棚去住了。

成功是可歌的，成功的背后有很多可泣的故事需要我们去用智慧的大脑，衡量它的价值和财富。

一个人本事再大，也不能完成所有的工作，纵使"浑身是铁，又能打几根钉呢"。富于挑战、思维跳跃、观念超前的人当然明白这个道理，于是他们扩充自己的大脑，延伸自己的手脚，借外力助自己成功。

善借外力成为赢家的故事在国外也很多，美国亿万富翁马克·哈罗德森就是"借鸡生蛋"的高手。

马克·哈罗德森经常说："别人的钱是我成功的钥匙。把别人的钱和别人的努力结合起来，再加上你自己的梦想和一套奇特而行之有效的方案，然后，你再走上舞台，尽情地指挥你那奇妙的经济管弦乐队。其结果是，在你自己的眼里，会认为不过是雕虫小技，或者说不过是借别人的鸡下了蛋。然而，世人却认为你出奇制胜，大获成功。因为，人们根本没有想到，竟能用别人的钱为自己做买卖赚钱。"

在现代，任何巨额财富的起源，建立在借贷基础上是最快捷成功的。就是说，要发大财先借贷。没有本钱怎样发大财呢？借贷是行之有效相当成功的手段。当然，借钱就得付出利息，但你不要害怕，你利用别人的钱来赚钱，你赢得的部分，可能远远超出了你所付的利息。

美国船王丹尼尔·洛维格的第一桶金，乃至他后来数十亿美元的资产，都是借鸡生的"金蛋"。可以说，他整个事业的发展是和银行分不开的。

当他第一次跨进银行的大门，人家看了看他那磨破了的衬衫领子，又见他没有什么可做抵押的，自然拒绝了他的申请。

他又来到大通银行，千方百计总算见到了该银行的总裁。他对总裁说，他把货轮买到后，立即改装成油轮，他已把这艘尚未买下的船租给了一家石油公司。石油公司每月付给的租金，就用来分期还他要借的这笔贷款。他说他可以把租契交给银行，由银行去跟那家石油公司收租金，这样就等于在分期付款了。

许多银行听了洛维格的想法，都觉得荒唐可笑，且无信用可言。大通银行的总裁却不那么认为。他想：洛维格一文不名，也许没有什么信用可言，但是那家石油公司的信用却是可靠的。拿着他的租契去石油公司按月收钱，这自然会十分稳妥。

洛维格终于贷到了第一笔款。他买下了他所要的旧货轮，把它改成油轮，租给了石油公司。然后又利用这艘船作抵押，借了另一笔款，从而再买一艘船。

洛维格的成功与精明之处，就在于他利用那家石油公司的信用来增强自己的信用，从而成功地借到了钱。

这种情形持续了几年，每当一笔贷款付清后，他就成了这条船的主人，租金不再被银行拿走，顺顺当当进了自己的腰包。

当洛维格的事业发展到一个时期以后，他嫌这样贷款赚钱的速度太慢了，于是又构思出了更加绝妙的借贷方式。

他设计一艘油轮或其他用途的船，在还没有开工建造，还处在图纸阶段时，他就找好一位顾主，与他签约，答应在船完工后把它租给他们。然后洛维格才拿着船租契约，到银行去贷款造船。

当他的这种贷款"发明"畅通后，他先租别人的码头和船坞，继而借银行的钱建造自己的船。他有了自己的造船公司。

就这样，洛维格靠着银行的贷款，爬上了自己事业的巅峰。

可见，世界上的钱有的是，就看你会不会运作，最终把别人的钱变成自己的钱。

留心小事，捕捉生意灵感

"一叶陨而知秋至"，从一片树叶的下坠，人们就可以感知季节的变化了。同样的道理，生活中很多看似不起眼的小事，往往蕴藏着巨大的商机。在现代信息社会里，信息确实重要，但这并不是说，你必须用高科技、用商业间谍、成天在报纸中扎堆，才能获取你所需的信息。生活中到处充满信息，很多高明的企业家，就是从观察生活中的小变化，见微知著，从而大发其财的。

美国有位叫米尔曼的女士，她在生活中常常被一件小事烦心，那就是她的长筒丝袜老是和她做对。因为它老是往下掉，尤其是在公共场合或在公司上班时，袜子掉下来令她非常尴尬。她想这种困扰，其他妇女肯定也会有，而且人数不会少。"那我为什么不做这方面的生意呢？"

不久，她就开了一家袜子店，专门卖那些不易滑落的袜子。这家店铺不大，但生意却出奇好。由于在她的店里，每位顾客平均可在一分半钟内完成交易，而且这里售出的袜子确实是使很多妇女摆脱了丝袜滑落带来的窘境，所以越来越多的人来她的店里买这"不起眼的小东西"。米尔曼成功了，现在她已开了120多家分店，分布在美、英、法三国，她自己30出头的年龄，就成为百万富婆。

另一对美国年轻人，也是从极小的生活琐事中发现了财富。这是一对年轻的夫妇，他们刚刚有了一个小孩。在给小孩喂奶时，他们发现，市场上卖的奶瓶都太大了，8个月以下的婴儿都无法自己抱住奶瓶喝奶，这往往令小家伙烦躁不安。

有一天，小宝宝的外祖父——一个工厂烧焊产品的检查员，来到他们家，在听到他们的抱怨后，顺口说，最好在奶瓶两边焊上瓶柄，这样小孩就能双手抓着吃奶了。这句不经意的话，却使这对年轻夫妇灵光闪动，他们有主意了。

不久，他们设法将圆柱形的奶瓶改制成圆圈拉长后中间空心的奶瓶，投放市场。由于这一改进使得小孩能自己抓住奶瓶吃奶，一经推出就大受欢迎，在60天内卖出了5万个奶瓶。他们开业的第一年就收入150万美元。

很多成功者都是善于从"无关的小事"中发现潜在的商机，从而挖掘出人生中巨大的宝藏的。

牛仔裤是一种风靡世界的服装，几百年来一直备受人们喜爱，在匆匆忙忙的时尚风潮中始终保持着自己独立的品位，但似乎没有人追问，究竟是谁发明了牛仔裤？他又是如何发明了这世界上的第一条牛仔裤？

人们也许根本不会想到，风靡全世界，曾影响几代人生活的牛仔裤竟是一个名叫李维·施特劳斯的小商贩发明的，他制造的第一条牛仔裤竟然是美国西部淘金工人的工装裤。

19世纪50年代，李维·施特劳斯和千千万万年轻人一同经历了美国历史上那次震撼人心的西部移民运动。这场运动不是由政府发动，而是源于一则令人惊喜的消息：美国西部发现了大片金矿。

消息一经传出，在美国立即刮起一股向西部移民的旋风。满怀发财梦的人们，携家带口纷纷拥向通往金矿的路途，拥向那曾经是荒凉一片，人迹罕至的不毛之地。

于是，在通往旧金山的道路上，高篷马车首尾相接，滚滚人流络绎不绝，景象分外壮观。李维·施特劳斯同样也经不起黄金的诱惑，毅然放弃他早已厌倦的文职工作，加入到汹涌的淘金大潮中。一到旧金山，李维·施特劳斯立刻被眼前的景象惊呆了：

一望无际的帐篷，多如蚁群的淘金者……他的发财梦顿时被惊醒了一半。

"难道要像他们一样忙忙碌碌而无所收获吗？"

"不能！"李维·施特劳斯坚定地说道，他说服自己不要知难而退，而要留下来干一番事业。也许是犹太人血统里天生的经商天分在李维·施特劳斯的身上起了作用，他决定放弃从沙土里淘金，而是从淘金工人身上"淘金"。

主意已定，李维·施特劳斯用完身上所有的钱物，开办了一家专门针对淘金工人销售日用百货的小商店。李维·施特劳斯这一独具慧眼的决定，为他今后发财致富奠定了良好基础。

小商店开业以后，生意十分兴旺，日用百货的销售量很大。李维·施特劳斯整日忙着进货和销货，十分辛苦，但利润也十分丰厚。渐渐的李维·施特劳斯有了一笔积蓄，在同行小商贩中，他因吃苦耐劳和善于经营而有了小名气，商店的生意越做越好。为了获取更大的利润，李维·施特劳斯开始频繁外出拓展业务。

一天，他看见淘金者用来搭帐篷和马车篷的帆布很畅销，于是乘船购置了一大批帆布准备运回淘金工地出售。在船上，许多人都认识他，他捎带的小商品还没运下船就被抢购一空，但帆布却丝毫没有人问津。

船到码头，卸下货物之后，李维·施特劳斯就开始高声叫喊推销他的帆布。他看见一名淘金工人迎面走来，并注意他的帆布，于是赶紧迎上去拉住他，热情地询问：

"您是不是要买一些帆布搭帐篷？"

淘金工人摇摇头说："我不需要再建一个帐篷。"

他看着李维·施特劳斯失望的表情，接着又说：

"您为什么不带些裤子来呢？"

"裤子？为什么要带裤子来？"李维·施特劳斯惊奇地问道。

"不经穿的裤子对挖金矿的人一钱不值，"这位金矿工人继续说道，"现在矿工们所穿的裤子都是棉布做的，穿不了几天很快就磨破了。"他话锋一转又说道：

"如果用这些帆布来做裤子，既结实又耐磨，说不定会大受欢迎。"

乍一听到这番话，李维·施特劳斯以为他是在开玩笑，但转念仔细一想，却是很有道理，何不试一试呢？

于是，李维·施特劳斯便领着这位淘金工人来到裁缝店，用帆布为他做了一条样式很别致的工装裤。这位矿工穿上结实的帆布工装裤高兴万分，他逢人就讲他的这条"李维氏裤子"。消息传开后，人们纷纷前来询问，李维施特劳斯当机立断，把剩余的帐篷布全部做成工装裤，结果很快就被抢购一空。

1850年，世界上第一条牛仔裤就这样在李维·施特劳斯手中诞生了，它很快风靡起来，同时也为李维·施特劳斯带来了巨大的财富。

就像风平浪静掩饰不住海底汹涌的暗流一样，在平平淡淡的生活中，到处都蕴藏着无限的商机，聪明的人知道，平淡并不是一部无聊的肥皂剧，相反，它是一幕传奇的开始。只要你用心就会揭开它神秘的面纱，机遇就像郁积已久的火山，需要处心积虑作为压力才能喷薄而出。任何看似偶然、随意的发现，其实往往都伴随着巨大心血的付出。李维·施特劳斯于不经意间开启了财富的宝库，正是得益于他平时的细心和不懈的努力。

由李维·施特劳斯的发家史也可以看出，生活中有些信息是非常具有价值的，但因为人们的疏忽，总是不停地浪费掉了许多很宝贵的信息。要想利用信息机会，前提就是要善于观察生活。注意把信息与机会联系在一起思考，这样，信息才能被转成机会，转化为财富。

所以，我们平时要注意观察生活，无论是从报纸图书上看到的，或从别人口里听到的东西，都要认真去思考，这时于自己而言，到底是不是一条有用的信息呢？如果你确定这是一条非常有价值的信息，那么你就按照这条信息所指引的方向努力去做吧，财富女神就在前方等待着你的到来。

● 小智慧带来大财富

只有少许资本或完全没有资本的人要想致富，只能依靠自己的智慧。

很久以前，一个人寿保险公司年轻的销售员，由于无法说服某一家客户投保，心情烦躁。但不久他从烦恼中获得灵感，那就是向企业经营者建议，不直接以个人为投保对象，转而以企业为对象。如果以企业为投保对象，必可能因为经营方式的改变，赚取比保险费高几倍的利润。

他决定把这个想法付诸行动，立即着手以不同的方式推销。他所选择的第一个客户，是市内最有代表性的餐厅。他对餐厅老板说："贵餐厅的料理非常符合标准，客人也吃得放心。我建议你不妨大力宣传，强调在这家餐厅吃饭可以免除疾病，增强健康。"

老板听了以后说："确实是这样，今后我还准备多推出几道健康料理。"

"太好了。"推销员说，然后就说明了他的想法。初步讨论下来，他们拟定了一种特殊风格的保险菜单，对经常光顾这家餐厅的人，以每人保1000美元的寿险作为服务。餐厅老板兴趣浓厚两人又着手商量有关细节。

保险菜单推出后不久，餐厅的生意果然越来越兴隆，那个做寿险的年轻人自然也有了不少的收益。后来他把这主意又推广到加油站和超市。

穷人没有像富家子弟那样的条件，也没有原始积累做创业的脚垫，其实资本的原始积累本身就是一段漫长而充满血和泪的过程。但是，穷人从来都不缺充满才智的头脑和敏锐的嗅觉。

才能是什么？它就是一个人的实力。一个人真正有了雄厚的实力与才能，总是可以抓住机遇的，即使错过今天的机遇，还有明天的机遇。这就叫"肚里有货，心中不慌"。

中国的一个成语"毛遂自荐"大家应该耳熟能详。毛遂做了很久的一般食客，终于抓住出使的机遇一举成功，还在于自己本来有才能，换个才能不足的人，即使让他出使，他能当机立断做出威逼他国之君的事吗？这种判断力，这种胆力，才是毛遂成功的主要原因，机遇只是给他提供了一个表演的舞台而已。可以说机遇的基础是实力，没有实力等于是没有机遇。

牛顿从苹果落地得到启发，创出万有引力学说；瓦特从水壶冒汽得到启发，发明了蒸汽机；阿基米德从洗澡得到启发，辨明了王冠是否纯金打造；鲁班从被草的锯齿割破手得到启发，发明了锯子……这种事件古今中外要多少有多少。他们为什么会成功呢？看见苹果落地，水壶冒汽的人不少，洗澡，手被草划伤的人更多。可是为什么偏偏是他们抓住了成功的机遇呢？这就是因为他们本身的实力与才能出众，才能在别人习以为常的现象中得到突破。

知识发财，智慧创富，其根本在于聪明的头脑，在于善于发现机会，并能迅速通过自己的行为将其转化为财富。

眼下新经济风起云涌，靠头脑创富也是"八仙过海，各显神通"，但共同点是一个：充分开动大脑机器，靠智慧谋财。

其实，商机处处在，就看你是否具有睿智的头脑和敏锐的眼光，能否发现它。鲍名利，一个从传统行业中崛起的百万富豪，其事业的几起几落充分说明了这个问题。

大学毕业后的鲍名利，分配到了吉林省商业厅下属的一家公司。他不甘心工薪族平淡的生活，一年后便下了海。他的第一项事业便是和朋友合开比较前卫的"香港欧美时装廊",这在长春属独家新潮时装,还不太容易被当时保守的人接受。鲍名利却认准了年轻人逐渐走向开放的时代大背景,相信这一经营定有市场。果不其然,引进的港台等地新潮时装受到年轻一代的欢迎,获得了丰厚的利润。然而两个合伙人却因性格不合分了手。

但这并没有影响鲍名利的积极的创业心。1993 年初,退出时装业的鲍名利又勇敢地接任合资希尔康食品公司的市场部经理。别人一年没有打开的市场,他只用半年时间便使希尔康果茶打入千余家宾馆、酒店,批发商、经销商争先进货。然而,不安分的鲍名利一直想干一番真正属于自己的事业。他看中了刚刚打入市场还不被行家看好的速冻食品,并毅然辞职做了台湾怡尔香面食的吉林省总代理。

现代社会加快了人们的生活节奏,速冻食品的出现既为人们节省了宝贵的时间,更为人们增添了新口味。经过一番精心的策划和宣传,速冻食品很快打开了销路,鲍名利为此连开了 4 家连锁店,并在百货大楼、红旗商城等处设有冷冻专柜,生意一时火爆空前。

但他毕竟是初涉商海,明显的经验不足,他忽略了重要一点,速冻食品也有淡旺季之分。每年的 4 月到 10 月正是淡季,由于战线拉得太长,价格不菲的柜台费和庞大的员工开支令他力不从心。到 1995 年 6 月末,已经亏了数万元。他不得不宣布这次经营的失败。

痛定思痛,鲍名利开始反思自己。敢干别人没干过的,闯新路可以抢占先机,但在经营上一定要得体,否则也会一败涂地。

1995 年 8 月,鲍名利从朋友处借来 1 万元,与丹东一家中法合资的百叶窗帘厂联营,建立吉林省首家百叶窗帘厂。这是一个别人从未涉足的项目,却是鲍名利经过认真考察才做出的选择。为此,他花了 20 多天的时间,跑遍了长春市的装潢建筑公司和装饰材料公司。发现都没有这种新型窗帘,而从大连、丹东等地装修趋势看,这是一项正在走向热门的行业。

为使人们能够接受这一装饰行业,鲍名利在宣传上大做文章,他印了大量宣传单,并到建筑工地及机关、学校等企业事业单位散发。他在郊区租了一间民房,亲自送样品,既当经理,又当业务员、送货员。虽然很辛苦,但他相信自己的眼光不会错。

为了使宣传更有形象性,他巧妙地抓住了一个电视效应。当时,吉林电视台正在播放电视连续剧《中方雇员》,画面里不断出现百叶窗帘的镜头。于是,在新的宣传单里,他加进了"《中方雇员》告诉您,百叶窗帘是您无悔的选择"

等宣传内容，借用电视，人们更生动、直观地了解了"百叶窗"。

就在这一系列狂轰滥炸的宣传之下，鲍名利开始收获劳作的喜悦。也就是在 1995 年末，他接到了长春光机学院 300 平方米的窗帘安装业务。随后，市财政局、省电力局、市铁路建行等单位纷纷找上门来，业务越做越多，知名度越来越大。

1996 年 3 月，鲍名利终于拥有了自己的公司——兰星工贸有限责任公司。在鲍名利的带动下，许多装潢公司和他的同学、朋友也都做起百叶窗帘业务。大家都挤一个市场，已难赚得太大的利润。这时鲍名利开始搜寻新的项目。

经过精心调查，他发现了浴室洁具翻新项目。在许多大中城市，遍布着宾馆、酒店、度假村、疗养院等重要消费和休闲场所，这些场所的浴室在使用 3 ~ 5 年后便需要对其卫生洁具及台面的石材进行更换或翻新再造。

可是，宾馆要拆换一只新浴缸，最低的费用也要在 400 元左右。而翻新只需一半的价钱就够了。再说，更换时很少有人接一只浴缸的活，大批量同时更换肯定会影响宾馆的生意，翻新则不用大费周折，可以一只一只的翻新，这无形中又为宾馆省下了一笔不少的费用。另外，我国城市居民浴室的装备也日趋高档，这更为浴室的翻新提供了更大的空间。

但是，这是一项极具风险的项目，光一项德国进口工艺设备就需 2 万多元，技术费、资料费还需更多。然而鲍名利认准了这个项目的市场，不惜花费几万元买到这项 SRS 翻新工艺技术。该工艺采用珐琅原料，经过表面瓷再造、表层釉面再造、光面加强等工艺流程，使旧浴缸在 24 小时内焕然一新并可投入使用。于是鲍名利没有犹豫，而是大胆地着手自己的计划。

可以说，鲍名利完全是一位靠头脑致富的百万富豪，正是有着敏锐的致富头脑，他从传统产业中崛起。像这样的例子，在我们身边还有很多，总结其中的规律就是：头脑是创富之源。

其实，对于任何一位身经百战的企业家，要想在商场上独领风骚，成为金钱的主人，最不能缺少的就是他的智慧和精明的头脑。

第 5 章

细节创新，出奇制胜

处处留心皆学问。只要你是一个细心而且又善于动脑的人，相信你面对问题时，定能从细节上找寻突破，让你的人生与众不同。

● 处处留心皆学问

查尔斯·狄更斯在他的作品《一年到头》中写道："有人曾经被问到这样一个问题：'什么是天才？'他回答说：'天才就是注意细节的人。'"

大约半个世纪以前，一个行人停在苏格兰北部的一家乡村客栈过夜。在他停留期间，信使给老板娘带来了一封信。老板娘接过来，审视了一番，又原封不动地把信还给了信使，说，她付不起信的邮费——当时大约得要两先令。听了这些话，行人坚持要替老板娘付邮费。当信使离开了以后，那老板娘坦白地跟他说，其实信里根本没什么内容。她知道写信的是自己的弟弟。他住得离她比较远，他们姐弟俩约定好，在写信的时候他们只要在信封上做一些特殊的记号，他们就彼此明白对方过得是否很好。这件小事启发了这个行人，这个行人就是著名国会议员罗兰德·希尔。在看到这件事情后，他马上就意识到人们需要一种价格低廉的邮政方式。没过几个星期，他就向国会众议院提出了一项议案来降低邮费。正是由于这样一件小事，才有了后来费用低廉的邮政制度。

处处留心皆学问，只要细心，就会有不断创造的灵感，这自然也是成事的一种手段。每天行色匆匆，有没有留意一下身边的人和事，那就有可能一生都这样匆匆忙忙地疲于奔波。当然并不是叫你事事留意，而是有意识地注意一下与你有关的行业，也许就在不经意间你会有意想不到的收获。

格力空调中有一种"灯箱柜机空调"，它的发明过程也是很偶然的。

1995 年，格力公司的朱江洪在美国看到可口可乐售货机的颜色很艳丽，一时间就产生了灵感，"格力"因而设计出了一个获得专利的新产品"灯箱柜机空调"。这种空调一扫几十年来的"空调冷面孔"：柜面上风景如画，"瓜果飘香"，在原来的使用价值中又增加了几分美感。

朱江洪的这一"触景生情"，就让空调的"脸"发生了变化，格力的彩面柜机空调比市场上同类产品价值高出 300 多元。这种空调在国内外市场都很畅销，而且还因为拥有自己的知识产权，没有竞争对手，一举成为该公司上百款空调中利润率最高的。

从日常生活中产生创新灵感的例子很多很多，只要每个人都成为"有心人"，更多的发明创造就会如雨后春笋般出现。

美国有个叫杰福斯的牧童，他的工作是每天把羊群赶到牧场，并监视羊群不越过牧场的铁丝到相邻的菜园里吃菜就行了。

有一天，小杰福斯在牧场上不知不觉地睡着了。不知过了多久，他被一阵怒骂声惊醒了。只见老板怒目圆睁，大声吼道："你这个没用的东西，菜园被羊群搅得一塌糊涂，你还在这里睡大觉！"

小杰福斯吓得面如土色，不敢回话。

这件事发生后，机灵的小杰福斯就想，怎么才能使羊群不再越过铁丝栅栏呢？他发现，那片有玫瑰花的地方，并没有更牢固的栅栏，但羊群从不过去，因为羊怕玫瑰花的刺。"有了"，小杰福斯高兴地跳了起来："如果在铁丝上加上一些刺，就可以挡住羊群了。"

于是，他先将铁丝截成了 5 厘米左右的小段，然后把它结在铁丝上当刺。结好之后，他再放羊的时候，发现羊群起初也试图越过铁丝网去菜园，但每次都被刺疼后，惊恐地缩了回来，被多次刺疼之后，羊群再也不敢越过栅栏了，小杰福斯成功了。

半年后，他申请了这项专利，并获批准。后来，这种带刺的铁丝网便风行全世界。

其实，在竞争激烈的商业，社会也有不少的商业精英善于从生活中发现细节，获得灵感，从而成功地开拓了新的商业领地。

20 世纪 70 年代中期，日本的索尼彩电在日本已经很有名气了，但是在美国它却不被顾客所接受，因而索尼在美国市场的销售相当惨淡，但索尼公司没有放弃美国市场。后来，卯木肇担任了索尼国际部部长。上任不久，他被派往芝加哥。当卯木肇风尘仆仆地来到芝加哥时，令他吃惊不已的是，索尼彩电竟然在当地的寄卖商店里蒙满了灰尘，无人问津。

如何才能改变这种既成的印象，改变销售的现状呢？卯木肇陷入了沉思……

一天，他驾车去郊外散心，在归来的路上，他注意到一个牧童正赶着一头大公牛进牛栏，而公牛的脖子上系着一个铃铛，在夕阳的余晖下叮当叮当地响着，后面是一大群牛跟在这头公牛的屁股后面，温顺地鱼贯而入……此情此景令卯木肇一下子茅塞顿开，他一路上吹着口哨，心情格外开朗。想想一群庞然大物居然被一个小孩儿管得服服帖帖的，为什么？还不是因为牧童牵着一头带头牛。索尼要是能在芝加哥找到这样一只"带头牛"商店来率先销售，岂不是很快就能打开局面？卯木肇为自己找到了打开美国市场的钥匙而兴奋不已。

马歇尔公司是芝加哥市最大的一家电器零售商，卯木肇最先想到了它。为了尽快见到马歇尔公司的总经理，卯木肇第二天很早就去求见，但他递进去的名片却被退了回来，原因是经理不在。第三天，他特意选了一个估计经理比较闲的时间去求见，但回答却是"外出了"。他第三次登门，经理终于被他的诚心所感动，接见了他，但却拒绝卖索尼的产品。经理认为索尼的产品降价拍卖，形象太差。卯木肇非常恭敬地听着经理的意见，并一再地表示要立即着手改变商品形象。

回去后，卯木肇立即从寄卖店取回货品，取消削价销售，在当地报纸上重新刊登大面积的广告，重塑索尼形象。

做完了这一切后，卯木肇再次叩响了马歇尔公司经理的门。可听到的却是索尼的售后服务太差，无法销售。卯木肇立即成立索尼特约维修部，全面负责产品的售后服务工作；重新刊登广告，并附上特约维修部的电话和地址，并注明24小时为顾客服务。

屡次遭到拒绝，卯木肇还是痴心不改、他规定他的每个员工每天拨5次电话，向马歇尔公司询购索尼彩电。马歇尔公司被接二连三的电话搞得晕头转向，以致员工误将索尼彩电列入"待交货名单"。这令经理大为恼火，这一次他主动召见了卯木肇，一见面就大骂卯木肇扰乱了公司的正常工作秩序。卯木肇笑逐颜开，等经理发完火之后，他才晓之以理、动之以情地对经理说："我几次来见您，一方面是为本公司的利益，但同时也是为了贵公司的利益。在日本国内最畅销的索尼彩电，一定会成为马歇尔公司的摇钱树。"在卯木肇的巧言善辩下，经理终于同意试销2台，不过，条件是：如果一周之内卖不出去，立马搬走。

为了开个好头，卯木肇亲自挑选了两名得力干将，把百万美金订货的重任交给了他们，并要求他们破釜沉舟，如果一周之内这2台彩电卖不出去，就不要再返回公司了……

两人果然不负众望，当天下午4点钟，两人就送来了好消息。马歇尔公司又追加了2台。至此，索尼彩电终于挤进了芝加哥的"带头牛"商店。随后，进入家电的销售旺季，短短一个月内，竟卖出700多台。索尼和马歇尔从中获得了双赢。

有了马歇尔这头"带头牛"开路，芝加哥的100多家商店都对索尼彩电群起而销之，不出3年，索尼彩电在芝加哥的市场占有率达到了30%。

不要以为机遇和创新是一件多了不起的事情，其实，只要你多留意一下身边的人和事就会有许多的启发，关键就看你能不能发现这个机遇，并运用自己的智慧和努力将其转化为现实。

● 在细节上找突破

很多人的成功源于专门去发现细节。对这种人来说，没有细节就没有机遇；留心了细节，就意味着创造了机遇。

日本一家制药公司就从细节上找突破，顺利地解决问题的事情，可以给我们启发：

"点滴液"是给衰弱病人的液管补充营养的药液，以前点滴液都是封在大大的玻璃瓶中，就像一支大号的安培瓶。一旦病人需要输液，就由医护人员在玻璃瓶壁上划开一个小口子，将一根橡皮管子插进去，进行输液。每次都要在玻璃瓶壁上划开一个口子，非常不容易，使用起来要花半天时间来对付这个玻璃瓶。但是"点滴液"是要输到病人的血里去的，卫生程度要求非常高，千万不能为图方便而让细菌混到里面去了。有没有一种办法，既保证了"点滴液"的卫生和安全，又便于医护人员快捷地使用呢？

日本一家制药公司的社长瞄准了这个"不便之处"大做文章，他想：如果能够在点滴瓶上动点脑筋，一定会受到人们的欢迎！……于是，社长向全体员工发出命令："必须造出便利的点滴瓶。"不久，有位年轻的职员向公司提出了自己的建议："能否在玻璃瓶的瓶口上加一个橡皮塞，要输液的时候，只要把针头从橡皮塞中插进去，滴液就会从瓶中流出来。"公司对他的建议非常感兴趣，马上就把他的这项提议申报了专利，然后又制出成品，向外大量推广。这项小发明如今已被世界所有国家所采用，在任何医院都是用这种"可无菌使用的，且使用极其方便"的新式点滴瓶来"挂盐水"、"挂葡萄糖"，由于这项简单的专利适应面非常广，产品销量也就非常大，这家医药公司因此所获得的专利收入也非常可观，在"一夜之间",由一个乡村的小作坊,发展成日本数一数二的大制药公司,扬名世界。

莫忽视细微处的改进,有时越是细小之处,越可以做出大文章。

但是细节,因其小被人们忽略了,从而造成了大问题,给人们带来很大麻烦,一些企业人善于从细节做起,从而使局面得到很大的,有时甚至是彻底的改观。

日本的东芝电器公司 1952 年前后曾一度积压了大量的电扇卖不出去。7 万多名职工为了打开销路,费尽心机地想了不少办法,依然进展不大。

有一天,一个小职员向公司领导人提出了改变电扇颜色的建议。当时全世界的电扇都是黑色的,东芝公司生产的电扇也不例外。这个小职员建议把黑色改为浅颜色。这一建议引起了公司领导人的重视。经过研究,公司采纳了这个建议。第二年夏天,东芝公司推出了一批浅蓝色电扇,大受顾客欢迎,市场上还掀起了一阵抢购热潮,几个月之内就卖出了几十万台。从此以后,在日本以及在全世界,电扇就不再是板起一副统一的"包公脸儿"了。

这一事例具有很强的启发意义,只是改变了一下颜色这种小细节,就开发出了一种面貌一新、大大畅销的新产品,竟使整个公司因此而渡过了难关。这一改变颜色的设想,其经济效益和社会效益何等巨大!

提出这一设想,既不需要渊博的科学知识,也不需要有丰富的商业经验,为什么东芝公司其他的几万名职工就没人想到,没人提出来呢?为什么日本以及其他国家的成千上万的电器公司,在以往长达几十年的时间里,竟都没人想到、没人提出来呢?看来,这主要是因为,自有电扇以来,它的颜色就是黑色的。虽然谁也没有作过这样的规定,而它在漫长的时间里已逐渐形成为一种惯例、一种传统,似乎电扇就只能是黑色的,不是黑色的就不成其为电扇。这样的惯例、这样的传统反映在人们的头脑中,便成为一种源远流长、根深蒂固的思维定式,严重地阻碍和束缚了人们在电扇设计和制造上的创新思考。很多传统观念和做法,不仅它们的产生有客观基础,它们得以长期存在和广泛流传,也往往有其自身的根据和理由。一般来说,它们是前人的经验总结和智慧积累,值得后人继承、珍视和借鉴。但也不能不注意和警惕:它们有可能妨碍和束缚我们的创新思考。

以细节为突破口,改变思维定式,你将步入一个全新的境界。

创新的源泉,实质上就是突破思维定式,向新的方向多走一步。就像切苹果一样,如果不换种切法,你就永远不可能看到苹果里面美丽的图案。

美国有一家生产牙膏的公司,其产品优良,包装精美,深受广大消费者的喜爱。记录显示,公司前 10 年每年的营业增长率为 10%～20%,这令董事部雀跃万分。不过,随后的几年里,公司的业绩却停滞了下来,每个月维持同样的数字。董事长对业绩感到不满，便召开全国经理级高层会议，以商讨对策。

会议中，有名年轻经理站起来，对董事长说："我手中有张纸，纸里有个建议，若您要使用我的建议，必须另付我5万美元。"

总裁听了很生气地说："我每个月都支付你薪水，另有分红、奖金。现在叫你来开会讨论，你还要另外付你5万美元。是不是过分了？"

"总裁先生，请别误会。若我的建议行不通，您可以将它丢掉，一分钱也不必付。"年轻的经理解释说。

"好！"总裁接过那张纸，看完后马上签了一张5万美元支票给那位年轻的经理。

那张纸上只写了一句话：将现有的牙膏管口的直径扩大1毫米。

总裁马上下令更换新的包装。

试想，每天早上，每个消费者挤出比原来粗1毫米的牙膏，每天牙膏的消费量将多出多少呢？

这个决定，使该公司随后一年的营业额增加了30%。

在试图增加产品销量的时候，绝大多数人总是在大力开发市场、笼络更多的顾客方面做文章，如果你转换一下脑筋，增加老顾客的消费数量，也能够达到同样的目的。

随着社会经济的发展，企业之间的竞争越来越激烈，能否在激烈的市场竞争中求得生存、获得发展，关键是企业是否能够针对消费者的不同的消费细节，及时推陈出新，生产出能够得到消费者认可的新产品。因此，科技创新必须与市场紧密结合。

1996年，海尔推出中国第一台"即时洗"小型洗衣机。这种叫"小小神童"的洗衣机，填补了市场的空白，成为引导消费者的一个热门产品。像上海，最热的时候一天要换洗两次衣服，频次高而量很少，5公斤的洗衣机不合适。在这种情况下，如果开发小型洗衣机，将会有一个大的市场。其实，这就是从消费者的消费细节而产生的一个产品创意。

经过上百次的技术论证，开发"小小神童"洗衣机的方案成熟了，海尔又专门向用户发出"咨询问卷"，没想到一下收到5万份回信，信里不但有热情洋溢的鼓励，还有渴盼能够尽快买到这种洗衣机的希望，有的用户甚至还迫不及待地把钱直接汇到厂里。用户的心声、市场的需求让开发人员心里有了底，他们加紧工作，经过许多个日日夜夜，终于让"小小神童"走下了生产线，最终也获得了成功，销售情况非常好。

海尔洗衣机的技术人员并没有就此止步，他们时刻注意倾听市场的声音。有人说"小小神童"虽好，可惜没有甩干功能，这一细节又让海尔人抓住了，于是，技术人员继而又研发出具有甩干功能的新型机，一下子形成了又一个市场新卖点。此后，不断有新一代的"小小神童"问世，而且每一代都是与市场需求密切相关的。

在产品开发与市场开发上，许多企业存在着极不协调的现象，因此海尔建立了"从市场中来，到市场中去"的环形新产品开发机制，要求产品创新必须与市场紧密结合。总之，用户在日常生活中的不满意点、遗憾点及希望点，这些细节能准确地反映出市场潜在的需求点，据此开发出的产品一定会受到消费者的欢迎。可以说市场中每个有待完美的细节，都是产品创新的课题。

● 新的视角新的发现

敏锐地发现人们没有注意到或未予以重视的某个领域中的空白、冷门或薄弱环节，以小事为突破口，转换思维，你将会赢得一个全新的境界。

过去有句古话，叫"一巧拨千斤"。

一千斤的重物，任我们是个彪形大汉，也是不能将它搬起移走的，但用"巧"就不一样了，比如在它的下面放上轮子，用杠杆，用滑轮等等都是用"巧"。

对于现实中出现的问题，我们也应该如此用"巧"——用一种全新的视角去研究和分析它，最后事半功倍地圆满解决它。

美国著名科学家沃森，当时年仅 20 多岁，对生物化学和量子化学都很有兴趣，并做过一些研究，并系统地听过关于核酸和蛋白质的专题讲座。

英国的克里是一位学识和经验都极丰富的物理学家，同时他也对生物学研究兴趣颇浓。相同的爱好使他们走到了一起。

广阔的科学视野和知识背景，是他们创造的良好基础，使之能够用一种全新的角度去审视和探索生物的奥秘。

他们从一开始建立 DNA 大分子的模型时，就和其他的科学家截然不同：其他科学家只在自己专业范围内从单一的途径去进行研究，或者只局限于 DNA 的化学结构本身来研究 DNA，他们却始终把功能和各种综合信息结合在一起去探索 DNA 的结构。

他们这种用全新的角度——通过 DNA 大分子的模型结构及其活动特点，来研究和描述生物"自我复制"的遗传行为的做法，本身就是一种空前的大胆的创造。

他们找到了迅速获得成功的捷径，在短短的 18 个月里，便成功地创造了

DNA 大分子的双螺旋模型。

也就是这两个生物学界的无名小辈，将本来走在前面的一批著名科学家远远地抛在了后面。

对于一个事物或问题，如果能用全新的角度去观察它、思考它，求得对它有一个更深刻更全面的认识，将会为最终解决问题创造出更多更好的环境和条件。

A 公司和 B 公司都是生产鞋的，为了寻找更多的市场，两个公司都往世界各地派了很多销售人员。这些销售人员不辞辛苦，千方百计地搜集人们对鞋的各种需求信息，并不断地把这些信息反馈回公司。

有一天，A 公司听说在赤道附近有一个岛，岛上住着许多居民。A 公司想在那里开拓市场，于是派销售人员到岛上了解情况。很快，B 公司也听说了这件事情，他们唯恐 A 公司独占市场，赶紧也把销售人员派到了岛上。

两位销售人员几乎同时登上海岛，他们发现海岛相当封闭，岛上的人与大陆没有来往，他们祖祖辈辈靠打鱼为生。他们还发现岛上的人衣着简朴，几乎全是赤脚，只有那些在礁石上采拾海蛎子的人为了避免礁石硌脚，才在脚上绑上海草。

两位销售人员一到海岛，立即引起了当地人的注意。他们注视着陌生的客人，议论纷纷。最让岛上人感到惊奇的就是客人脚上穿的鞋子，岛上人不知道鞋子为何物，便把它叫作脚套。他们从心里感到纳闷：把一个"脚套"套在脚上，不难受吗？

A 公司的销售人员看到这种状况，心里凉了半截，他想，这里的人没有穿鞋的习惯，怎么可能建立鞋的市场？向不穿鞋的人销售鞋，不等于向盲人销售画册、向聋子销售收音机吗？他二话没说，立即乘船离开了海岛，返回了公司。他在写给公司的报告上说："那里没有人穿鞋，根本不可能建立起鞋的市场。"

与之相反，B 公司的销售人员看到这种状况时心花怒放，他觉得这里是极好的市场，因为没有人穿鞋，所以鞋的销售潜力一定很大。他留在岛上，与岛上人交上了朋友。

他在岛上住了很多天，挨家挨户做宣传，告诉岛上人穿鞋的好处，并亲自示范，努力改变岛上人赤脚的习惯。同时，他还把带去的样品送给了部分居民。这些居民穿上鞋后感到松软舒适。走在路上他们再也不用担心扎脚了。这些首次穿上了鞋的人也向同伴们宣传穿鞋的好处。

这位有心的销售人员还了解到，岛上居民由于长年不穿鞋的缘故，他们的脚型与普通人的脚型有一些区别，他还了解了他们生产和生活的特点，然后向公司写了一份详细的报告。公司根据这些报告，制作了一大批适合岛上人穿的鞋，这些鞋很快便销售一空。不久，公司又制作了第二批、第三批……B公司终于在岛上建立了皮鞋市场，狠狠赚了一笔。

同样面对赤脚的岛民，有人认为没有市场，有人认为有大市场，两种不同的观点表明了两人在思维方式上的差异。简单地看问题，的确会得出第一种结论。但我们赞赏后一位销售人员，他有发展的眼光，他能从"不穿鞋"的现实中看到潜在市场，并懂得"不穿鞋"可以转化为"爱穿鞋"。为此通过他的努力，并获得了成功。

这就如同切苹果一样，一般的人切苹果习惯于以果蒂和果柄为点竖着落刀，一分为二，但如果尝试着把它横放在桌上，然后拦腰切开，就会发现苹果里有一个清晰的五角形的图案。这让人不免感叹，吃了多年的苹果，我们却从来没有发现过苹果里面竟然会有五角形图案，而仅仅换一种切法，就发现了鲜为人知的秘密。

美国摩根财团的创始人摩根，原来并不富有，夫妻二人靠卖蛋维持生计。但身高体壮的摩根卖蛋远不及瘦小的妻子。后来他终于弄明白了原委。原来他用手掌托着蛋叫卖时，由于手掌太大，人们眼睛的视觉误差害苦了摩根，他立即改变了卖蛋的方式：把蛋放在一个浅而小的托盘里，出售情况果然好转。摩根并不因此满足。眼睛的视觉误差既然能影响销售，那经营的学问就更大了，从而激发了他对心理学、经营学、管理学等的研究和探讨，终于创建了摩根财团。

无独有偶。一商家从电视上看到博物馆中藏有一明代流传下来的被称为"龙洗"的青铜盆，盆边有两耳，双手搓磨盆耳，盆中的水便能溅起一簇簇水珠，高达尺余，甚为绝妙。该商家突发奇想，何不仿制此盆，将之摆放在旅游景点或人流量多的地方，让游客自己搓磨，经营者收费，岂不是一条很好的财路？于是他找专家分析研究，试制成功后投放于市场，效果出奇好。博物馆中的青铜盆只具有观赏价值，而此商家将之仿制推向市场，则取得了很好的经济效益。

标新立异者常常能突破人们的思维常规，反常用计，在"奇"字上下功夫，拿出出奇的经营招数，赢得出奇的效果。

亨利·兰德平日非常喜欢为女儿拍照，而每一次女儿都想立刻得到父亲为她拍摄的照片。于是有一次他就告诉女儿，照片必须全部拍完，等底片卷回，从照相机里拿下来后，再送到暗房用特殊的药品显影。而且，在副片完成之后，还要照射强光使之映在别的像纸上面，同时必须再经过药品处理，一张照片才告完成。他向女儿做说明的同时，内心却问自己："等等，难道没有可能制造出'同时显影'的照相机吗？"对摄影稍有常识的人，在听了他的想法后都异口同声地说："哪儿会有可能。"并列举一打以上的理由说："简直是一个异想天开的梦。"但他却没有因受此批评而退缩，于是他告诉女儿的话就成为一种契机。最后，他终于不畏艰难地完成了"拍立得相机"。这种相机的作用完全依照女儿的希望，因而，兰德企业就此诞生了。

亨利·福特也是一位了不起的人。直到 40 岁，他的生意才获得成功。他没有受过多少正规的教育。在建立了他的事业王国之后，他把目光转向了制造八缸引擎。他把设计人员召集到一起说："先生们，我需要你们造一个八缸引擎。"这些聪明的、受过良好教育的工程师们深谙数学、物理、工程学，他们知道什么是可做的、什么是行不通的。他们以一种宽容的态度看着福特，好似在说："让我们迁就一下这位老人吧，怎么说他都是老板嘛。"他们非常耐心地向福特解释说八缸引擎从经济方面考虑是多么不合适，并解释了为什么不合适。福特并不听取，只是一味强调："先生们，我必须拥有八缸引擎，请你们造一个。"

工程师们心不在焉地干了一段时间后向福特汇报："我们越来越觉得造八缸引擎是不可能的事。"然而，福特先生可不是轻易被说服的人，他坚持说："先生们，我必须有一个八缸引擎，让我们加快速度去做吧。"于是，工程师们再次行动了。这次，他们比以前工作得努力一些了，时间也花多了，也投入了更多的资金。但他们对福特的汇报与上次一样："先生，八缸引擎的制造完全不可能。"

然而对于福特，在这位用装配线、每天 5 美元薪水、T 型与 A 型改良了工业的人的字典里，根本不存在"不可能"之说。亨利·福特炯炯有神地注视大家说："先生们，你们不了解，我必须有八缸引擎，你们要为我做一个，现在就做吧。"猜猜接下来如何？他们制造出了八缸引擎。

老观念不一定对，新想法不一定错，只要打破心理枷锁，突破思维定式，你也会像兰德、福特一样成功。

● 细心才有灵感

心细方有灵感，灵感来自于心细，大大咧咧只会与灵感擦肩而过，眼睁睁地看着它逝去。

17 世纪法国著名数学家和哲学家笛卡尔，在很长一段时间内，都在思考这样一个有趣的问题：几何图形是形象的，代数方程是抽象的，能不能将这两门数学统一起来，用几何图形来表示代数方程，用代数方程来解决几何问题呢？

果真如此，既可以避免几何学的过分注重证明的方法、技巧，不利于提高想象力，也可以避免代数学过分受法则和公式的束缚，影响思维的灵活性。二者的有机结合，将使几何图形的"点、线、面"同代数方程的"数"联系起来。

为了能够尽快地解决这一问题，他日思夜想，"为伊消得人憔悴"。

有一天早晨，笛卡尔睁开眼发现一只苍蝇正在天花板上爬动，他躺在床上耐心地看着，忽然头脑中冒出这样一个念头：这只来回爬动的苍蝇不正是一个移动的"点"吗？这墙和天花板不就是"面"，墙和天花板的连接的角不就是"线"吗？苍蝇这个"点"与"线"和"面"的距离显然是可以计算出来的。

笛卡尔想到这里，情不自禁一跃而起，找来笔纸，迅速画出3条相互垂直的线，用它表示两堵墙与天花板相连接的角，又画了一个点表示来回移动的苍蝇，然后用X和Y分别代表苍蝇到两堵墙之间的距离，用Z来代表苍蝇到天花板的距离。

后来笛卡尔对自己设计的这张形象直观的"图"进行反复思考研究，终于形成这样的认识：只要在图上找到任何一点，都可以用一组数据来表示它与3条数轴的数量关系。同时，只要有了任何一组像以上这样的3个数据，也都可以在空间上找到一个点。这样，数和形之间便稳定地建立了一一对应关系。

于是，数学领域中的一个重要分支——解析几何学，在此基础上创立了。他的这套数学理论体系，引发了数学史上的一场深刻革命，有效地解决了生产和科学技术上的许多难题，并为微积分的创立奠定了坚实的基础。

天花板上爬动的苍蝇这种常见现象，竟触动笛卡尔产生了创建解析几何的灵感，为整个人类做出了杰出的贡献。

人人都有走向成功的机会。但是，大多数人都没有能够抓住机会，因为机会出现的时候，都是一些非常细小的苗头，不容易被发现。而那些成功者就是能够细心地抓住那些小小的苗头，发展出宏大的事业。福特的成功思维是注意小事情。

美国著名的家具经销商尼·科尔斯，一次家中突然失火，几乎烧光了他家里的一切，只有些粗壮的松木，外面烧焦，而内芯得以残存。要在一般人，可能在极度的痛苦中将这些废料扔掉完事，但尼·科尔斯却从这些焦木中发现了商机；因为那焦木的旧纹理和特殊的质感使他产生了灵感，他决定要制造以突出表现木纹为特点的仿古家具。

他用碎玻璃片刮去废木上的沉灰，再用细砂纸打磨光滑，再涂上一层清漆，便使废木显出了古朴、典雅、庄重的光泽和清晰的木纹。就这样，他制造的仿古典木质家具独领潮流，从此生意兴隆。

有人赞叹尼·科尔斯因祸得福，其实不然，只是他能从一件简单的事物中观察和发现，奇迹才会出现。如果换一位不善于思考的人去看那堆燃而未尽的废木头，眼睛看直了也不会有所发现。

其实世界上很多事情就是这样，如果肯动脑子，任何一件看似平常的事都有其可开发之处，而且很多的智慧和发现都来自一些平常的小事，只是你没有发现罢了。那么怎样培养一种能从平常事物中有不平常发现的心态呢？那就是要有一种善于思考的态度，只要勤于思考，仔细观察，就不会让很容易得到的机遇溜走。

美国玩具开发商布·希耐一次到郊外去散步，偶尔看到几个孩子在玩一种又丑又脏的昆虫，且玩得津津有味，爱不释手。他立即联想到儿童玩具市场上所销售和设计的，全都是造型优美、色彩鲜艳的玩具。那么，为什么不给孩子们设计一些丑陋的玩具来满足孩子们的好奇心呢？想到这里，他立即安排研制生产，推向市场后，果然反响强烈，供不应求，收益颇丰。从此，丑陋玩具在市场上的销售经久不衰。

那么，这些人为何会如此聪明，只是灵机一动就能生意兴隆，财源滚滚？因为在对刺激产生反应的过程当中，他们的潜在意识十分积极和敏锐，这就证明了人在自信和主动的状态下才会变得聪明能干。也是在这种时候，他们才最具能动性和创造力，而且此时他们也最能很好地发掘自己的潜能和发挥自己的最佳状态。

那么靠的是什么外在力量才使这些得以充分体现呢？那就是知识，只有掌握丰富的知识，才会有智慧，有了智慧，一有发现就会产生联想，由联想而酝酿出的方案就能够成功。

琴纳，原来是英国的一位乡村医生。他长期生活在乡村，对民间疾苦有深切的了解。当时，英国的一些地方发生了天花病，夺走了成千上万儿童的生命。当时还没有治天花的特效药。琴纳亲眼看到许多活泼可爱的儿童染上天花，不治而亡，他心里十分痛苦，自己作为一名救死扶伤的医生，眼睁睁看着这些染病的儿童死去，他也因而深感内疚，心里萌生了要制服天花的强烈愿望，时刻留心寻找对付天花的办法。

有一次，琴纳到了一个奶牛场，发现有一位挤奶女工因为从牛那儿传染过牛瘟病以后就从来没有得过天花，她护理天花病人，也没有受到传染。琴纳像发现了新大陆一样，兴奋不已，他联想到这样一个问题，可能感染过牛痘的人，对天花具有免疫力。琴纳思索到此，不禁连声问自己："为什么感染过牛痘的人就不会得天花？牛痘和天花之间究竟有什么关系？"他进一步大胆设想："如果我用人工种牛痘的方法，能不能预防天花？"他隐约感觉到自己已经找到了解决问题的突破口了。

沿着这条思路，琴纳开始了大胆的试验。他先在一些动物身上进行种牛痘的试验，效果十分理想，在人身上接种牛痘，这是前人没有做过的事，谁也不敢保证不出问题，这要冒很大的风险；那么，到底选谁来做第一个实验呢？琴纳在这关键时刻表现出可贵的牺牲精神，做试验的人必须是儿童，琴纳自己不合要求了，便要自己的亲生儿子来充当第一个试验者，他为了让那成千上万的儿童不再受天花之灾，顶住一切压力，在当时还只有一岁半的儿子身上接种了牛痘。接种过后，儿子反应正常，但是，为了要证明小孩是否已经产生了免疫力，还要再给孩子接种天花病毒。如果孩子身上还没有产生免疫力，那么琴纳亲生的小儿子也许就会被天花夺去生命！但是，为了世上千千万万儿童健康成长，琴纳把一切都豁出去了。两个月后，他又把天花病人的脓浆；接种到儿子身上。幸好孩子仍然安然无恙，没有感染上天花。它说明：孩子接种牛痘后，对天花具有免疫力，试验终于成功了。从此以后，接种牛痘防治天花之风从英国迅速传播到世界各地，肆虐的天花遇到了克星，到 1979 年，天花病就在地球上绝迹了。琴纳——这位普通平凡的乡村医生的发明拯救了千千万万人的生命，18 世纪末，在法国巴黎，无限感激他的人们为他立了塑像，上面雕刻着人们发自内心的颂词："向母亲、孩子、人民的恩人致敬！"

其实，任何人的思考总是从有问题需要解决开始的。"饱食终日，无所用心"的人，满脑子不装事，没有一丝牵挂，灵感自然无从产生。强烈的好奇心和旺盛的求知欲，是灵感的"种子"，不先播下这些"种子"，又何谈收获"灵感之果"？假如琴纳没有时刻在思考克服天花病的难题，又怎么能从得过牛痘的挤奶工那里获得灵感呢？

● 改变细节，与众不同

在当今激烈竞争的市场中，怎样才能使企业始终立于不败之地呢？可以说答案就是：细节决定企业竞争的成败。这主要也是由两个原因造成：其一，对于战略面、大方向，角逐者们大都已经非常清楚，很难在这些因素上赢得明显优势；其二，现在很多商业领域已经进入微利时代，大量财力、人力的投入，往往只为了赢取几个百分点的利润，而某一个独特的细节却足以让商家赚取很多的利润。

细节制胜的例子可谓是举不胜举。

著名的瑞士 Swatch 手表的目标就是在手表的每一个细微处展现自己的精致、时尚、艺术、人性。此外，随着季节变化，Swatch 不断地变化着主题。针盘、时针、分针、表带、扣环……无一不是 Swatch 的创意源泉。它力图在手表这样一个狭小的空间里，每一个意念都得到最完美的阐释。Swatch 尤其受到年轻人的拥护，其每一款图像、色彩，在每一个细微处，都暗含年轻与个性的密码，或许这就是它风靡的原因。

同样 Motorola 的经典手机 V70 的设计也是在"细节"上取胜的典范。用它的创造者意大利摩托罗拉高级手机设计师 IuliusLucaci 的话来说，V70 就是"不断创造"的成果，是"想不到的设计"。设计细节 1 是与众不同的随心 360 度旋转的接听开盖方式；接听开盖设计灵感来自于东方的折扇。设计细节 2 是特大液晶屏幕以深海蓝的背景配合白色输入显示，多色可置换屏幕外环；灵感指向是蓝色暗光背景键盘，似深海夜钻。

创新是企业界里一个非常时髦的词，但无数实践证明，创新往往存在于细节之中。

一些人误以为，创新始于宏伟目标、终于倍受瞩目的结果。这就使人们很容易忽视细节，成了制约创新的"瓶颈"。然而，细节是创新之源，要想获得创新，就必须明白"不择细流方以成大海，不拒杯土方以成高山"之理。

目前，许多企业在寻求创新时，不管在技术创新还是在管理创新方面，总习惯于贪大求全，却很少有"于细微处见精神"的细心和耐心。相反，海尔集团首席执行官张瑞敏在谈到创新时却说："创新不等于高新，创新存在于企业的每一个细节之中。"

事实上，海尔集团在细节上创新的案例可谓数不胜数，仅公司内单以员工命名的小发明和小创造每年就有几十项之多，如"云燕镜子"、"晓玲扳手"、"启明焊枪"、"秀凤冲头"等等，并且这些创新已在企业的生产、技术等方面发挥出越来越明显的作用。

虽然每一个细节看上去都很小，但是这儿一个小变化，那儿一个小改进，就可以创造出完全不同的产品、工序或服务。如果说创新是一种"质变"，那么这种"质变"经过了"量变"的积累，就自然会达成大的变革和创新。很多事情看似简单却很复杂，看似复杂却很简单。企业的经营，只有重视细节，从细节入手，才能取得有效的创新。

日本许多中小企业成功的经验，就在于厂家能够始终密切注视消费者在日常生活中产生的要求，生产相关产品。有些厂家不惜重金，以有奖竞赛的形式购买消费者的小发明。比如在我们生活中经常用到的"三通"电源开关，就是有"经营之神"称号的松下幸之助，受了家庭主妇们偶尔一次议论的启发而发明的。

近年来，随着带凹板的地板在日本家庭的流行，出现了普通的刷子难以将落入凹格里的尘土刷干净的问题。日本静冈县的一家工厂推出了专门解决这一问题的新型刷子，一经推出，马上供不应求。原来他们是采用了一位普通家庭妇女的发明。

这位妇女看到猫、狗的舌头可以舔尽碟盘中的食物，受到启发，想起可以在刷毛下面垫上一层海绵，这样刷子就可以像狗舌头一样，把凹格里的灰尘"舔净"。

静冈县的这家工厂在获悉了这位妇女的发明后，经过试验，发现效果非常好，就马上买下了这项发明，投入市场后，立即热销，而那位发明这种刷子的主妇，每月也可从工厂领取 15 万日元的发明奖。

有时候一个小小的细节就会激发你的创意，让你获得解决困难的灵感。

位于美国俄勒冈州的纽波特海湾，一年四季风光旖旎，海风习习，宁静而安详。在海湾的一个小镇上，人们仿佛过着远离尘世的生活，除了海浪扑向海岸的声音，其他的一切都沉睡着，没有摇滚，没有"嬉皮"，没有"朋克"，一切来自大城市的污染都没有。偶尔有三三两两的游客到这里来转转，显得特别扎眼。莎莉斯和科利尔决定在这里开设他们的旅馆。

这无疑是一个冒险的举动，靠旅客吃饭的旅馆，面对的却是每日寥寥无几的外来人，来小镇办事的人大都住在政府开办的招待所。朋友和亲人都这样认为：他们简直疯了。

但是 8 年后，当人们再看到莎莉斯和科利尔这家名为"西里维亚·贝奇"的旅馆时，红火的生意让人眼馋，每年有数以万计的游客在这里下榻。现在想来住宿，需要提前两个星期预订房间。当然，小镇也因此人气渐旺，但宁静依然。

莎莉斯和科利尔是如何把游客引来的呢？

谜底是小说。

8 年前，莎莉斯和科利尔还在俄勒冈州的一家大酒店里供职。在工作中他们发现，很多人在旅游之际，不愿意去酒店里的酒吧、赌场、健身房这些娱乐场所，也不喜欢看电影、电视，而是静下心来在房间里看书。时常有游客问科利尔，酒店里能不能提供一些世界名著？酒店里没有，爱看小说的科利尔满足了他们。问的人多了，莎莉斯就留心起来。

一段时间后，她发现这一消费群体相当庞大。现代社会压力极易让人浮躁，人们强烈地要求释放自己，有的人就去酒吧疯狂，去赌场寻刺激来发泄，而另一部分人偏爱寻一方静地让自己远离并躲避一切烦恼与压力，看书是一种最好的方式。开一家专门针对这类人群的旅馆，是否可行呢？莎莉斯在一次闲聊时，把这个想法对科利尔说了。没想到他早就注意到这一现象，两人一拍即合，决定合伙开办一家"小说旅馆"。

为了安静，他们最后选择了纽波特海湾这个偏僻的小镇。他俩集资购买了一幢 3 层楼房，设客房 20 套，房间里没有电视机，旅馆内没有酒吧、赌场、健身房，连游泳池都没有。

这就是科利尔和莎莉斯所想要达到的效果。在"海明威客房"中，人们可以看到旭日初升的景象，通过房间中一架残旧的打字机及挂在墙壁上的一只羚羊头，人们马上就会想到海明威的小说《老人与海》以及《战地钟声》等里面动人的情节描写，迫不及待地想从"海明威的书架"上翻看这些小说，那种舒适的感受也许让人终生难忘。

所有的故事描述与人物刻画在莎莉斯和科利尔的精心筹划和布置下，都表现在房间里。令人大惑不解的是，他们的旅馆刚投入使用，来此的游客就与日俱增，尽管对这种新颖的旅馆有口碑相传的效应，但稀疏的几个外来人或许自己都没有来得及消化，影响还不至于这么快。

原来，在科利尔和莎莉斯布置旅馆的同时，就早已开始了招徕顾客的工作。

既然是小说旅馆，自然顾客群是与书亲近的人。为了方便与顾客接触、交流，他们在俄勒冈开了一家书店，凡是来书店购书的人都可以获得一份"小说旅馆"——西里维亚·贝奇的介绍和一张开业打折卡。许多人在看了这份附着图片的彩色介绍之后，就被这家奇特的旅馆吸引住了，有的人当即就预订了房间。为了扩大客源，莎莉斯还与俄勒冈的其他书店联系，希望他们在售书时，附上一张"小说旅馆"的介绍。这种全方位有针对性的出击，为他们赢得了稳定的客源。这种形式一直持续到现在。

随着时间的推移，"小说旅馆"的影响日渐扩大。莎莉斯和科利尔书店生意的兴隆，也显示出了其"小说旅馆"客人的增加。在旅馆的每个房间和庭院里，随处可见阅读小说、静心思考、埋头写作的人，甚至一些大牌演员和编剧也在这里讨论剧本。一些新婚夫妇以住在旅馆中用法国女作家科利特命名的"科利特客房"中度蜜月为荣。

创意来自生活的细节。一些看似无用的细节，往往能激发你的灵感，为你带来不凡的创意。只要我们怀着善于发现的眼光，有用的细节就会无处不在。只要用心把握好细节，我们定能找到解决困难的方法。

● 从错误中寻找机遇

"人非圣贤，孰能无过。"

对于科学技术的研究，或者是对前所未有的开拓性工作来说，犯这样或那样的错误是在所难免的，关键在于我们怎样去对待它。犯了错误而沮丧、颓废和垂头丧气，都是一种消极的态度，一错再错执迷不悟更是害人害己，必须予以抛弃，要积极地"将错就错"，于细微处发现新奇之处，化被动为主动，变不利因素为有利因素，这才是我们正确的人生观和价值观。

"失败乃成功之母"，对于最后的成功者而言，错误是攀登成功的阶梯，它能增长正反两方面的知识，也许正因为错误，才使人们发现了某些自然的奥秘。

电影问世后不久，有一天法国巴黎正放映一部叫《拆墙》的电影短片，片中有一堵危墙被众人推倒的镜头。由于放映员普洛米奥的粗心大意，放映的是还没有"洗"的片子，即片子放映完后，应把它再倒转回来。这样一来在银幕上出现了情景相反的图像：一堵被推倒的墙，又从残墙断壁的废墟中慢慢重新竖了起来。

此事立即引起观众的哄堂大笑和口哨声，普洛米奥羞红着脸马上关掉放映机……

这一失误引起了普洛米奥的思考：这种现象能不能成为拍电影的新技术呢？也许它能给人们带来一种全新的视觉效果呢。

后来，在一部叫《迪安娜在米兰的沐浴》的电影中，他有意识地运用了这种他发明的倒摄方法，观众在银幕上看到，跳水女郎的一双脚先从水里钻出来，然后整个身子倒转 180 度，最后轻飘飘柳絮般落在高高的跳板上。

这种奇异的倒摄方法，引起全场观众的热烈掌声，从此，它成了电影拍摄中常用的一种技术。

如果能够把错误都变成一种"机遇"，你无疑就是创造机遇的天才了，不要以为这种天才离你太远，事实上，这些天才的素质或许连你都不如。

在生活中，我们是不允许错误出现的，在抓住和创造机遇上更是如此，所谓"一着走错、满盘皆输"。有时，一个错误可能就导致你这辈子永远都抬不起头来。

然而，犯错误仿佛又是人的一种天性，这个世界上绝对没有不犯错误的人，但人们对待错误的态度不一样，就导致了在抓住和创造机遇结果的不一样。

"王致和"臭豆腐今天已是许多人的美味，但或许很少有人知道，这臭豆腐竟然是一次错误而生产出来的：

相传康熙年间，安徽青年王致和赴京应试落第后，决定留在京城，一边继续攻读，一边学做豆腐谋生。

可是，他毕竟是个年轻的读书人，没有经营生意的经验。夏季的一天，他所做的豆腐剩下不少，只好用小缸把豆腐切块腌好。但日子一长，他竟把这缸豆腐忘了，等到秋凉时想起来了，腌豆腐已经变成了"臭豆腐"。

王致和十分恼火，正欲把这"臭气熏天"的豆腐扔掉时，转而一想，虽然臭了，但自己总还可以留着吃吧。于是，就忍着臭味吃了起来，然而，奇怪的是，臭豆腐闻起来虽有股臭味，吃起来却非常香。于是，王致和便拿着自己的臭豆腐去给自己的朋友吃。好说歹说，别人才同意尝一口，没想到，所有人在捂着鼻子尝了以后，都纷纷赞不绝口，一致公认此豆腐美味可口。

王致和借助这一错误，改行专门做臭豆腐，生意越做越大，而影响也越来越广，最后，连慈禧太后也闻风前来尝一尝这难得一见的臭豆腐，对其大为赞赏。

从此，王致和与他的臭豆腐身价倍增，不仅上了书，还被列为御膳菜谱。直到今天，许多外国友人到了北京，都还点名要品尝这所谓"中国一绝"的王致和臭豆腐。

因为一个小小的错误，王致和改变了自己的一生。事实上，与王致和相同经历的人比比皆是，为什么独有王致和能够看到并抓住了这样一个因为错误而产生的机遇呢？原因至少有两点：

一是王致和的细心。

在他发现臭豆腐坏了以后，并没有一气之下将其扔掉，而是留下来并品尝了一口，结果发现臭豆腐居然如此"香"。

二是王致和独具慧眼。

事实上，虽然王致和的臭豆腐十分可口，但它仍旧十分"臭"，而有许多人是完全接受不了这股臭味的，哪怕今天仍是如此。但王致和认为，自己能接受，就一定会有人接受，所以一定会有市场，这也体现出王致和有敢于冒险的精神。

因此，做人一定不要害怕犯错，学会适度冒险。每个人都面临着冒险，除非我们永远扎根在一个点上原地不动。然而，当冒险的结果不太令人满意的时候，人们常常会说："还是躺在床上保险。"其实，任何地方的旅行都潜藏着冒险，小到丢失自己的行李，大到作为人质，被劫持到世界的某个遥远角落。

很多人都习惯于"躺在床上"过一辈子，因为他们从来不愿去冒险，不管是在生活中，还是在事业上。但是，当你横穿马路时，当你在海里游泳时，当你乘坐飞机时都潜藏着冒险。

自有文字记载以来，冒险总是和人类紧紧相连。虽然火山喷发时所产生的大量火山灰掩埋了整个村镇，虽然肆虐的洪水席卷了家园，但人们仍然愿意回去继续生活，重建家园。飓风、地震、台风、龙卷风、泥石流以及其他所有的自然灾害都无法阻止人类一次又一次勇敢地面对可能重现的危险。

事实上，我们总是处在这样那样的冒险境地。"没有冒险的生活是毫无意义的生活。"我们必须要横穿马路才能走到马路对面去，我们也必须依靠汽车、飞机或轮船之类的交通工具才能从一个地方到达另一个地方。但是，这并不意味着所有的冒险都毫无区别，恰当的冒险与愚蠢的冒险有着明显的不同。

如果你想成为一个生意上的冒险者，如果你渴望成功，你就应该分清这两种类型的冒险之间到底有什么样的差异。有一位功成名就的人这样说："那种只在腰间系一根橡皮绳，就从大桥或高楼上纵身跳下的做法是一种愚蠢的冒险，虽然有人很喜欢那样做。同样，所谓的钻进圆木桶漂流尼亚加拉大瀑布，所谓的驾驶摩托车飞越并排停放的许多辆汽车，在我看来，这些都是愚蠢的冒险，只有那些鲁莽的人才会干这种事情。尽管我知道有人不同意我的看法。"

那么，恰当的冒险是什么呢？譬如你走进老板的办公室，要求加薪，这就是一种恰当的冒险。你可能会得到加薪，也可能不会，但"没有冒险，就没有收获"。

放弃稳定的收入，而寻求一种富有挑战性的工作，也是一种恰当的冒险。你也许能找到那样的新工作，也许找不到，你也许后悔离开了原来的职位。但是，如果你安于现状，你永远也不会知道是否可以有一个更好的明天。

无论在事业或生活的任何方面，我们都需要恰当的冒险。在冒险之前，我们必须清楚地认识那是一种什么样的冒险，必须认真权衡得失——时间、金钱、精力以及其他牺牲或让步。如果你总是害怕犯错，那么你的日子就像一潭死水，你永远无法激起波澜，永远无法取得成功。

第 **6** 章

细节入手，赢得人脉

在家靠父母，出门靠朋友。对于社会中的每一个人来说，谁都明白"朋友多了路好走"的道理，但是要赢得人脉，一定要从细节入手。

● 一点一滴累积交际经验

你知道一般人才与顶尖人才的真正区别在哪里呢？你可能会毫不犹豫地回答，是才能。那你就错了。哈佛大学商学院曾经做过一个调查发现，在事业有成的人士中，26%靠工作能力，5%靠关系，而人际关系好占了69%。

可见，要想成为出类拔萃的顶尖人才，并不仅仅靠提升你的才能，更重要的是拓展你的人脉，提升你的人脉竞争力，也只有这样，你才会脱颖而出，取得事业的成功。

曾有这样一则寓言：

在动物王国里，熊猫是最受大家尊重的，就连爱挑剔的老狐狸也对它极为佩服，因为很难挑出它的什么毛病。

有一天，刺猬找到熊猫，向它请教道："熊猫大哥，你为什么那么受人尊重，有什么秘密吗？"

"秘密？没有。"熊猫坦然地答道，"不过，我开设了一个感情账户，不停地往里面存了礼貌、宽容、感恩、信用、诚实……"

"这样的感情账户有什么用吗？"

"当然有用，你也看到了，我开设了这个账户后，就已经开始受益了。"

其实，做人也如此，要想成就一番事业，在世间安身立命的话，也要在生活中开设一个"感情账户"。储存你的人脉信息。

在 21 世纪的今天，无论是保险、传媒，还是金融、科技、证券等各个领域，人脉竞争力都是一个日渐重要的课题。专业知识固然重要，但人脉是一个人通往财富、荣誉、成功之路的门票，只有拥有了这张门票，你的专业知识才能发挥作用。

在台湾证券投资领域，杨耀宇可是知名人士，他将人脉竞争力发挥到了极致。他曾是统一集团的副总，退出后为朋友担任财务顾问，并兼任 5 家电子公司的董事。根据推算，他的身价应该有 5 亿元台币之高。为什么一个不起眼的乡下小孩到台北打拼能快速积累这么多财富？杨耀宇自己解释说："有时候，一个电话抵得上 10 份研究报告。我的人脉网络遍及各个领域，上千万条，数也数不清。"

很显然，一个善于处理人际关系，拥有人脉的人，总能在人生和事业中像杨耀宇一样如鱼得水，这一点对于推销员的工作来说显得尤为重要。

据估计，有 50% 以上的行销之所以完成，是由于交情的关系，其实这就是交情行销。假如有 50% 的行销是以情面为基础，而你还没有和准客户（或客户）交朋友，你等于把 50% 的市场拱手让人了。

早在 20 世纪 80 年代，泰瑞就认识了声名卓著的演员迈尔斯·戴维斯。可是当时，他并没有想到这对他的生活将会产生怎样的影响。那时，泰瑞在纽约一家医院进行社会公益活动，而迈尔斯则刚刚在该医院做完手术。由于迈尔斯是一个大名鼎鼎的明星，所以泰瑞几乎每天都去看他。等到迈尔斯出院时，他们已成为非常不错的朋友。

一天，泰瑞收到了一份请柬，邀请他去参加迈尔斯的 60 岁寿宴。这次宴会迈尔斯只邀请了他最好的朋友，这对泰瑞而言真是不胜荣幸。

宴会上，泰瑞结识了埃迪·墨菲、肯尼斯·福瑞斯和埃迪的堂兄——雷·墨菲。当宴会结束时，肯尼斯说："泰瑞，今晚埃迪在卡门迪俱乐部有表演，您愿意去吗？"

"是的，我当然愿意！"泰瑞答应道。

埃迪的表演相当不错。节目过后，泰瑞与肯尼斯和雷一起参加酒会。对于这次令人难忘的酒会，泰瑞说：

"如果是别人，他可能只认为那是个不错的酒会，他同两位朋友在卡门迪俱乐部度过了非常有趣的一晚。但我并没有这么做，我仍然不断地与朋友保持联系。回去之后，我立刻给他们去信，对他们的热情款待表示感激。"

泰瑞常常订购近百种杂志和报纸，但他一般只看那些他感兴趣的事。当某位明星或者名人提到他或她感兴趣的东西时，泰瑞便将它记录下来，输入电脑。于是，只要读到认为可能引起那些人的兴趣的东西，泰瑞就将文章给他们寄过去。尽管他没有一个确切的目的，但他感觉到他所做的这些细小的事情迟早会有用的。

当然，一旦泰瑞读到认为可能引起埃迪和另外两个朋友兴趣的文章时，也会给他们寄过去——这些文章包括泰瑞看到的各种内容，如音乐、电影、电视——泰瑞觉得，这正是让他们记得他的一种方式。

两年以后，泰瑞同埃迪·墨菲和他的同事们越来越熟悉。肯尼斯还经常邀请他去参加一些聚会，他也逐渐为埃迪·墨菲的圈内人士所接纳。

有一次泰瑞受邀参加了埃迪的第一次音乐会的拍摄。影片取得了巨大的成功，同时埃迪也成为世界最具票房价值的人物。不久，泰瑞又参加了一部由埃迪主演的影片的首映式。在这个首映式上，泰瑞听说埃迪正在寻找一个公关代理人。这时，泰瑞感觉到机会来了。他说：

"听到这个消息，我就预感我将成为埃迪的代理人。但是，我不知道该怎样去实现这个目标。有人认为这是一个野心勃勃的目标，但我有世界最具票房价值的埃迪作为我的第一位客户，这就是对我最大的支持。"

泰瑞所做的第一件事就是给埃迪写信。在给埃迪的信中，他简单地介绍了一下自己的工作，然后列出了自己的工商界、政界和娱乐圈的朋友，也就是那些他认为会推荐他的人。泰瑞非常清楚地表示，希望能成为埃迪的公关代理人。

一个月过去了，埃迪并没有回信。于是泰瑞决定给她家打电话。

接电话的是雷·墨菲，像往常一样，他非常热情地打招呼："你好，泰瑞！"

闲聊了一会儿，然后雷说："埃迪就在旁边，想和你谈谈。"

埃迪接过电话："泰瑞，你的信我收到了，我非常高兴由你代理我的公关宣传。"

真是令人难以置信，就这么简单，泰瑞成功了！对于这次成功的自我推销，泰瑞说：

"有时候，一个推销员要花上几个月甚至几年的时间才能达成一笔买卖或者找到一条路。其实交情是通过一些小事积累起来的。"

"你必须着眼于长远，着眼于未来，这样你就没有做不了的事。"

在人际关系中，小事就是大事。其实人们所需要的，只是作为人应享有的那一点儿关注。推销员在不断拓宽人际关系时，切莫低估任何人的价值。也许就是日常生活中微不足道的小事，也能维持和巩固你与他人的关系，直至让他们感受到你是真的喜欢、关心他们，这样很容易就构建了你与消费者两者都受益的"双向道"。对此，泰瑞说：

"销售东西给朋友是不需要行销技巧的，好好想一想，你想约朋友出去，或者请朋友帮忙时，只要开口就行了。因此，你不需要更多的行销技巧，你只需要更多的朋友。"

关于友情，爱默生有一句话说得最恰当："一个真心的朋友胜于无数个狐朋狗党。"真的，除了自己的力量外再也没有别的力量能像真心朋友那样，帮助你得到成功了，朋友是成功的助推器。

而经营友情，并不需要刻意地去为朋友做多少惊天动地的大事，只要你能够像泰瑞那样，善于利用日常生活中的点滴小事来与他人沟通、交流，友情和交情自然而然地就建立起来了。作为"世界上最伟大的推销员"乔·吉拉德就是一个通过做好服务中的点点滴滴来赢得更多客户的高手。

乔·吉拉德在销售和服务生涯中有一个核心的东西，那就是"服务是在销售之后"。他说："一旦新车子出了什么问题，客户找上门来要求修理。我会叮嘱有关修理部门的工作人员，要他们如果知道这辆车子是我卖的，那么就立刻通知我，我会马上赶到，设法安抚客户。我会告诉顾客，我一定让人把修理工作做好，一定让他对车子的每一个小地方都觉得特别满意，这也是我的工作。没有成功的维修服务，也就没有成功的推销。如果客户仍然觉得有严重问题，我的责任就是和客户站在一边，确保他的车子能够正常运行：我会帮助客户要求修理厂进行进一步的维护和修理，我会同他共同战斗，一起去对付汽车制造商。无论何时何地，我总是和我的客户站在一起，与他们同呼吸、共命运。

"当顾客把汽车送回来进行修理时，我就尽一切努力使他的汽车得到最好的维修……我得像医生那样，他的汽车出了毛病，我就要为他感到担忧。每卖一辆车，都要做到与顾客推心置腹，把情况说清楚，他们不是要故意找麻烦或惹人讨厌。"

车子卖给客户后，若客户没有任何信息反馈，乔·吉拉德就会主动和客户联系，不断地与客户接触，或者打电话给客户，开门见山地问："××先生，您以前买的车子情况如何？"或者是亲自拜访，问客户使用汽车是否舒适，并帮客户检查车况。在确定客户没有任何问题之后，他才离开，并顺便向对方示意，在保修期内该将车子仔细检查一遍，提醒在这期间送去检修是免费的。

当然，他的服务为他带来了更多的客户。

客户为他介绍许多的亲朋好友来车行买车，甚至包括他们的子女。客户的亲戚朋友想买车时，首先便会考虑到找他。卖车之后，乔·吉拉德总希望让客户买到一部好车子，而且永生不忘。

乔·吉拉德将客户当成自己的朋友，把客户的事当成自己的事，正是这种付出的精神和心态，使得客户不为他做点事都觉得惭愧，不为他介绍客户都觉得不安。

这就是人脉的力量。

在好莱坞，流行一句话："一个人能否成功，不在于 What you know（你知道什么），而在于 Whom you know（你认识谁）。"初入社会的年轻人，不要以为自己拥有卓越的就能才能获得成功。学着从点滴小事做起去建立自己的人脉网络吧。只有建立起了人脉网络，你才会享受到人脉给你带来的好处，那时你才会深刻认识到，一般人才与顶尖人才的真正区别在于人脉，而非仅仅是才学和能力。

● 定期联络朋友、亲人和同事

经常有很多做市场的年轻人抱怨客户越来越少，市场越做越小，更多的是一些既不做业务也不跑市场的朋友则抱怨生活郁闷，总觉得缺少什么！

其实现代人在物质上什么都不缺，缺的就是一层人际关系。或许有人会说，人际关系又不能发我薪水，人际关系又不管饭吃，人际关系又无法帮我解决情感问题，人际关系又……人际关系乍听起来华而不实，好像没半点用处。非也！

举个例子，如果您认为薪水待遇不优，工作特别无聊枯燥，感觉郁闷，萌发了跳槽的冲动，殊不知现在的经济形势，你的处境已经很不错了！试着找过去的同事、朋友或同学多联络，多聊聊，消极一点说，搞不好您的待遇还略胜他们一筹咧！若往积极面思考，说不定某位挚友的公司正缺人，您不就上了吗！总之，你再也不会那么冲动，盲目做出将来会后悔的决定，甚至你会逐渐发觉工作似乎变得有意思了，你也不再郁闷了。重点是要"多联络"！

保持联络是成功建立关系网络的关键。纽约时报记者问美国前总统克林顿，他是如何保持自己的政治关系网的。克林顿回答道："每天晚上睡觉前，我会在一张卡片上列出我当天联系过的每一个人，注明重要细节、时间、会晤地点和其他一些相关信息，然后添加到秘书为我建立的关系网数据库中。这些年来朋友们帮了我不少忙。"

无独有偶的是德国前总理科尔也是一个注重与朋友联系之人，他和他的朋友之间互相联系的方法有很多，"礼尚往来"、"交流"等等，其中最普遍、最有人情味的一种是有空去朋友家坐坐。他和他的朋友在礼仪性的道别时，总不忘加一句"有空来玩"，不论这是否是一句发自肺腑的言语，听后都让他的朋友感到温情四溢，他自己似乎也可以从中体会到我是被人们接受的，是受人欢迎的人。朋友之间，也需要以这样的方式来建立良好的人际圈。

事实上，科尔所做的并不多，只是有时间有心地去朋友家走一走，也许只是随意地寒暄几句，也许进行一次长谈，总之，科尔在努力加深对方对自己的印象，让彼此之间越来越熟悉，关系越来越融洽。这也是科尔为什么能在德国政坛上驰骋十几年的一个重要原因。

其实，要与关系网络中的每个人保持积极联系，还有一种方式就是创造性地运用你的日程表。记下那些对你的关系特别重要的日子，比如生日或周年庆礼等。打电话给他们，至少给他们寄张卡让他们知道你心中想着他们。

乔·吉拉德之所以成为世界上最伟大的推销员，而且历年荣获汽车销售领域里的冠军宝座，一定有他与别人不一样的地方。有人问乔·吉拉德成功的秘诀是什么？他说："有一个想法是我有而许多推销员所没有的，那就是认为'真正的推销工作开始于把商品推销出去之后，而不是在此之前'。"

推销成功之后，乔·吉拉德立即将客户及其与买车子有关的一切信息，全部都记进卡片里。第二天，他会给买过车子的客户寄出一张感谢卡。很多推销员并没有如此做，所以乔·吉拉德特意对顾客寄出感谢卡，顾客对感谢卡感到十分新奇，以至于对乔·吉拉德印象特别深刻。

乔·吉拉德说："顾客是我的衣食父母，我每年都要发出13000张明信片，表示我对他们最真切的感谢。"

乔·吉拉德的顾客每个月都会收到一封来信，这些信都是装在一个朴素的信封里，但信封的颜色和大小每次都不同，每次都是乔·吉拉德精心设计的。乔·吉拉德说："不要让信看起来像邮寄的宣传品，那是人们连拆都不会拆就会扔进纸篓里去的。"

顾客一拆开乔·吉拉德写来的信，马上就可以看到这样一排醒目的字眼："您是最棒的，我相信您。""谢谢您对我的支持，是您成就了我的生命。"1月里发出"乔·吉拉德祝贺您新年好"的贺卡，他2月里给顾客发出"在乔治·华盛顿诞辰之际祝您幸福"的贺信，3月里发出的则是"祝圣帕特里克节愉快"的贺卡。乔·吉拉德每个月都会为顾客发出一封相关的贺卡，顾客都喜欢这种贺卡。

乔·吉拉德拥有每一个从他手中买过车的顾客的详细档案。当顾客生日那天，会收到这样的贺卡："亲爱的比尔，生日快乐！"假如是顾客的夫人生日，同样也会收到乔·吉拉德的贺卡："比尔夫人，祝生日快乐。"乔·吉拉德正是靠这种方法保持和顾客的不断联系。使得他最大限度地赢得顾客的心，赢得了事业发展机遇。

可见，"感情投资"应该是经常性的，不可似有似无，要做到常联系、常沟通，到时才能用得着、靠得住。否则，遇到急事时，"临时抱佛脚"，那样是不会有好下场的。

　　有这样一个寓言：黄蜂与鹧鸪因为口渴得很，就找农夫要水喝，并答应付给农夫丰厚的回报。鹧鸪向农夫许诺它可以替葡萄树松土，让葡萄长得更好，结出更多的果实；黄蜂则表示它能替农夫看守葡萄园，一旦有人来偷，它就用毒针去刺。农夫并不感兴趣，对黄蜂和鹧鸪说："你们没有口渴时，怎么没想到要替我做事呢？"

　　这个寓言告诉我们这样一个道理：平时不注意与人方便，等到有求于人时，再提出替人出力，未免太迟了。

　　中国人讽刺临事求人的做法，最简练的话就是"平时不烧香，临时抱佛脚"。俗话说得好，"平时多烧香，急时有人帮"。真正善于利用关系的人都有长远的眼光，做好准备，未雨绸缪。这样，在紧急的时候就会得到意想不到的帮助。

　　尽管西奥多·罗斯福具有非凡的个人能力，但是，如果没有来自于他朋友们强有力的、无私的和热心的帮助，他是根本不可能取得这么大的成就的。事实上，如果不是有他的朋友们，特别是他在哈佛大学所交的那些朋友们的倾力相助，他能否当选为美国总统还是个问题呢。不论是在他作为纽约州长的候选人期间还是在他竞选总统期间，许许多多的同班同学和大学校友为他不辞辛苦地奔波。在他所组织的"旷野骑士团"中，他获得了众多的友谊之手，他们最终在总统竞选中为罗斯福在西部和南部赢得了成千上万张选票。

　　这一切的一切与平时罗斯福注重人际交往、时时处处与朋友搞好关系是密不可分的。

　　可见，常常与朋友保持联系对你自己会有许多好处，一旦你碰上什么事情，朋友会直接或间接地帮助你。如果朋友之间平时没有什么联系，需要时就很难找上门去，即使找上门去，别人也不会乐意帮忙的。

● 规划出自己的人际关系圈

　　一个人应该广交朋友，俗话说："多一个朋友多条路。"朋友多了，办事就很方便顺利。有些人平时也喜欢交友，但就是到了真正需要时手忙脚乱，甚至一个人也找不到。这种人需要做的一件事情就是建立一个朋友档案。

　　不管你是否喜欢交朋结友，一个人一生中都离不开自己的朋友，这些朋友有的会成为你的至交。当然，交友是不能勉强之事，你无法勉强自己，也不能勉强对方，否则你们都无法建立这种友情之链。有时，当我们交友时，也真是难以一下子就断定你们能交往得有多密切，并且能持续多久，但不管怎样，你都可以采取一种更有弹性的做法，投缘的好，不投缘的也好，通通将他们纳入你的"朋友档案"！

应该怎样建立自己的"朋友档案呢"？

首先，你可以把上学时的同学资料整理出来，毕业几年甚至几十年后，你会有很多同学分散在各种不同的行业，有的肯定已经干出点名堂，当你需要帮忙时，凭着你们原来的同窗关系，他们一定会帮你忙的。这种同学关系还可从大学向下延伸到高中、初中、小学，如能充分运用这种关系，这将是你一笔相当大的资源和财富。当然，要建立起这些同学关系，你得经常与同学保持联系，并且随时注意他们对你的态度。

其次，建立你身边的朋友的资料，对他们的专长作个详细记录，如他们的住所、电话、工作等。工作变动时，也要在你的资料上随时修正，以免需要时找不到人。

同学和朋友的资料是最不能疏忽的，你还可以在档案中记下他们的生日，并在有些人的生日寄上一张贺卡，或请吃个便饭，这样你们的关系一定会突飞猛进。平时注意保持这种关系，到你有事相求时，他们一定会尽力相助，万一他们自己做不到，也可能动用自己的关系网为你帮忙。

在应酬场合中认识的"朋友"也不能忽略，你们只交换过名片，更谈不上交情。这种"朋友"面很广，各行业各阶层都有，你不应把这些名片丢掉，应该在名片上尽量记下这个人的特征，以备再见面时能"一眼认出"。最重要的是，名片带回家后，要依姓氏或专长、行业分类保存下来。你不必刻意去结交他们，但可以找个理由在电话里向他们请教一两个专业问题，自然要提一下你们碰面的场合，或你们共同的朋友，以唤起他对你的印象。有过一两次"请教"之后，他对你的印象也会加深。当然，这种"朋友"不一定能帮你什么大忙，因为你们没有进一步的交情，但帮点小忙也许对他们来说是举手之劳。再说，你也不可能天天有很多要事去求人帮忙，很多情况下就是点小事。

现代社会，很多人开始使用电脑办公，因此你也可以用电脑建立一个朋友档案。也可用笔记薄，或用名片等等……总之，方法有许多，关键的是低估要善于并充分利用"朋友档案"，为自己事业的顺利进展点燃一把火。

杜维诺面包公司是纽约一家高级的面包公司，这家面包公司的老板杜维诺一直试着要把面包卖给纽约的某家饭店。一连4年，他每天都要打电话给这家饭店的老板，他也去参加那个老板的社交聚会。他还在该饭店订了个房间，以便找机会与老板谈谈。但是经过长时间的努力，他都没有成功。

杜维诺开始反省自己，决定改变策略，收集了这家饭店老板的个人资料，为他建立了一个"朋友档案"，终于找出了这个人最感兴趣、最热衷的东西。这个老板是一个叫作"美国旅馆招待者"的旅馆人士组织的一员，由于他的热情，还被选举为主席以及"国际招待者"的主席。不论会议在什么地方举行，他都会出席，即使跋山涉水也决不落下。

给他建立一个小档案后，杜维诺再见到那个饭店老板的时候，就开始谈论他的组织。杜维诺得到的反应令人吃惊，那个老板跟他说了半个小时，都是有关他的组织的，语调充满热情，并且一直在笑着。在杜维诺离开他的办公室前，他还把他组织的一张会员证给了杜维诺。

在交谈过程中，杜维诺一点儿都没有提到卖面包的事，但过了几天，那家饭店的厨师长打电话给他，要他把面包样品和价目表送过去。

那位厨师长在见到杜维诺的时候说："我不知道你做了什么手脚，但你真的把老板说动了！"

后来，杜维诺与这位老板成了无话不谈的好朋友，他说："想想看吧！我缠了那个老板4年，就是想和他做大生意。如果我不建立他的个人小档案，不去用心找出他的兴趣所在，了解他喜欢的是什么，那么我至今也不能如愿。"

建立和善用"交际圈"是一种深刻地了解人，并与之保持有效联系的方式。掌握了这一细节，并善加利用，自然免去了"人到用时方恨少"的苦恼。

其实，为人处世不仅要会建立自己的人际关系网，更要有所侧重地学会筛选自己的人际关系网，使它更有效。

在工作与生活的过程中，搜集与组织关系网其实是有可能的，但试图维持所有关系似乎是不可能的，而想要在现有的人际网络内加进新的人或组织就更加艰难。因此，在组建人际关系网的时候，必须学会筛选。换言之，你必须随时准备重新评估早已变得难以掌握的人际网络；对现有的人际关系网重新整理；放弃你已不再感兴趣的组织和人。

筛选虽然不容易，但仍是可以做得到的。选择本来就是一件很困难的事，结果往往更令人痛苦。然而有句话说得很对：有失才有得。

你衣柜满了，需要清理与调整，以便腾出空间给新的衣服。同样的道理，你的人际关系网也需要经常清理。

国际知名演说家菲立普女士曾经请造型顾问帕朗迪帮她做造型设计。菲立普女士说："整理出来的衣服总共分成三堆：一堆送给别人；一堆回收；剩下的一小堆才是留给自己的。有许多我最喜欢的衣物都在送给别人的那一堆里，我央求帕朗迪让我留下一件心爱的毛衣与一条裙子。但她摇摇头说道:'不行,这些也许是你最喜爱的衣服,但它们却不适合你现在的身份与你所选择的形象。'由于她丝毫不肯让步,我也只得眼睁睁地看着自己的大半衣物被逐出家门。我必须学着舍弃那些已不再适合我的东西,而'清衣柜'也渐渐地成为我工作与生活的指导原则。不论是客户也好,朋友也好,衣服也罢,我们必须评估、再评估,懂得割舍,以便腾出空间给新的人或物。我也常用这个道理与来听演讲的听众分享,这是接受并掌握生活不断变动的一种方法。"

为此,我们在建造人际结构时,就要努力为自己建造一种能够进行新陈代谢的开放性人际结构。而一切使人际结构僵硬化、固定化的态度和方法,都是应当抛弃的。

● 及时修复关系

人在职场犹如人在旅途,总是需要有几个朋友相伴而行,一是可以相互驱赶心头的寂寞,二是在遇到艰难险阻的时候,可以相互帮助,相互鼓励,一起与困难做斗争。但是,不知为什么总有人在告诫职场新人,要他们与同事保持距离,警告他们千万不要发展办公室友谊,并教给他们在办公室内步步为营、暗施巧技、克敌制胜的"职场功夫",一副与公司所有同事不共戴天的样子。其实,职场中人至少有 1/3 的时间与同事在一起,相互之间天生并没有深仇大恨。

过几天就是小王的生日了,小刘作为同学和同事,想给她办一个热闹的生日 Party。小刘在北京一个很有名的歌厅订了一个包厢,生日蛋糕和其他准备工作都做好了,她想到时给小王一个意外的惊喜。但小王从另外一个同学那里得知这事后,找到小刘说自己不习惯去那种地方,所以不愿去那种地方过生日。小刘一听非常生气:"一切都准备好了,怎么办?"小王说:"你自己看着办吧。"听小王这么说,小刘气愤地说:"你怎么这么自私!为了你的生日 Party,我花了钱不说,还费了这么多心血,你怎么一点也不知好歹!"没想到小王只淡淡回了她一句:"是你过生日,还是我过生日?"于是,双方心中的积怨像火山爆发了,她们的友谊也到此结束。

现代职场中也有不少人像小王和小刘一样在热切地追求着友谊,渴望着友谊,但是她们却不懂得该如何呵护这份友情,以至于一点点小事也会导致友情之花的凋谢和枯萎。因而,有人指出,人们应该经营自己的事业一样去经营自己的友谊。

首先,要学会善待和体谅他人,凡事不要过于苛求。

孟子说："爱人者，人恒爱之；敬人者，人恒敬之。"每个人都有自己优点和长处。同样，每个人也都有缺点和弱点。如果你向来注意的是朋友的优点，你就会爱友敬友，对朋友的弱点或过错就能不介意；如果你平时耿耿于怀的是朋友的缺点和不当，你就会什么都不顺心、不满意。

对于血肉之躯的人来说，受人挑剔和轻蔑是不痛快的，只会滋生对抗心理，许多夫妻不睦、家庭不和以及离婚事件，都是源于家人间相互的挑剔和责怪。所以，我们要学会"爱人"、"敬人"的本领，就不要乱挑剔，这也"不是"那也"不是"。和睦相处的秘密就在于彼此尊重对方的弱点。推而广之，要想获得深厚的友谊和建立良好的人际关系，就必须从宽容他人的弱点开始。

水至清则无鱼，人至察则无徒。没有鱼的水是死水一潭，没有朋友的人也是不可想象的。与人交往时，我们必须对朋友的人格独立、人身自由、行动自主，给予足够的尊重。彼此行为协调、关系密切的程度，应由双方的意愿、交往的实际决定，千万不能不顾实际、强求一致。过分地强求，不是违心地改变自己，就是蛮横地改变朋友。前者是愚蠢，后者是霸道。苛求是自设罗网，自缚手脚，只能损友害己，失去友谊，失去朋友，所以人际交往不能苛求什么都相同。

这样看来，如果小王不那么苛求小利，并能体谅小刘为自己的生日 Party 所耗费的很多心血的话，她们的友谊也不至于中断，不过话说回来，如果小刘能够包容小王一些，不至于情绪失控的话，可能她们也不至于走向那么不堪收拾的地步。

古语说：人非圣贤，孰能无过。包容就是不计较，事情过去了就算了。每个人都犯过错，如果执着于其过去的错误，就会形成思想包袱，不信任、耿耿于怀、放不开，这样既限制了自己的思维，对别人也是一种阻碍。

其实，包容还是一种必不可少的品质，一种正确的自我意识的体现。一个人只有正确地认识了自己，才会有包容的胸怀。包容是极高思想境界的升华，是一个人品质的体现，是一种崇高的境界。表面上看，它只是一种放弃报复的决定，这种观点似乎很消极，但真正的包容却是一种需要巨大精神力量支持的积极行为。我国有一位著名心理学家曾经说过："人类心理的适应，最主要的就是人际关系的适应，人类心理的病态，也主要由人际关系的失调而得来。"而人际关系的失调严重伤害人的身体健康，所以必须学会包容。包容得到的收益是人际关系的协调和适应。

有一次，小冯和办公大楼的管理员发生了一场误会，这场误会导致了他们两人之间的彼此憎恨，甚至演变成激烈的敌对态势。这位管理员为了表示他对小冯的不悦，在一次整栋大楼只剩小冯一个人时，他就立即把整栋大楼的电灯全部关掉。这样的事情连续发生了几次后，小冯终于忍无可忍了。

转眼又到了下个周末，小冯刚在桌前坐下，电灯灭了。小冯跳了起来，奔到楼下锅炉房。管理员正若无其事地边吹口哨边添煤。小冯一见到他就不由地破口大骂，直到把所有能想到的骂人的话全骂完了才停下来。这时，管理员站直身体，转过头来，脸上露出开朗的微笑，他以一种充满镇静和柔和的声调说道："呀，你今天晚上有点儿激动吧？"

你完全可以想象小冯当时是一种什么感觉，面前的这个人是一位文盲，有这样那样的缺点，况且这场战斗的场合以及武器都是小冯挑选的。小冯非常沮丧，甚至恨这位管理员恨得咬牙切齿。但是无可奈何。回到办公室后，他好好反省了一下，终于想通了，他感觉没有什么其他的办法了，他只能道歉。

小冯又回到锅炉房。轮到那位管理员吃惊了："你有什么事？"

小冯说："我来向你道歉，不管怎么说，我不该开口骂你。"

这话显然起了作用，那位管理员不好意思起来："不用向我道歉，刚才并没有人听见你讲的话，况且我这么做，只是泄泄私愤，对你这个人我并无恶意。"这样一来，两人竟互生敬意，一连站着聊了一个多小时。

从那以后，小冯和管理员居然成了好朋友。小冯也从此下定决心，以后不管发生什么事，绝不再失去自制力。因为一旦失去自制力，另一个人——不管是一名目不识丁的管理员，还是一位有教养的人——都能轻易地将他打败。

可见，为人处世，赢得友谊，一定要学会控制自己的情绪，包容别人，只有这样才能驾驭自己，赢得别人，以至于赢得世界。

从小冯很好地处理和管理员的矛盾之中，也看出勇于承认自己的错误，向别人道歉带来的益处。在修复关系时，学会恰当地运用一点幽默，可以达到化解尴尬与冲突，与别人和谐相处的目的。

大家都知道丘吉尔那段著名的幽默。有一次，时任英国首相、陆军总司令的丘吉尔去一个部队视察。天刚下过雨，他在临时搭起的台上演讲完毕下台阶的时候，由于路滑不小心摔了一个跟头。士兵们从未见过自己的总司令摔过跟头，都哈哈大笑起来，陪同的军官惊惶失措，不知如何是好。丘吉尔微微一笑说："这比刚才的一番演说更能鼓舞士兵的斗志。"效果的确如丘吉尔所戏言的，士兵们对总司令的亲切感、认同感油然而生，因此更坚定地听从总司令的命令，去英勇地战斗。

可见在人生之中人与人之间发生矛盾、冲突和不快是在所难免的，但是，你可以运用开阔的心胸，去宽容他人；你可以真诚地道歉，去感动他人；你还可以运用幽默，去化解一切的尴尬……因此，只要你以一颗善良、真诚的心灵，去追求和呵护一份友谊，你就能够得到别人友情的回报，真诚地帮助和尊敬，为你的人生之路辅就起成功的桥梁。

● 以诚信赢得人脉

中国人特别崇尚忠诚和信义，因为诚信是为人处世的根本，而"信、智、勇"更是人自立于社会的三个条件。诚信是摆在第一位的。"言必信，行必果"是中国人与他人交往过程中的立身处世的原则。

《论语》上说："信近于义，言可复也。"一个做事做人均无信的人，是很难在社会上立足的，因为人们均不齿于那些言而无信的人，所以孔子说："言而无信，不知其可也。"

某教授学识渊博，气质儒雅，颇令一拨拨青年学子为之倾倒，真可以说是桃李满天下了。在经商潮的冲击下，他也跃跃欲试地兼任了一个什么信息与广告咨询事务所的经理。

一天，某小杂志社的主编经人介绍来到教授家，教授热情而又不失矜持地接待了他，一番寒暄过后，主编道出来意。原来，他们这个小杂志社有心搞一项文化活动，以扩大自己的影响和募集一些资金，想请他出面帮帮忙。

教授仔细询问了一番之后，如同面试学生而感到还算满意似地，微微抬起下颌频频点头："嗯，你们的想法很好，这样搞就对路子了，我愿意帮助那些有作为的年轻人。"接着他又蛮有把握地许诺说："我的学生中现在有许多已经是企业和一些部门的领导了，他们一向很尊重我，也非常关心和支持我现在搞的这桩事业。我请他们搞点赞助、广告什么的，估计不成问题。"

教授一次次很有把握的回话，使主编大喜过望，信心也立时大增，连忙动用各种关系，好话说了千千万，才有一些"德高望重"的名人答应来捧场。

就在主编等着教授许诺肯定能够拉来的赞助款到来，以便发布消息的时候，教授忽然销声匿迹了。各路菩萨都已一一拜到，杂志社不但白白劳神费力搭线，而且从此更会失信于人。

后来，朋友碰到老教授，提起这事，他的两颊不禁泛起了红晕，他叹着气说："唉，为拉赞助，我不知费了多少口舌，跑了多少路，好话说了几十车，把我的老脸都丢尽了！谁知那些人原来说得好好的，什么愿意给文化事业投点资呀，什么您出面我们还有什么可说的……可事到临头，该往外掏钱了，就又都变卦了！这下我可倒好，成了猪八戒照镜子——里外都不是人了！"

可见，失信往往会使一个人陷入困境，也许有人会说，一个善意的谎言是为了解救他人和自己，是一种在困境中的解脱。但是常用这种谎言表达，会使你丧失在人群中的可信度。

当一个人的所有性格特征和承诺一样庄严神圣时，他的一生就拥有比他的职位和成就更伟大的东西——诚实，这比获得财富更重要，比拥有美名更持久。

在19世纪中期有一个正义与诚实的代名词——"亚伯拉罕·林肯"。

在林肯还没有成为总统的时候，他从事过店员这个职业，一次为了把零钱还给一位夫人，摸黑跑了6英里的路，而不是等到下次再找那位夫人，就是这件事体现了林肯诚实的品格，从而使人性中诚实这种高贵的品质被象征地说成"亚伯拉罕·林肯"。

在林肯从事另一个职业——律师的时候，有一次，他在处理一桩土地纠纷案，法庭要当事人预交10000美元，那个当事人一时还筹不到这么多钱，于是，林肯说："我来替你想想办法。"林肯去了一家银行，和经理说他要提10000美元，过两个小时就能归还。经理什么也没说，也没有要林肯填写借据，就把钱借给了他。正是因为林肯诚实的品德，使得经理才如此相信他。

还有一次，林肯得知他的当事人捏造事实、欺骗律师事务所，就拒绝为那人辩护。他对自己说："如果我去了，我就将成为一个说谎者，那是我所不能允许的。"

伊利诺伊州斯普林菲尔德的一名律师是这样评价林肯的，他说："如果没有把握为当事人打赢官司，他就不接案子。法庭、陪审团和检察官也都知道，只要亚伯拉罕·林肯出庭，他的当事人就肯定是正义的一方。我并不是站在政治立场上说这番话的，我和他属于不同的党派，但事实的确如此。"

有一次，林肯的盟友劝说他，只要能获得两个敌对代表团的选票，他就能成为内阁的候选人。但这样就会要林肯违背自己坚持的原则——说不真实的话，林肯拒绝了朋友这种劝说，坚决地说："我不会同人民讨价还价，也不会受制于任何势力。"

因为他追求的是正义、追求的是人格完美。林肯一次又一次地拒绝说谎的诱惑，没有在金钱的引诱下迷失方向，没有为赢得权力而放纵自己。最终成了美国最伟大的总统之一。

讲信用，是做人的基本品德。如清朝人王永彬在《围炉夜话》所说："一个信字是立身之本，所以人不可无也。一信字是接物之要，所以终身可行也。"意思是说诚信是人不可没有的"立身之本"。一个人不讲诚信，周围的人就无法相信他，他在社会上也会受到孤立和谴责。反之，讲信用的人，历来受到社会的赞赏。

也为自己赢得他人的信任，获得了发展的机遇。

一位名牌大学计算机专业毕业的大学生满怀着信心到一家开发游戏软件的大公司应聘。他从中学时代就开始玩计算机，又经过了大学4年的深造，更是如虎添翼。他最感兴趣的就是在计算机上玩游戏。因此，当这家公司录取他时，他高兴得快合不拢嘴了。

上班的第一天，部门经理告诉他说："以后，你每天上班，最好能提前半小时到办公室。"

年轻人很惊讶地问："先生，请问这是为什么？"

经理直截了当地告诉他："打扫办公室的卫生。"

年轻人对此十分不满，也感到非常沮丧。但经理不容分辩地走开了。他无法想象像他这样的一个计算机专业的高才生居然要每天提前到办公室打扫卫生，干如此低等的活！

第二天，他提前来上班了。到了办公室后，他愤愤不平地巡视了一圈，然后坐下来，开始考虑自己在这家公司的前途。当然，他并没有打扫卫生。

片刻后，竟然进来了一位清洁工。

清洁工闷声不响地干完了活，就离去了。年轻人觉得这一切很有意思，也许这是个考验他的圈套，也许是有人忘了通知清洁工今天不用来上班了，反正这一切都显得有些古怪。

接下去的几天，他每天都提前半小时到办公室，而片刻后，清洁工总是如期而至，他始终没有动手打扫卫生。连着一星期都是如此。

一星期后，他去经理办公室汇报工作。工作汇报完毕后，他很坦率地向经理说明了这一星期的"打扫卫生"情况：

"事实上我一天的活都没有干过，因为清洁工总是准时来到办公室，如果这是一个考验我的圈套，我认为毫无必要，作为一家著名的大公司，这样的考试方法并不高明。"

年轻人鼓足勇气说出了这一番话。

经理笑了，说："这是一个误会。这里不存在着你所说的圈套。事情是这样的，你刚来上班时，负责我们办公室卫生的清洁工生病了，当时你的工作还未完全安排好，因此先让你打扫几天办公室的卫生，公司为此将会支付给你工资。这一星期，你干得很出色。"

"但我并没有干，事实是这样，先生，我很抱歉。"年轻人回答说。

"不，你之所以没有干是因为误会。这段时间你每天都提前到办公室，如果不是误会，你会干的。"

"我并不太乐意干这个，我得承认。"

经理又笑了："所有的同事都以为是你干的，包括我在内。只有那位清洁工知道，如果你不说出真相的话。小伙子，你非常诚实。"

年轻人有点迷惑地看着这位态度和蔼的经理，有些不知所措。他站起来准备告辞。

经理走到他面前，告诉他公司已准备将他调往一个比较重要的岗位去工作。

年轻人目瞪口呆，叫道："可我什么都没干啊！这么说这中间还是有一个考验的圈套，是吗，先生？这太荒唐了。"

"不，不，不，小伙子，这里没有你所谓的圈套，有的仅仅是公司管理制度的不够完善。你什么都没干，正如你所说的。但有一点你干了，而且干得很出色，那就是你的主见，还有你的诚信。打扫卫生仅仅是一个误会，但对公司来说，你的诚信，却是一个意外的收获。"

这位年轻人就是美国最著名的计算机软件开发工程师之一——威廉·赫德森。

其实，诚信之所以能带给人意想不到的机遇，很大程度上是因为一个人的诚信博得了他人的尊敬和信赖，这是营造良好的人际关系，使你走出困境，使自己的事业走向成功的一个关键。

李亚丽是某工厂的一名下岗职工，丈夫所在的工厂也不景气，每月只能发300元，加上她的下岗补贴，不足400元，可家里还有两个孩子上学，日子过得非常艰难。

政府为了解决下岗职工再就业的问题，在城区建了一个菜市场，鼓励下岗职工进行自食其力的劳动。

亚丽和丈夫一商量，借了400元钱，再加上家里仅有的100元钱，租了一个菜摊，准备卖菜。

夫妻俩说干就干，第二天就把摊支开了，亚丽跑上跑下，抱着批来的蔬菜，就像抱着自己的第一个儿子一样，心里喜滋滋的。

一天下来，算一算账，赚了12元多，亚丽心里甭提有多高兴了。

然而好景不长。这个位置太偏，人们购菜都不愿跑那么远，于是菜市场就慢慢地冷落了，有时候，一天连一斤菜也卖不出去，亚丽决定第二天就收摊，不再卖菜了。

第二天，快下班的时候，有一个黑黑的中年人，偶尔跑到这里，买了5斤西红柿让亚丽包装好，待会儿再来拿。可是亚丽守着摊什么也没卖，一连等了

5 天，这个人终于来了，亚丽赶忙喊了他，给他西红柿，可一看，西红柿全坏了，于是亚丽拿出口袋里仅有的 5 元钱，去外边买了 5 斤西红柿，交给了中年人。

中年人怔怔地看着亚丽和空空的菜摊，好像明白了什么，轻轻地问："这几天你一直在等我？"

亚丽慢慢地点了点头。

中年人略略思索，麻利地掏出笔在纸片上写着，递给亚丽说："我是附近工厂的伙食长，每天都到城里买菜，往后你就照这个单子每天给我厂送菜吧。"

亚丽惊喜地接过纸片。

从此，亚丽每天就按时给工厂送菜，从而摆脱了家中的困境，生活慢慢好起来。

在这个小故事中，亚丽可以说是因祸得福，而她得福的主要原因，还是归功于她的真诚，正是这样才赢得他人的感情，从而使自己走出窘境。

青年人在生活和工作中要注意不断地培养与他人之间的感情，这样才更利于自身的发展。同事关系就是其中最典型的一种，融洽的同事关系，是成功的要素之一。

人际关系的成长是人生中的一件大事。和谐的人际关系，不但有利于事业的发展，还有利于个人的健康。

要搞好人际关系，就要具备一定的素质。诚信就是其中不可缺少的一项。

● 小事之中见真情

友爱，不光只对朋友，把友爱善意撒向他人，随一份友谊的情缘，同样也会收获一片明媚春光，人间因此更美好，人情因此更温暖。反之，相互仇视就像为了逮一只耗子而不惜烧毁自己的房子，弄得两败俱伤。"人"字是相互支撑的结构，请让我们伸出援手，因为我们彼此都需要对方。

1995 年的圣诞节前夕，16 岁的比利一直忙着扮演帮圣诞老人跟小朋友合照的一个小精灵，以便凑足自己的学费。随着圣诞节的来临，圣诞天地的工作益发繁重，但经理玛丽总在适当的时候给他一个足以鼓舞士气的微笑，使他取得了最好的业绩。为了感谢经理玛丽，比利决定在圣诞夜送一份礼物给她。但下班的时候就 6 点了，当他冲出去时，却发觉周围几乎所有的店都关门了。但比利实在想买个小礼物送给玛丽，虽然他没有多少钱。

回去的路上，比利竟然看到史脱姆百货公司还开着门，于是他以最快的速度冲了进去，来到礼品区。等冲进去后，比利才发现自己跟这里格格不入，因为这个店是有钱人光顾的地方，其他顾客都穿得很漂亮，又有钱，在这个店里，比利怎么指望会有价钱低于 15 元的东西呢？

这时，一位女店员向比利走过来，亲切地询问能否帮他。此时，周围的人都转过头来看他。比利尽可能低声说："谢谢，不用了，你去帮别人吧！"女店员看着他，笑了笑，坚持道："我就是想帮你。"于是，比利只好告诉她他想买东西给谁以及为什么买给她，最后羞怯地承认自己只有 15 元。而女店员呢，似乎很开心，思考了一会儿，就开始动手帮他选。然而百货公司的礼物已所剩无几了，她仔细地挑着，摆成了一个礼物篮，一共花了 14 元 9 分。当一切完成后，商店就要关门，灯已经熄了。

当时，比利站在那里迟疑了一会儿，想着回家怎样才能包装得更漂亮点。女店员似乎猜到了比利在想什么，问他："需要包装好吗？""是。"比利回答。此时，店门已经关了，一个声音在询问是否还有顾客在店里。女店员没有丝毫的犹豫，就走进后场，过一会儿她回来了，带着一个用金色缎带包裹得非常精美的篮子。比利简直不敢相信自己的眼睛，当他向女店员道谢时，她笑着说："你们小精灵在购物中心为人们散播快乐，我只是想给你一点小小的快乐而已。"

"圣诞快乐！"当他把礼物送到玛丽的面前时，她竟欢喜地哭了，比利感到很开心！

一个假期，比利脑海中不断浮现出那个女店员微笑的面容，一想到她的善良以及带给自己和玛丽的快乐，比利总想为她做点什么。能做什么呢？比利唯一能做的就是给百货公司写了一封感谢信。

比利觉得这件事就这么过去了，但一个月后，突然接到芬尼，也就是那个女店员的电话，请他吃顿午餐。当碰面时，芬尼给了比利一个拥抱，一份礼物，还讲了一个故事。

原来，因为这封信，芬尼成了史脱姆百货公司的服务明星。当宣布芬尼得奖时，芬尼很兴奋，也很迷惑，直到她上台领奖，经理朗读了比利的信时，她才恍然大悟，每个人都报以一阵热烈的掌声。

芬尼的照片被放在大厅，而且还得到一个 14K 金的别针和 100 元奖金。然而更棒的是，当她把这个好消息告诉父亲时，父亲定定地看着她说："芬尼，我实在为你骄傲。"芬尼激动地握着比利的手，说："你知道吗？我长这么大，父亲从来没对我说过这句话！"

那个时刻，比利一辈子都记得。它让比利了解到一个微不足道的帮助将会给他人带来多么大的改变。芬尼漂亮的篮子、玛丽的快乐、比利的信、史脱姆百货的奖励、芬尼父亲的骄傲，整件事至少改变了三个生命。当然，更重要的是通过这件小事，对比利来说，他还获得芬尼和玛丽之间真挚的友情。

其实，一个人要想获得别人的友情并不难，只要你能够从小事做起，用点点滴滴的真情去打动他人，相信你最终会赢得真情的回报，历史上有不少大人物都是深谙此道，以此赢得属下的爱戴，使自己顺利渡过难关。

刘邦设计逼走范增后，项羽又羞又愧，命令军士加紧攻荥阳，定要活捉刘邦，碎尸万段，方解心头之恨。

楚军里三层外三层，把荥阳城围得水泄不通。城里粮草即将用尽，破城就在旦夕之间了。凭着现有的军队，要突围而出谈何容易。刘邦急得团团转，谋士陈平束手无策。正在这时，将军纪信进来求见。

纪信的身材长得颇像刘邦。他说："大家都在这里等死，不是办法。请允许我假扮成大王，从东门引开楚军，大王乘机从西门出城，搬取救兵，以胜楚军。"

刘邦觉得纪信这样做太危险，于心不忍。纪信流着泪说："现在不这样做，城破以后，玉石俱焚，我死了又有什么作用？我出城引敌，大王能够脱离危险，全城将士也可获救，如此死了，值得！"他见汉王还在犹豫，拔出佩剑，就要自刎。陈平赶忙拦住，说："将军如此忠义，实在令人钦佩。"又转过头劝刘邦："看来，眼下也就只有这个办法了。"

刘邦两眼垂泪，起身离座，拉着纪信的手说："将军的一片诚心，感天动地。寡人知道将军家中还有老母、妻子和年龄尚幼的子女。以后，将军的母亲，就是寡人的母亲，将军的夫人，就是寡人的弟妹，将军的子女，也由寡人替你抚育……"刘邦说着说着，已泣不成声。陈平也眼圈发红。

半夜时分，陈平招来两千名年轻妇女，一律穿上汉军戎服，装扮成汉军兵士。纪信身着汉王衣冠，乘坐覆盖着黄绢的专车，打着汉王的大旗。一切准备妥当，三声炮响，荥阳城东门大开，一行人拥着"汉王"，徐徐出城。城上的汉军齐声呐喊："我们的粮食吃光了，汉王愿意投降！"

守在城南、城北和城西的楚军纷纷围过来看热闹。他们连年作战，终于盼到了胜利的这一天。

项羽也赶到东门。他用手撩开车帘，请"汉王"出来相见。哪知，车上坐的根本不是刘邦，随行的汉军，也全是女的。再次受到愚弄的项羽气得两眼喷火，厉声责问纪信："汉王究竟在哪里？"

纪信不慌不忙，用手朝后边指了指，说："我出东门的时候，汉王已经从西边出城了。"项羽还要再问，纪信却闭上眼睛。项羽下令："架起柴火，烧死他！"

熊熊烈火里，传出纪信豪放的大笑声。

这一次，刘邦总算死里逃生，两行热泪以及几句催人泪下的话，赢得了纪信的忠心，保住了身家性命。

古语说："感人心者，莫过于情。"人们在做出某种决定时，事实上是依赖人的感情和五官的感觉来进行判断的，也就是说感情可以突破难关，更能诱导反对者变成赞成者，这是潜在心理术的突破点。

尼克松 1952 年被共和党提名为副总统候选人，竞选期间，突然传出一个谣言，《纽约邮报》登出特大新闻："秘密的尼克松基金！"开头一段说，今天揭露出有一个专为尼克松谋经济利益的"百万富翁俱乐部"，他们提供的"秘密基金"使尼克松过着和他的薪金很不相称的豪华生活。尼克松对此本不想理睬，然而，候选人的"清白"问题是个敏感的"公共事务"，它是不会轻易被人忘掉的，加上对手的有意利用，谣言越传越凶。民主党人举着大标语："给尼克松夫妇冰冷的现钱！"在波特兰，示威者全力出动，聚在一起向尼克松扔小钱，扔得那样凶，逼得他在车上低下头……不认真对待不行了，尼克松决定发表电视演说，他在电视演说中叙述了那笔经费的来源和使用情况，还宣读了会计师和律师事务所的独立证词，解释基金是完全合法的。

尼克松非常明白，不利舆论已经气势汹汹，单靠说明"这件事"的真相是远远不够的。他要公布他的全部财务状况来证明自己的清白。他从青年时期开始，说到当前，最后总结说："我现在拥有一辆用了两年的汽车、两所房子的产权、4000 元人寿保险、一张当兵保险单。没有股票，没有公债。他还欠着住房的 3 万元债务，银行的 4500 元欠款，人寿保险欠款 500 元，欠父母 3500 元。"

"好啦，差不多就是这么多了，"尼克松说，"这是我们所有的一切，也是我们所欠的一切。这不算太多。但帕特（尼克松夫人）和我很满意，因为我们所拥有的每一角钱，都是我们自己正当挣来的。"当时，他无疑已把广大听众争取过来了。

为了借此机会进一步地加深与公众的感情，赢得大多数的支持，尼克松将演说的现场设在了书房，出场人物是尼克松和夫人帕特、两个女儿及一条有黑白两色斑点的小花狗，大家相拥而坐，表现出一个充满温暖的中上等幸福家庭。对听众谈话时，尼克松也不时看着妻、女、爱犬，"还有一件事情，或许也应该告诉你们，因为如果我不说出来，他们也要说我一些闲话。在提名（为候选人）之后，我们确实拿到一件礼物。德克萨斯州有一个人在无线电中听到帕特提到我们两个孩子很喜欢要一只小狗，不管你们信不信，就在我们这次出发做竞选旅行的前一天，从巴尔的摩市的联邦车站送来一个通知说，他们那儿有一件包赛给我们，我们就前去领取。你们知道这是什么东西吗？"

"这是一只西班牙长耳小狗，用柳条篓装着，是他们从德克萨斯州一直运来的——带有黑、白两色斑点。我们 6 岁的小女儿特丽西娅给它起名叫'切克尔斯'。你们知道，这些小孩像所有的小孩一样，喜欢那只小狗。现在我只要说这一点，不管他们说些什么，我们就是要把它留下来！"

美国人爱狗是有名的，尼克松得到的唯一礼物就是一只小狗，何况那是送给 6 岁女儿的，为了孩子，这是他唯一要"保卫"的东西。还有比这更富于人情味的吗？还有比这更与普通选民情感相通的吗？何况，那只可爱的小花狗正依偎在 6 岁女儿的怀里呢……

说变就变！支持的电报和信件雪片般飞来，尼克松出色地利用舆论——以其人之道还治其人之身，抬高了自己的身价，化解了危机，赢得了民众的支持。

这件事充分说明了"小事见真情"的道理。因此，我们在为人处世的过程中，要想赢得他人的好感，就不要吝惜在细微的小事中抛洒真情，施予爱心，相信你定能收获无数的友爱之情，无怪乎人们常说："得人心者得天下。"最起码，你的一份真情，定能获得他人的一份真心的回报，即使不在今天，也将在不远的未来。

● 结交贵人，和成功者在一起

我们在阅读名人传记时，会发现这些成功的人士背后都有深厚的社会背景，查一查这些科学界、政治界、金融界的名人家谱，都可以看到周围雄厚的人脉资源和政治资本。实际上，有许多的人际关系就在我们身边，只是有许多人不知道去利用这些贵人罢了。

人类是以社会形态生存着的，在我们每个人的一生中都会有很多朋友，他们在各行各业占有一席之地，也许某天就成为我们自己的贵人。贵人是根据我们发展的不同阶段而变换的。因此，我们需要建立一个良好的关系网，来帮助我们寻求不同阶段的不同贵人。有时候，你距离目标只有一步之遥，而关键就在于你能否找到实现目标的资源。克富洛夫说："现实是此岸，理想是彼岸，中间隔着湍急的河流，行动则是架在河上的桥梁。"现代社会里，人脉又是行动必需的桥梁。如果我们想要把"也许伟大"的想法付诸行动，就必须寻找贵人的帮助。

特别是你在创业中，或是事业正处于成功的前夕，遇到了困难或是意外的事，已远远超出你的能力范围，你面临的或是不能继续创业，或是已付出的精力、财力的事业将半途而废，这时，如果有贵人帮你一把，你就能获得成功。瓦特发明蒸汽机的事例充分说明了成功是离不开贵人相助的：

瓦特是世界公认的蒸汽机发明家。他发明的蒸汽机是对近代科学和生产的巨大贡献，具有划时代的意义，它导致了第一次工业技术革命的兴起，极大地推进了社会生产力的发展。

1736 年，瓦特出生在英国苏格兰格拉斯哥市附近的一个小镇格里诺克。1756 年，他来到格拉斯哥市，想当一名修造仪器的工人。由格拉斯哥大学教授台克介绍，他才进入格拉斯哥大学当了修理教学仪器的工人。这所学校拥有较为完善的仪器设备，这使瓦特在修理仪器时认识了先进的技术，开阔了眼界。此阶段，他对以蒸汽做动力的机械产生了浓厚的兴趣，开始收集有关资料。为此，他还特意学会了意大利文和德文。在大学里，他认识了化学家约瑟夫·布莱克等人，并从他们那里学到了很多科学理论知识。

1764 年，学校请瓦特修理一台纽可门式蒸汽机。在修理的过程中，瓦特熟悉了蒸汽机的构造和原理，并且发现了这种蒸汽机的两大缺点：活塞动作不连续而且慢；蒸汽利用率低，浪费原料。以后，他开始思考改进的办法。直到1765 年春天，一次散步时他想到纽可门蒸汽机的热效率低是蒸汽在缸内冷凝造成的，为什么不能让蒸汽在缸外冷凝呢？他产生了采用分离冷凝器的最初设想。同年，他设计了一种带有分离冷凝器的蒸汽机。从理论上说，他的这种蒸汽机优于纽可门蒸汽机，但要变为实在的蒸汽机，还要走很长的路。他辛辛苦苦地造出了几台蒸汽机，效果反而不如纽可门蒸汽机，甚至四处漏气，无法开动。耗资巨大的试验使他债台高筑，但他没有在困难面前却步，而是继续进行试验。

当布莱克知道瓦特的奋斗目标和困难处境时，他把瓦特介绍给了化工技师罗巴克。罗巴克在苏格兰的卡隆开办了一座规模较大的炼铁厂，并对科学技术的新发明倾注着极大的热情，非常赞许瓦特的新装置，大力赞助瓦特进行新式蒸汽机的试制。从 1766 年开始，在 3 年多里，瓦特克服了在材料和工艺等方面的困难，1769 年研制出了第一台样机。同年，瓦特因发明冷凝器而获得他在革新纽可门蒸汽机的过程中的第一项专利。第一台带有冷凝器的蒸汽机试制成功了，但它同纽可门蒸汽机相比，除了热效率有显著提高外，在作为动力机来带动其他工作机的性能方面仍未取得实质性进展，即这种蒸汽机还是无法作为真正的动力机。

由于瓦特的这种蒸汽机仍不够理想，销路并不广。当瓦特继续探索时，罗巴克已濒于破产，他将瓦特介绍给了工程师兼企业家博尔顿，以使瓦特能得到赞助，继续进行研制工作。博尔顿是位能干的工程师和企业家。他对瓦特的创新精神表示赞赏，并愿意赞助瓦特。

　　博尔顿经常参加社会活动，他是当时伯明翰地区著名的科学社团"圆月学社"的主要成员之一。参加这个学社的人大多都是本地的一些科学家、工程师、学者以及科学爱好者。经博尔顿介绍，瓦特也参加了"圆月学社"。在"圆月学社"活动期间，由于与化学家普列斯特列等人交往，瓦特对当时人们关注的气体化学与热化学有了更多的了解，更重要的是，"圆月学社"的活动使瓦特进一步增长了科学见识，活跃了科学思想。

　　瓦特自与博尔顿合作之后，在资金、设备、材料等方面得到大力支持。他又生产了两台带分离冷凝器的蒸汽机。由于没有显著的改进，这两台蒸汽机没有得到社会的关注。这两台蒸汽机耗资巨大，使博尔顿也濒临破产，但他仍然给瓦特以慷慨的赞助。在他的支持下，瓦特以百折不挠的毅力继续研究。自 1769 年试制出带有分离冷凝器的蒸汽机样机之后，他已看出热效率低已不是他的蒸汽机的主要不足，活塞只能作往返的直线运动才是它的根本局限。1781 年，他仍然参加圆月学社的活动，也许在聚会中会员们提到天文学家赫舍尔在当年发现的天王星以及由此引出的行星绕日的圆周运动启发了他，也许是钟表中齿轮的圆周运动启发了他，他想到了把活塞往返的直线运动变为旋转的圆周运动就可以使动力传给任何工作机。同年，他研制出了一套被称为"太阳和行星"的齿轮联动装置，终于把活塞往返的直线运动转变为齿轮的旋转运动。为了使轮轴的旋轴增加惯性，使圆周运动更加均匀，他在轮轴上加装了一个火飞轮。由于对传统机构的这一重大革新，他的这种蒸汽机才真正成为能带动一切工作机的动力机。1781 年底，他以发明带有齿轮和拉杆的机械联动装置获得第二个专利。

　　1782 年，瓦特试制出了一种带有双向装置的新汽缸，由此获得了他的第三项专利——把原来的单汽缸装置改装成双向汽缸，并首次把引入汽缸的蒸汽由低压蒸汽变为高压蒸汽。这是他在改进纽可门蒸汽机过程中的第三次飞跃。通过这三次技术飞跃，纽可门蒸汽机完全演变为了瓦特蒸汽机。

　　从最初接触蒸汽技术到蒸汽机研制成功，瓦特走过了二十多年的艰难历程。他虽然多次受挫、屡遭失败，但他仍然坚持不懈、百折不挠，在布莱克、罗巴克、博尔顿等贵人的鼎力帮助下，终于完成了对纽可门蒸汽机的三次革新，使蒸汽机得到了更广泛的应用，成为改造世界的动力。

　　1784 年，瓦特以带有飞轮、齿轮联动装置和双向装置的高压蒸汽机的综合组装取得了他在革新纽可门蒸汽机过程中的第四项专利。1788 年，他发明了离心调速器和节气阀，1790 年，他发明了汽缸示工器。至此，他完成了蒸汽机发明的全过程。

由瓦特发明蒸汽机的经历，非常清楚地看到贵人不可或缺的作用。处于奋进或创业或困境中的你、我、他，此时想：要是遇上贵人，那该多好呀！因为有贵人相助，可以尽早尽好地取得成功。但客观的事实表明，不是你想遇上贵人，贵人就会出现。

相逢贵人需要机遇，但是如若你有机会相识贵人，也一定要把握好机会，善于与之相交，才能在人生之中获得贵人的帮助，让自己的命运从此得以改变。

结交贵人需要机遇，但机遇不是侥幸得来的，由学徒发展成洲际大饭店总裁的罗拔·胡雅特，他的经历有很多值得相信"机遇"的青年人仔细回味的地方。

胡雅特是法国知名的观光旅馆管理人才。可是他当年初入这行时，不仅对这一行懵懂无知，而且还是带着几分勉强的心理。因为那完全是他母亲一手安排的，胡雅特一点也不感兴趣，但也没有反对的意思，只是浑浑噩噩的。这样的工作方式，当然谈不上机遇不机遇。

刚进去的时候，胡雅特很不适应，便想离开，但他母亲认为，抱着怜悯自己、同情自己的心理，改变主意，以后就会形成习惯，一遇到困难就打退堂鼓，最终将会一事无成。胡雅特最后还是回到训练班，结果以第一名的成绩毕业，并侥幸进入罗浮的关系企业——巴黎柯丽珑大饭店。

胡雅特进去是当侍应生，但他知道，观光大饭店，接待的是各国人士，必须有多种语言的能力，才能应付自如。于是，他在工作之余，开始自修英语。3年之后，柯丽珑大饭店要选派几个人到英国实习，胡雅特被录取。

在英国实习一年回来后，胡雅特由侍应生升为了领班。接着，就获得一个机会到德国广场大饭店实习。胡雅特到德国后不久，正赶上20世纪30年代的经济不景气，观光旅客的人数跟着锐减，大饭店的经营非常不容易。他利用广场大饭店过去旅客的资料，动脑筋设计出一些内容不同的信函，分别寄给旅客，使广场大饭店平稳地渡过了这段艰苦的时期。他这些函件，其中有400多封，直到现在还有不少观光企业用它来作为招揽客人的范本。

这时候，胡雅特已经具备英、德、法三种语言能力，但一直没有机会去美国看看，于是决定请假自费到美国看一看。经理却决定特准予他公假，以公司名义派他去美国考察，一切费用公司承担。

胡雅特一到美国就去拜见华尔道夫大饭店的总裁柏墨尔，并把经理的亲笔信交给他，请他给自己一个见习机会，并要求从基层做起。

胡雅特真的从擦地板开始做起。胡雅特的做法，给他带来了好运。

有一天，华尔道夫的总裁柏墨尔到餐厅部来视察，看到胡雅特正在爬着擦地板。他跟这位来自法国的青年见过一面，印象颇为深刻，见他在擦地板，不禁大为惊讶。

"你不是法国来的胡雅特么？"柏墨尔走过去问。

"是的。"胡雅特站起来说。

"你在柯丽珑不是当副经理吗？怎么还到我们这里擦地板？"

"我想亲自体验一下，美国观光饭店的地板有什么不同。"

"你以前也擦过地板吗？"

"我擦过英国的、德国的、法国的，所以我想尝试一下擦美国地板是什么滋味。"

"是不是有什么不同？"

"这很难解释，"胡雅特沉思着说，"我想，如果不是亲自体会，很难说得明白。"

柏墨尔的眼睛里，突然闪起一道亮光，用力注视了他半天，才说："你等于替我们上了一课，罗拔，下班后，请到我办公室来一趟。"

这次的相遇，使胡雅特进入了美国的观光事业。自此以后，胡雅特的事业蒸蒸日上，一直干到洲际大饭店的总裁；手下有64家观光大饭店，营业遍及45国。

从这些知名人士的身上，我们能够发现一种优良的品质：即善于创造机遇，主动结交朋友。其实，在现代社会，如果能够不断地扩大自己的交际圈，并且结交贵人的话，对于一个人的事业的发展将是大有益处的。

第 ⑦ 章

注重细节，决胜职场

职场无小事，事事关大局。对于每一个拼搏的职场中人来说，如果能够留心每一个细小的问题，总是会比别人多一些机会，少一些遗憾。

● 不要忽视一张简历的威力

有人说，职场无小事，此话不虚，尤其是对于那些刚踏入职场的新人来说，求职面试就是必经的一道关卡，如果能够充分重视面试中任何一个细小的环节，不放过任何一个细微的机会，那你一定会在面试中脱颖而出，顺利地获得自己想要的工作。

但是，也有一些人因为忽略求职中的小事，比如说一张简历，而毁掉了自己大好的工作机遇。曾有报道说，武汉某大学应届毕业生陈某因为一份简历而使他在应聘时栽了跟头。

事情的经过是这样的：参加招聘会的那天早上，小陈不慎碰翻了水杯，将放在桌上的简历浸湿了。为尽快赶到会场，小陈只得将简历简单地晾了一下，便和其他东西一起，匆匆塞进背包。

在招聘现场，小陈看中了一家深圳房地产公司的广告策划主管岗位。按照这家企业的要求，招聘人员将先与应聘者简单交谈，再收简历，被收简历的人将得到面试的机会。

轮到小陈时，招聘人员问了小陈三个问题后，便向他要简历。小陈掏出简历时才发现，简历上不光有一大片水渍，而且放在包里一揉，再加上钥匙等东西的划痕，已经不成样子了。小陈努力将它弄平整，递了过去。看着这份伤痕累累的简历，招聘人员的眉头皱了皱，还是收下了。那份折皱的简历夹在一叠整洁的简历里，显得十分刺眼。

三天后，小陈参加了面试，表现非常活跃，无论是现场操作PHOTOSHOP，还是为虚拟的产品做口头推介，他都完成得不错。在校读书时曾身为学校戏剧社骨干社员的小陈，还即兴表演了一段小品，赢得面试负责人的啧啧称赞。当他结束面试走出办公室时，一位负责的小姐对他说："你是今天面试者中最出色的一个。"

然而，面试过去一周后，小陈依然没有得到回复。他急了，忍不住打电话向那位小姐询问情况。小姐沉默了一会，告诉他："其实招聘负责人对你是很满意的，但你败在了简历上。老总说，一个连简历都保管不好的人，是管理不好一个部门的。"

也许，你会为小陈感到惋惜，也许你会认为招聘负责人太苛刻，但职场就是如此，它青睐关注细节的人，因为这关系到一个人的工作态度，甚至说素质和修养等一系列的问题，可以说，小事不小，所以对于那些求职的刚跨出校门的年轻人，一定不要忽略细节的威力。

有一批应届毕业生22个人，实习时被导师带到北京的国家某部委实验室里参观。全体学生坐在会议室里等待部长的到来，这时有秘书给大家倒水，同学们表情木然地看着她忙活，其中一个还问了句："有绿茶吗？天太热了。"秘书回答说："抱歉，刚刚用完了。"有一个名叫李悦的学生看着有点别扭，心时嘀咕："人家给你倒水还挑三拣四的。"轮到他的，他轻声说："谢谢，大热天的，辛苦了。"秘书抬头看了他一眼，虽然这是很普通的客气话，却是她今天听到的唯一一句。

门开了，部长走进来和大家打招呼，不知怎么回事，静悄悄的，没有一个人回应。李悦左右看了看，犹犹豫豫地鼓了几下掌，同学们这才稀稀落落地跟着拍手，由于不齐，越发显得零乱。部长挥了挥手说："欢迎同学们到这里来参观。平时这些事一般都是由办公室负责接待，因为我和你们的导师是老同学，非常要好，所以这次我亲自来给大家讲一些有关情况。我看同学们好像都没有带笔记本，这样吧，杜秘书，请你去拿一些我们部里印的纪念手册，送给同学们作纪念。"接下来，更尴尬的事情发生了，大家都坐在那里，很随意地用一只手接过部长双手递过来的手册。部长脸色越来越难看，走到李悦面前时，已经快要没有耐心了。就在这时，李悦礼貌地站起来，身体微倾，双手接住手册恭敬地说了一声："谢谢您！"部长闻听此言，不觉眼前一亮，伸手拍了拍李悦的肩膀："你叫什么名字？"李悦从容作答，部长微笑点头回到自己的座位上。导师看到此景，微微松了一口气。

两个月后，毕业分配表上，李悦的去向栏里赫然写着该部委实验室。有几位颇感不满的同学找到导师："李悦的学习成绩最多算是中等，凭什么选他而没选我们？"导师看了看这几张尚属稚嫩的脸，笑道："是人家点名来要的。其实你们的机会是完全一样的，你们的成绩甚至比李悦还要好，但是除了学习之外，你们需要学的东西太多了，修养是第一课。"

可见，小事体现大品质，李悦的成功看似是缘于几个很微小的细节，但其中却能展现出一个人的综合素质和修养，无怪乎被部长钦点。其实，在面试之中，对于招聘的单位来说，他们不仅仅要考虑应聘者的专业素质，而且还要全面考察他人的人格和品质。无独有偶的还有这样一件事。

彦龙拿着自己公开发表的十几万文字作品满街寻找工作，因为文凭太低又不善言辞，不断地碰壁。庆幸的是，一家广告公司让他去复试。笔试中，他从几十名应聘者中脱颖而出。最后总经理面试，在等待的过程中，他不由得自卑起来。总经理并非想象得那么严肃，挺年轻的，三十多岁，很友善。

总经理让他坐下后问道："如果你进入广告圈，该从何做起呢？"

"做人。"他不假思索地回答。

"以前看过一些广告方面的书吗？"

"看过。"

"广告界前辈卫斯的作品如何？"

他从脑海中苦苦地思索了一会，奥格威、贝拉……就是没有卫斯这个前辈的印象（后来他才知道这个前辈是老总随意杜撰的）。他只好回答："这个前辈的作品我没能读过。"

接下来的许多问题他虽都有似曾相识的印象，但就是不知怎么具体回答，只好千篇一律地回答："不知道。"

第二天，他背起行李准备浪迹天涯。在去车站的途中，总经理给他打了传呼："你已经被公司正式聘用，请你3日之内到公司报到。"

后来，在一起闲聊时，他问老总："当初面试时，你问我的许多问题我都回答不上来，为何你还录用我？"

老总微笑着对他说："你的才华从笔试中我已充分感触到，但你的为人我却不了解。其实我问的许多问题都是假的，我期望最好的答案是不知道，这就是诚实，我不需要不切实际、夸夸其谈的人在我身边。"

如此看来，这面试中的学问可谓大矣，你既要关注自己身边的一切小事，做好每一个细节，又要不放过每一个可以展现自己的好机会，此外，具有一个诚实可信的品质，即敢于说真话，也会让你在面试中获得意外的惊喜。在一家美资企业工作的王先生就曾有过类似的经历。

面试中，当王先生同公司企划部经理和生产部经理简单交流后，财务经理走了进来。他一开口就问："你的薪酬要求是多少？"说："我没有要求，按公司标准就可以了。"他摇摇头说："很遗憾。我们需要的是精英而不是混饭吃的人。你不对公司提薪酬要求，公司怎么对你提工作要求？"

他说着站起来准备离去。这时，王先生猛地站起来，说："等等，我要求月薪 5000 元以上。"

他点了点头，给了王先生同总经理面试的机会。

当王先生去见总经理时，他正在打电话。招呼王先生坐下后，他一边打电话一边示意他帮他拿一个红色的文件夹。王先生站起来，走向文件柜，拿出一个红色文件夹递给了他。这时，他突然说："面试结束了，你可以走了。"

王先生一时弄得晕头转向，不知所措，便问他为什么？

他说："你犯了 3 个错误。首先，文件柜里共有 5 个红色文件夹，你问都没问该拿哪个就随便拿了一个；其次，客户正在等我的回话，你应该以最快的速度跑向文件柜；最后，在你拿到文件夹的同时应该问我需要什么数据，翻开找到它们后再递给我。现在人才齐齐（济济），我们当然要招各方面都优秀的。"

王先生一听，知道自己没戏了。临走时，王先生对这个美国人说："请问，人才'齐齐'是什么意思？"他笑着说："不是人才很多的意思吗？"王先生笑着说："我提醒您不要乱用汉语的词。中国话里没有人才'齐齐'，只有人才'济济'！"

第二天，王先生意外地接到了电话，他们聘用王先生了。两个月后，王先生成为这家公司的正式职员。

事后，王先生问总经理，当初为什么会选择他。他微笑着说："小伙子，虽然当时你很多素质都还不出色，但是个可塑之才。"

王先生问为什么。他说："一般的应聘者，在主考官跟他说'很遗憾'之后，都会灰溜溜地站起来离开。而你不一样，你在别人说 NO 之后，仍然去争取。你还敢于指出上司的错误。"说完，他哈哈大笑了起来。

这次面试王先生获得的最大收获是：保持自信，敢于说出对公司的要求；坚持到底，不到最后不言放弃；敢说真话。

看起来，在求职面试中，应聘者并不是一个完全被动者，虽然看似招聘单位占据着着主导优势，但是在一个短短的面试当中，即使一个小动作、一句话语，也会让主考官眼前一亮，成为面试者反败为胜的绝好的机遇。因此说，面试中并无技巧可言，有的只是你的细心，你的态度和你的为人。

● 重视细小的规章制度

在办公室里，往往会有一些规章制度挂在墙上，或印成小册子。作为一名职员，应该时时事事遵守这些规章制度。公司制度是企业的秩序和规范，是确保企业有效健康运行的法则，如果法则遭到破坏，就会扰乱公司的正常秩序，企业的健康发展就会受到影响。员工严格遵守公司制度，有利于公司的正常运行。

玛丽·凯在阐述她的做法时说："我每次遇到员工不遵守纪律时，都采取一种与他人十分不同的处理方法。我的第一个行动，是同这个员工商量，采取哪些具体措施以改进工作。我提出建议并规定一个合情合理的期限。这样，也许会获得成功。不过，如果这种努力仍不能奏效，那我必须考虑采取对员工和公司可能都是最好的办法。当我发现一个员工不遵守纪律、工作老出差错时，就决定不要他！因为遵守纪律没商量余地。"

任何企业的各项规章制度都不能成为摆设，公司常以有效的手段保证其得以贯彻落实，一旦发现有人违规犯戒，就会受到惩处，绝不姑息迁就。有责任是一种生活态度，不负责任也是一种生活态度，作为企业的一名员工，有责任遵守公司的一切规定。当你违背了公司的规定但却没有足够的理由，形式上的惩罚并不能掩盖你对自身责任的漠视。

对于许多职场新人来说，不能说他们不关心所在公司的规章制度，但是，他们更关注的似乎是公司的工资福利和可用资源，如休假、奖金发放、出差标准及补贴、医疗保险等等。应该说，作为工薪一族，你关注这些没错，而且是应当的，不过，作为一个职场新人，你光关注这方面的东西还不够，还必须了解公司在劳动纪律、奖惩等方面的各种规章制度。其实，只要是具备一定管理水平的公司，在对新员工进行职前培训的时候，大都会全面地介绍公司的各种规章制度，只是一些职场新人对这方面的问题心不在焉罢了。

小文进一家外企不久。这天下午她有些发困，于是到咖啡间用纸杯给自己冲了一杯咖啡。喝完之后，她把纸杯扔到垃圾桶里。小文用纸杯冲咖啡的事被人看见了，于是，下班之前她的上司把她叫了过去，说喝咖啡的纸杯是专供客人使用的，公司员工喝咖啡只能自备杯子。如果她下次再用纸杯喝咖啡，就按规定罚款，从薪水里扣。从上司的办公室出来，小文实在不理解，就这么一个几分钱的小纸杯，为什么要这么小题大做？

的确，在小文看来，一个纸杯子没什么大不了的，上司没有必要把此事看得那么严重。但是，从整个企业的角度来看，一个小纸杯代表着公司的规章制度，绝不是可以随意忽略的小事。

要知道一颗卫星送上天的过程中，同样也有很多细致的准则做监督，只有按照这些细致的准则行动，卫星才能摆脱地球的引力，安全独立地围绕地球旋转。

这些准则正如同公司的纪律和规章制度，没有它们的存在，一个企业很难正常地运作和发展。

古语中说：无以规矩，不成方圆。这其中的深意值得每个企业和员工认真思索。

让我们来看一下关于一个海盗的故事吧！

在罗伯茨的海盗生涯中他总共抢劫了400多条船，他有着非常复杂的人格内涵，首先和别的海盗不一样，他从不喝烈酒，只喝淡茶，他还是一个非常注重章程的人，有一份罗伯茨制定的船规是这样写的：

（1）对日常的一切事务每个人都有平等的表决权。

（2）偷取同伙的财物的人要被遗弃在荒岛上。

（3）严禁在船上赌博。

（4）晚上8点准时熄灯。

（5）不佩带不干净的武器，每个人都要时常擦洗自己的枪和刀。

（6）不许携带儿童上船，勾引妇女者死。

（7）临阵逃脱者死。

（8）严禁私斗，但可以在有公证人的情况下决斗，杀害的同伴的人要和死者绑在一起扔到海里去（皇家海军也有类似规定）。

（9）在战斗中残废的人可以不干活留在船上，并从"公共储蓄"里领800块西班牙银币。

（10）分战利品时，船长和舵手分双份，炮手、厨师、医生、水手长分一又二分之一份，其他有职人员分一又四分之一份，普通水手每人得一份。

在其他的海盗船也有类似的规定，但执行最严格的就是罗伯茨，由于这种行为和纪律，他获得了"黑色准男爵"的绰号，这份海盗的"十戒律"用后世历史学家的话说洋溢着"原始的民主主义"。

这就是所谓的"盗亦有道"。对于一个海盗来说，都有如此严格的规章制度，那么对于一个企业来说，任何一个细小的规章制度都是不容易忽视的，否则，任何后果只有自己来承受。

现在许多职场新人在违犯了公司的规章制度后，总是喜欢用"我不知道"

或"我不是故意的"为自己开脱。作为初犯，公司可能会原谅你，但即便如此，你也给上司和同事留下了不良的印象。如果你老是对公司的一些规章制度视而不见的话，则有可能哪天你被公司炒了鱿鱼，自己还蒙在鼓里。

曾经有一位重点大学的高才生应聘来到了一家国内大型的传媒公司。虽然公司的规章制度中明确规定：公司任何员工在夏天上班时间不得穿着休闲短裤和拖鞋等，但他依然时常违反规定，穿着这一类衣服在公司中穿梭亮相，公司中的主管多次警告他说：一定要注意遵从公司着装的礼仪，否则会影响公司对外的形象。但他心想："我只要有能力做好自己的本职工作就行了，至于穿衣那是我个人的私事，别人无权干预。"于是，他依然我行我素，不久之后，他突然接到公司经理打来的电话，通知他已被公司解聘。

他心中十分懊恼，气冲冲地跑到经理室来理论，没想到经理很平静地解释道，解雇他，不是因为他的能力，而是因为他始终不能遵从公司的规章制度，尤其是着装，因为他们公司绝对不容许迎一个不遵从公司内部规章制度的人存在。此时，他才真正意识到了自己不遵从公司纪律付出的惨重代价。

作为一名员工，既然来到了一家企业和公司，就要无条件地遵守它内在的企业文化、公司的规章制度，也就是要遵循所谓的"游戏规则"，如果哪一位员工不信奉这一规则的话，那只有被迫放弃参与游戏的权利了。

正所谓存在的就是合理的，公司的规章制度是企业的秩序和规范，是确保企业有效健康运行的法则，如果法则遭到破坏，就会扰乱公司的正常秩序，企业的健康发展就会受到影响。作为员工自然有义务严格遵守公司制度，这将有利于公司的正常运行。

追究根源，任何一位遵从组织纪律的优秀员工，都是一位善于自律的人，一位自我管理、自我负责的人。

自律，即自己给自己一个纪律。那就是说自己是自己的老师，是一个自我推动者、自我塑造者、自己的跟随者。你必须在思想上认定没有人能够比你更好地教你自己，没有人比你自己更值得你去跟随，没有人能比你能更好地改正你自己。

服务于英国警界30多年的尼格尔的自律是一以贯之的。无论是在工作上，还是生活上，他都是一个严以律己的人。有一次，他的母亲在公园散步时擅自摘取花朵，作为帽饰，当他发现后毫不留情地把母亲拘控。不过，罚款定了以后，他立刻替母亲交付那笔罚款。他解释说："她是我母亲，我爱她，但她犯了法，我有责任像拘控任何犯法的人一样拘控她……"

尼格尔是令人敬佩的，但世界上这样自律之人毕竟只是极少数，否则他也不可能荣获"世界最诚实警察"的美誉了。

只有能够严于律己的人，才是能够遵守一切纪律的人，也才是现代企业所苦苦寻求的那种视服从纪律为生命，拒绝一切借口去执行的罗文式的优秀员工。

纪律是事业成功的保证，一个员工只有遵守纪律，才可能在企业中得以生存和发展，毕竟任何自由都是有限制的自由，绝对的自由不存在；一个企业只有具有了遵守纪律的员工，才可能有强大的凝聚力、战斗力和进取精神，所以无论企业发展还是一个人成功，都需要纪律，而且必须是无条件地，没有任何借口地服从这些纪律！

● 多做一些，工作大不一样

在职场上，常常有这样的员工，他们认为只要把自己的本职工作干好就行了。对于老板安排的额外的工作，不是抱怨，就是不主动去做。这样的员工，自然不会获得升职加薪的机会。

在柯金斯担任福特汽车公司总经理时，有一天晚上，公司里因有十分紧急的事，要发通告信给所有的营业处，所以需要全体员工协助。不料，当柯金斯安排一个做书记员的下属去帮忙套信封时，那个年轻的职员傲慢地说："这不是我的工作，我不干！我到公司里来不是做套信封工作的。"

听了这话，柯金斯一下就愤怒了，但他仍平静地说："既然这件事不是你的分内的事，那就请你另谋高就吧！"

这个青年因为不愿做分外的事，而失去了工作。

一个员工，要想纵横职场，取得成功，除了尽心尽力做好本职工作以外，还要多做一些分外的工作。这样，可以让你时刻保持斗志，在工作中不断地锻炼自己，充实自己。当然，分外的工作，也会让你拥有更多的表演舞台，让你把自己的才华适时地表现出来，引起别人的注意，得到老板的重视和认同。

安妮是一家公司的秘书。安妮的工作就是整理、撰写、打印一些材料，安妮的工作单调而乏味，很多人都这么认为。

但安妮不觉得，安妮觉得自己的工作很好，安妮说："检验工作的唯一标准就是你做得好不好，不是别的。"

安妮整天做着这些工作，做久了，安尼发现公司的文件中存在着很多问题，甚至公司的一些经营运作方面也存在着问题。

于是，安妮除了每天必做的工作之外，她还细心地搜集一些资料，甚至是过期的资料,她把这些资料整理分类,然后进行分析,写出建议。为此,她还查询了很多有关经营方面的书籍。

最后,她把打印好的分析结果和有关证明资料一并交给了老板。老板起初并没有在意,一次偶然的机会,老板读到了安尼的这份建议。这让老板非常吃惊,这个年轻的秘书,居然有这样缜密的心思,而且她的分析井井有条,细致入微。后来安妮的建议中很多条都被采纳了。

老板很欣慰,他觉得有这样的员工是他的骄傲。

当然,安尼也被老板委以重任。安尼觉得没必要这样,因为,她觉得她只比正常的工作多做了一点点。

但是,老板却觉得她为公司做了很多很多。

作为员工,你能否像安尼一样,每天多做一点呢?这其实就是为职场人士所熟知的"多一盎司定律"。它是由著名投资专家约翰·坦普尔顿通过大量的观察研究,得出的一条工作原理。他指出,取得突出成就的人与取得中等成就的人几乎做了同样多的工作,他们所做出的努力差别很小,只是"多一盎司",但其结果,所取得的成就及成就的实质内容方面,却总是有着天壤之别。

卡洛·道尼斯先生最初为杜兰特工作时,职务很低,现在已成为杜兰特先生的左膀右臂,担任其下属一家公司的总裁。之所以能如此快速升迁,秘密就在于"每天多干一点"。

他这样描述自己的成功经历:

"50 年前,我开始踏入社会谋生,在一家五金店找到了一份工作,每年才挣 75 美元。有一天,一位顾客买了一大批货物,有铲子、钳子、马鞍、盘子、水桶、箩筐等等。这位顾客过几天就要结婚了,提前购买一些生活和劳动用具是当地的一种习俗。货物堆放在独轮车上,装了满满一车,骡子拉起来也有些吃力。送货并非我的职责,而完全是出于自愿——我为自己能运送如此沉重的货物而感到自豪。

"一开始一切都很顺利,但是,车轮一不小心陷进了一个不深不浅的泥潭里,使尽吃奶的劲都推不动。一位心地善良的商人驾着马车路过,用他的马拖起我的独轮车和货物,并且帮我将货物送到顾客家里。在向顾客交付货物时,我仔细清点货物的数目,一直到很晚才推着空车艰难地返回商店。我为自己的所作所为感到高兴,但是,老板却并没有因我的额外工作而称赞我。

"第二天,那位商人将我叫去,告诉我说,他发现我工作十分努力,尤其注意到我卸货时清点物品数目的细心和专注。因此,他愿意为我提供一个年薪 500 美元的职位。我接受了这份工作,并且从此走上了致富之路。"

即使不是你的工作，而你像道尼斯先生那样做了，这就是机会。有人曾经研究为什么当机会来临时我们无法确认，因为机会总是乔装成"问题"的样子。当顾客、同事或者老板交给你某个难题，也许正为你创造了一个珍贵的机会。

小李是市场部的，这天，由于客服部的人推诿工作，让一个客户非常生气，将事情从客服部闹到了市场部。为了处理这个客户的投诉，小李跑前跑后总算把问题给解决了。但是，这件事不仅惹得客服部的人不高兴，也遭到了市场部同事的嘲讽，说她这么卖力是为了"大红包"。

很多时候，你费力地去做一些分外的工作，确实像是在做无用功，但从长远看，这种"无用功"对于职场新人是非常有益的，因为这种"无用功"实际上是一种"积累"，而这种"积累"是非常宝贵的，因为只要你有心，它们也可以集腋成裘。如果你什么事都做，什么苦都吃，那么，这些"积累"就会在你身上慢慢积淀成经验，积淀成智慧，积淀成能力，于是，你就比一般的人机会更多，进步更快。比如，你喜欢帮助有困难的同事，久而久之你就会"积累"许多朋友，当你自己一旦遇到困难，那些你"积累"的朋友就会自动来给你帮忙。所以，作为职场新人，你不能小看这种"积累"。

的确，小李可以不去做被同事称之为"费力不讨好"的事，但是，她愿意去做，这样便能使自己进步更快一些。积极主动是职场一种极其珍贵的素质，它能使你变得更加敏捷，更加能干。作为职场新人，你每天多做一点，上司和同事就会更关照你和信赖你，从而给你更多的机会，你就能从竞争中脱颖而出。生活是公平的，你流了多少汗水，就会有多少收获，当你斤斤计较，不肯做一点分外的事时，往往颗粒无收。

但是，如果你能在工作中学习小李多做一些分外的事，使你所做的事比你所获得的报酬更多，那么你不仅表现了乐于接受工作磨炼的品质，也因此发展了一种不寻常的技巧与活力，它会使你尽快地从工作中成长起来，获得担当重任的机会。

因此，对于每一个职场中人来说，获得成功的秘密在于不遗余力加上那一盎司。多一盎司的结果会使你最大限度地发挥你的天赋。

从现在起，你也掌握了这个秘密，好好运用它吧！

● 不要占用公司的一纸一笔

不要忽视小节，这在现代职场上已被奉为金玉良言。

在一家公司上班，待的时间长了，一些人就很随意地地把公司的物品私自拿回家使用，小到一张复印纸、一支圆珠笔，大到电脑、汽车，并且顺其自然地使用这些免费资源。

把公司的一个信封、一沓稿纸、一支圆珠笔等物品顺手牵羊地拿回家，尽管这些小东西不值钱，却能反映一个人的职业操守和道德品质。

公司的物品不是免费资源，员工必须坚持原则，处处注意自己的不良行为，养成不拿公司一针一线的习惯。即使别人都在那样做，你也绝对不能跟着去仿效。大家认为不过是拿公司不值钱的小东西，不过是用公司的电脑上上网、发发邮件、玩玩游戏而已，其实，这也会影响公司的生产成本，加重公司的负担，甚至会严重影响公司的正常发展。如果老板知道你的这些不良行为，也不会对你有好感，这将直接影响你在职场上的成功。

一家公司的女职员把公司的稿纸拿回去，给上小学的孩子当作业本用。而孩子老师的丈夫就是另一家公司的部门经理，该家公司正要与女职员所在的公司合作一个项目。当他无意中看到孩子的作业本竟是公司的稿纸时，他就想："这家公司的风气太坏了，这样的公司怎么能做好生意呢？"于是便中止了与该公司的合作计划。

有谁会想到这么一个大项目的合作失败竟然是一本稿纸惹的祸呢？可以试想一下，如果那名女职员的老板知道了这件事的原委，女职员会有怎样的下场呢？

也许你会这样想：占用公司一本稿纸、一支圆珠笔有什么大不了的，这些不值钱的东西，用用又有什么关系？其实，你的想法是错误的。一个人职业品质的好坏，往往从细小的地方表现出来，不要小看一张纸或一支笔，它所造成的损害，会比你想象得要严重得多。许多人在职场打拼多年，没有取得成功，就是败在自己不良的职业操守上。

一个优秀的员工不会放弃对金钱和物质生活的追求，但他会严守道德的底线，严守良知的底线。这是因为，对个人而言，这才是立足于公司、立足于社会的根本。一个被金钱蒙蔽了道德与良知的人不会为社会所接纳，也不会为老板所接纳，致使自己的人格随之一落千丈，职业生涯宣告结束。

胡杨因才华出众，刚上班不到 3 个月，就被上司委以重任，派到上海做一个大项目。

胡杨来上海后，不巧那几天上海连降大雨，到处都是积水。从办事处出来，胡杨卷高裤腿，一手拿鞋，一手托手提电脑，走钢丝一样小心翼翼地走在浑水里。突然间，他脚底被什么一绊，整个人顿失平衡，迅速向前倾去——就这 0.01 秒钟内，胡杨面临着一个选择：用哪只手去撑起持重量，是鞋，还是电脑？

仅仅一闪念间，胡杨毫不犹豫地将自己78元的皮鞋高高举过头顶，另一只手将价值13000元的手提电脑撑了下去，撑入没过脚踝、没及膝处、浊浑的污水里……一个月后公司改组，前途无量的胡杨第一个被辞退。

真是"人不为己，天诛地灭"。13000元的手提电脑轻于78元的皮鞋，胡杨的利益衡量标准是，电脑不是我的，鞋是我的。这种隐性的不忠诚，可以说是企业的定时炸弹。一个有职业道德、有责任心的人，心里要有一条准则：可为不可为。需要坚守的信条是：绝不选择良心的坠落。

一个优秀的员工能把正常的欲望转化为催人奋进的积极的力量，一个失去自律、必须要老板监督的员工则会因为贪婪在瞬间毁掉其良知和自尊，最终将自己置于重重困境之中。

如果你希望自己能够光明磊落地生活，期望自己获得更大的、更高层面的成功，那么，请控制好你的欲望，无论何时都不要被它所左右。

杰克大学毕业时到了一家软件开发公司工作，和他一起的还有他的同学及好友希尔。他们两个人都被分配到程序编辑组，有机会接触到公司最核心的技术秘密。

他们所面临的社会，是一个充满陷阱和诱惑的社会，加上软件企业当前的争战相当激烈，自从他们进入程序编辑组那天起，就有竞争对手想从他们那里套取技术秘密。

刚开始的时候，杰克和希尔都顶住了诱惑。但是，时间一长，希尔开始动摇了。有一天晚上，两个人还在单身公寓里为此吵了起来。

"我想不明白，对方开出那么好的价钱，顶得上我们两个人一年的工资，为什么不可以答应？"希尔说，他指的是某竞争企业出资10万美元购买他们俩参与的一项软件的数据库。

"那违背了我们的做人原则，背叛公司是可耻的。"杰克说。

"我知道你很正直，可正直值几个钱呢？"希尔说。

正直值几个钱呢？杰克说不出来，但他显然已经生气了。

"再说，我们卖出去，公司也未必能够发觉；即使发觉，也未必知道是我们干的，我们小组可有二十几个人哩。"希尔还在说。

"别说了，反正我不同意！"杰克终于吼起来了。

希尔看到杰克生气了，便表示放弃。但他心中并没有放弃，他决定瞒着杰克。

10万美元很快进入了希尔的腰包，谁也没有发现，包括杰克在内。但是，两个月后，竞争对手抢先一步推出相似软件，迅速占领市场，让杰克所在公司为此损失数百万美元时，公司终于知道有人出卖技术秘密了。

杰克首先想到的是希尔。

希尔向杰克承认了出卖数据库的事。

"我知道你不同意那么做，所以我瞒着你做了；我知道你是我的好朋友，不会揭发我，所以我坦然地向你承认了。"希尔说，"我们利用这笔钱去做点大事情吧，比如开家公司，别在这儿打工了。"

"不，希尔，我是你的好朋友，但是你做错事了，我一定要揭发你！"

希尔非常震惊，难道友谊一下子就没有了？他抬起头来，想阻止杰克去揭发他，但当他看到杰克眼中含着泪花时，又低下了头。他明显感受到了杰克心中的痛苦。

两天后，杰克和希尔一同走进了总裁办公室，希尔还带着那张10万美元的支票。

总裁要奖励杰克，杰克拒绝了，因为他说他出卖了他的朋友，虽然朋友做错了，但毕竟是朋友。

希尔交出10万美元的支票，并主动要求承担法律责任，因为10万美元远远不能弥补公司的损失。

面对两个年轻人的决定和态度，总裁愣了足足5分钟。最后，他终于开心地笑了，他走过去，拥着两个年轻人的肩膀："我太高兴了，公司虽然损失了数百万美元，可我拥有了两个能够主动承担责任的员工。你们的价值，绝对不止数百万美元！这件事就当没有发生过，就我们三个人知道就是了，至于那10万美元，你们自己处理吧。"

那10万美元，最后捐给了一所小学。

公司停止了泄密调查，除了三个人知道以外，其余人都不知道泄密的原因。两个年轻人继续在公司开发软件，6年后，两个人分别担任了技术开发部总经理和市场推广部总经理。他们的公司，已经成为世界顶级的软件开发企业。在你使用的电脑中，也许就渗透着两个年轻人的汗水。

要成为一个优秀的员工，你首先要成为一个好人，用高尚的道德和严格的自律约束自己的行为，千万不要为外物蒙蔽了自己的眼睛。

● 保持办公桌的整洁、有序

走进办公室，一抬眼便看到你的办公桌上堆满了信件、报告、备忘录之类的东西，很容易使人感到混乱、紧张和焦虑，给人留下一个不好的印象。

有些人没有养成整理办公桌的习惯，他们总能为自己找到借口，说自己是多么忙，无暇分心在这些小事上，或是怕清理东西时，把需要的或是有价值的文件也一起清理掉了，所以，他们总是把那些有用的以及过时的记录都堆在案头，让自己埋首其中去工作。

其实，这是一种忙而无序的表现，不仅会加重你的工作负担，还会影响你的工作质量。

有一位研究所的研究员，经过无数个日日夜夜的攻关苦战，终于解决了研究中的一个难题。这位研究员把攻克这一难题的资料和办公桌上其他的资料放在一起，就带着满足的笑容入睡了。他睡得很香，第二天上午醒来时，却找不到攻克难关的资料了。原来，这个研究员的孙子进入他的办公室，为了扎一个风筝，正巧拿走了那些有用的资料。当这个风筝带着小孙子的幻想，在天空中越飞越高、越飞越远，最后变成一个看不见的小黑子时，老研究员的心血也化作了泡影。这真是人生中的一大憾事。如果研究员的办公桌是井井有条的，把那些无用的东西不放在桌上，并告知小孙子办公桌上的东西都是有用的，不能乱动，这样的悲剧还会发生吗？

此外，办公桌上杂乱无章会让你觉得自己有堆积如山的工作要做，可又毫无头绪，好像根本没时间或做不完一样。面对大量的繁杂工作，再大的工作热情也被冲淡了。

很多时候，让你感到疲惫不堪的往往不是工作中的大量劳动，而是因为你没有良好的工作习惯——不能保持办公桌的整洁、有序，从而降低了办公室生活的质量。也就是说，是这种不良的工作习惯加重了你的工作任务，从而影响你的工作热情。

从另一方面来看，如果你的办公桌老是弄得乱糟糟的，上司也许就会觉得你这个人的工作大概就像你的办公桌上一样杂乱无章，交给你的任务怕你做不好，你的上司还会因此对你不放心、不信任，进而你在办公室的地位就不稳固，那又何谈成功呢？

曾有一家著名公司的总裁谈到过一位主管会计，平时干活还算麻利，但总裁去她的办公室时，发现她的桌子上乱作一团。他当时并没有批评她，当他第二次、第三次去她办公室时，看到她的桌上依然如故。于是，这位经验丰富的总裁凭直觉判断：这个人不适合做主管会计。果然，干了7个月后事实证明，这个人确实不行，总裁只好给她换了一份岗位。

从办公桌的整洁状况，也能够反映出一个人的能力和修养，因此，对待办公桌也要像可护自己的内心一样，不但要纤尘不染，而且要脉络清晰。

办公桌管得有条不紊，就避免了混乱，时间就不会在找这找那中溜过去。芝加哥铁路公司的董事长罗南·威廉说："一个办公桌上堆满很多种文件的人。如果能把他的桌子清理一下。留下手边急于处理的一些，就会发现他工作起来将更容易，也更实在。我称之为家务料理，这是提高效率的第一步。"

让你目不转睛地盯着一把锤子或一个订书机，一直看上半小时，那简直是活受罪。不论你住的是阔气的 10 个房间的别墅，还是简陋的单间公寓，在找东西上都浪费了很多时间。"物有其位"，对于高效能人士来说，确实是一个流传至今的有益的格言。

即使你现在正在做一个项目，那也要在每次下班后把文件档案整理好，将目前不需要的各种书籍、文件夹、笔记和其他各类材料收到柜子里放好，为第二天继续工作做好准备。这样，你在第二天到办公室时会发现一切都井然有序。心情好自然工作效率高。

而反之，一张杂乱无序的办公桌不仅影响到工作效率，影响到别人对你的印象和评价，还会危及你的身心健康。

现代医学证实：一个时常担忧万事待办却无暇办理的人，不仅会感到紧张劳累，而且会引发高血压、心脏病和胃溃疡。

著名的精神病医师威廉·萨德勒提起过这么一件事，他有一个病人，就是用了这个简单方法而避免了精神崩溃。

这位病人是芝加哥一家大公司的高级主管，第一次去见萨德勒的时候，整个人充满了紧张、焦虑和郁闷不乐。他工作繁忙，并且知道自己状态不佳，但他又不能停下来，他需要帮助。

"陈述病情的时候，电话铃响了，"萨德勒医师说道，"电话是医院打来的。我丝毫没有拖延，马上做出了决定。只要能够的话，我一向速战速决，马上解决问题。挂上电话不久，电话铃又响了，又是件急事，颇费了我一番唇舌去解释。接着，有位同事进来询问我有关一位重病患者的种种事项。等我说明完毕，我向这位病人道歉，因为让他久候了。但是这位病人精神愉快，脸上流露出一种特殊的表情。"

"别道歉，医师，"这位病人说道，"在这 10 分钟里，我似乎明白自己什么地方不对了。我得回去改变一下我的工作习惯……但是，在我临离开之前，可不可以看看您的办公桌？"萨德勒医生拉开桌子的抽屉，除了一些文具外，没有其他东西。

"告诉我，你要处理的事项都放在什么地方？"病人问。

"都处理了。"萨德勒回答。

"那么，有待回复的信件呢？"

"都回复了。"萨德勒告诉他，"不积压信件是我的原则。我一收到信，便交代秘书处理。"

6个星期之后，这位公司主管邀请萨德勒到其办公室参观。令萨德勒吃惊的是，他也改变了——当然桌子也变了，他打开抽屉，里面没有任何待办文件。"6个星期以前，我有两间办公室，三张办公桌，"这位主管说道，"到处堆满了有待处理的东西。直到跟你谈过之后，我回来就清除了报告和旧文件。现在，我只留下一张办公桌，文件一来便当即处理妥当，不会再有堆积如山的待办事件让我紧张忧烦。最奇怪的是，我已不药自愈，再不觉得身体有什么毛病啦！"

可见，做事有序、秩序井然的人，往往是工作有效、生活快乐、身心健康的人。因此，从此刻起，身在职场的你就开始整理自己的办公桌吧，再也不要对自己说我也不想这么乱，只是资料真的太多，工作真的太忙！试着丢掉或整理一下东西，你将拥有一个让你效率大增的工作空间。有哪些东西是需要扔掉的呢？

1.用过的一次性餐具

在办公室里用餐，一次性餐具最好立刻扔掉，不要长时间摆在桌子或茶几上。如果有突然事情被耽搁，也记得礼貌地请同事代劳。客气的请求易于被他人接受。

2.还没看的报纸杂志

养成随手把你想看的文章剪下来贴到剪贴簿的习惯，不然干脆将杂志丢掉，因为摆得过久你也不可能再看它了。

3.过多而无用的笔

你可能在桌上、抽屉放了一堆铅笔、原子笔、荧光笔……去芜存菁留下几支你常用的，办公桌看起来会清爽一点！

4.不断暴增的名片

把用得到的名片资料键入电脑或电子记事本，然后扔掉这些占空间的纸卡，以后你只要指尖轻轻一点，就可以马上找到你要联络的人，这会省下你不少宝贵时间。

5.眼花缭乱的装饰品

满桌子的相框、玩偶、摆饰，不仅制造混乱景象，还会分散你的注意力，让你无法专心工作。留下一两样具有纪念价值的东西就好，你会发现你不再老觉得眼花缭乱！

不管你有多忙，也不管你能找出什么借口，都一定要在平时养成整理办公桌的习惯。这种习惯养成之后，就会赢得别人的信赖，就会给你带来平和积极的工作态度，也会使你繁重的工作变得有条不紊，充满乐趣。

● 一点点忠诚胜于一堆智慧

如果说，智慧和勤奋像金子一样珍贵的话，那么还有一种东西更为珍贵，那就是忠诚。忠诚于公司，从某种意义上讲，就是忠诚自己的事业，就是以不同的方式为一种事业做出贡献。忠诚体现在工作主动、责任心强、细致周到地体察老板和上司的意图。忠诚还有一个最重要的特征，就是不以此作为寻求回报的筹码。

下级对上级的忠诚可以增强老板的成就感和自信心，可以增强集体的竞争力，使公司更兴旺发达。因此，许多老板在用人时，既要考察其能力，更看重个人品质，而品质最关键的就是忠诚度。

一个忠诚的人十分难得，一个既忠诚又有能力的人更是难求。忠诚的人无论能力大小，老板都会给予重用，这样的人走到哪里都有条条大路向他们敞开。相反，能力再强，如果缺乏忠诚，也往往被人拒之门外。毕竟在人生事业中，需要用智慧来做出决策的大事很少，需要用行动来落实的小事甚多。少数人需要智慧加勤奋，而多数人却要靠忠诚和勤奋。

尽管现在有一些人无视自己的忠诚，利益成为压倒一切的需求，但是，如果你能仔细地反省一下自己的话，你就会发现，为了利益而放弃忠诚，将会成为你人生和事业中永远都抹不去的污点，你将背负着这样一个十字架生活一辈子。

布斯是一家企业的业务部副经理，刚刚上任不久。他年轻能干，毕业短短两年能够有这样的业绩也算是表现不俗了。然而半年之后，他却悄悄离开了公司，没有人知道他为什么离开。

布斯离开公司之后，找到了他原来在公司关系不错的同事汉克。在酒吧里，布斯喝得烂醉，他对汉克说："知道我为什么离开吗？我非常喜欢这份工作，但是我犯了一个错误，我为了获得一点儿小利，失去了作为公司职员最重要的东西。虽然总经理没有追究我的责任，也没有公开我的事情，算是对我的宽容，但我真的很后悔，你千万别犯我这样的低级错误，不值得啊。"

汉克尽管听得不甚明白，但是他知道这一定和钱有关。后来，汉克知道了，布斯在担任业务部副经理时，曾经收过一笔款子，业务部经理说可以不下账了："没事儿，大家都这么干，你还年轻，以后多学着点儿。"布斯虽然觉得这么做不妥，但是他也没拒绝，半推半就地拿下了 5000 美元。当然，业务部经理拿到的更多。没多久，业务部经理就辞职了。后来，总经理发现了这件事，布斯不能在公司待下去了。

汉克看着布斯落寞的神情，知道布斯一定很后悔，但是有些东西失去了是很难弥补回来的。布斯失去的是对公司的忠诚，布斯还能奢望公司再相信他吗？

一个人无论什么原因，只要失去了忠诚，就失去了人们对你最根本的信任，不要为自己所获得的利益沾沾自喜，其实仔细想想，失去的远比获得的多，而且你所获得的东西可能最终还不属于你。所以，阿尔伯特·哈伯德说："如果能捏得起来，一盎司忠诚相当于一镑智慧。"

有一家大型企业的经理也曾说过"这个社会不缺乏有能力有智慧的人，缺的是既有能力又有忠诚的人。"相比而言，员工的忠诚对于一个企业来说更重要，因为智慧和能力并不代表一个人的品质，对企业来说，忠诚比智慧更有价值。

建立在忠诚之上的智慧，才是可以相信的智慧。反之，一个人再有能力和智慧，如果缺乏忠诚，也没有人敢用他。

两年前，一家很有名的图书销售公司开始筹建自己的图书数据库开发和网上营销工作，并投入了巨大的人力、物力和财力。

赵刚是这个项目的技术总监，全权负责项目的开发工作。当然，按照协议，公司也给予了不菲的薪酬。

两年来，项目的开发工作进展得不太顺利。今年是最关键的一年，技术开发进入到攻坚阶段，而赵刚突然宣布要辞职，除非公司给他比目前更高的薪酬。其实，这家公司给他的薪酬已经是这个行业最高的了。不仅如此，他还以要带走这个公司开发研究的全部成果为要挟。

也就是说，他用公司的钱来进行开发研究，当他拍拍屁股走人的时候，公司前期的所有投入将会一无所得。如果他把已经取得的成果卖给公司的竞争对手，那么，公司的损失会更惨重。

尽管公司还有能力支付这样的一笔钱，但是对这样的不负责、随时都有可能出卖公司利益的人，留下他不是留更大的隐患和危机吗？

和智慧相比，忠诚显然更重要，所以这家公司毫不犹豫地将赵刚赶出了公司。

在忠诚与智慧的天平上明智的犹太人是毫无疑问偏向于忠诚的，他们认为：聪明的老虎都知道，与其放一只狐狸在身边给自己出谋划策，倒不如放一只狗在身边。因为遇到危难时，第一个弃老虎而去的肯定是这只狐狸，而能和老虎出生入死的肯定是那只狗。

忠诚是人类最重要的美德。那些忠诚于老板、忠诚于企业的员工，都是努力工作、绝对服从、不找任何借口的员工。在本职工作之外，他们还积极地为公司献计献策，尽心尽力地做好每一件力所能及的事。而且，在危难时刻，这种忠诚会显现出更大的价值。能与企业同舟共济的员工，他的忠诚会让他达到我们想象不到的高度。

在洛杉矶，有一名叫彼尔的年轻人，在一家有名的广告公司工作，他的总裁叫威廉·詹姆斯，年纪比彼尔稍微大几岁，管理精明，为人亲和，彼尔的工作就是帮总经理签单拉客户，谈判过程中，彼尔的谈吐令许多客户敬佩。

彼尔刚进入公司，公司运转正常，彼尔工作得得心应手。这时，公司承担了一个大项目的策划——在城市的各条街道做广告。全体员工对此惊喜万分，全身心地投入到工作中去。全市的每个街道都要做十多个广告，全市至少也要有几千个，这给公司带来的经济利益和社会效应是十分可观的。

威廉·詹姆斯总裁在发工资那天召集全体员工开会："公司承担的这个项目很大，光准备工作就耗资几百万元，公司资金暂时紧张。所以，该月工资就放到下月一起发放，请你们谅解一下公司。工资早晚都是你们的，只要我们把项目搞好，大家一起来共享利润。"所有的员工都对总裁的话表示赞同。彼尔这时产生了这样的想法：公司现在正是资金大流动的时候，我们所有的员工应该集资投入到大项目中去。

可是，半年以后风云突变。经过公司辛苦奔波，全套审批手续批下来的时候，公司却因资金缺乏，完全陷入停滞状态。别说给员工发工资，就连日常的费用也只有向银行伸出求援之手。公司景象黯淡，欠款数目巨大，银行也不给予他们答复。

然而，就在这个困难时期，彼尔说出了心里的想法：全体员工集资。总裁笑笑、无奈地拍拍他的肩膀："能集多少钱？公司又不是几十万就能脱离困境，集资几十万只是杯水车薪，连一个缺口都堵不住。"

当威廉·詹姆斯总裁召集全体员工陈述公司的现状时，一下子人心涣散，人员所剩无几。没有拿到工资的员工将总裁的办公室围得水泄不通，见总裁实在无钱支付工资，他们便各取所需，将公司的东西分得一无所有。彼尔的想法却和这些人很不一样，他产生了一种莫名的感觉：沙漠里的人也能生存。不到一个星期，公司只剩下屈指可数的几个人时，有人来高薪聘请他，但他只说："公司前景好的时候，给了我许多，现在公司有困难的时候，我得和公司共渡难关，我不会做那样的无道德之事。只要威廉·詹姆斯总裁没有宣布公司倒闭，总裁留在这里，我始终不会离开公司，哪怕只剩下我一个人。"

事情总在人的意料中，不久公司只剩下他一个人陪威廉·詹姆斯总裁了，总裁歉疚地问他为什么要留下来，杰克微笑地说了一句话：

"既然上了船，船遇到惊涛骇浪，就应该同舟共济。"

街道广告属于城市规划的重点项目，他们停顿下来以后，在政府的催促下，公司将这来之不易的项目转移到另一家大公司。但是在签订合同的时候，约翰逊总裁提出了一个不可说不的条件：彼尔必须在你那公司里出任项目开发部经理。威廉·詹姆斯总裁握着杰克的手向那公司总裁推荐：

"这是一个难得的人才，只要他上了你的船，就一定会和你风雨同舟。"一个公司需要许多精英人才，但更需要与公司共命运的人才。

加盟新公司后，彼尔出任了项目开发部经理。原公司拖欠的工资，新公司补发给了他。新公司的总裁握着他的手微笑着说："这个世界，能与公司共命运的人才非常难得。或许以后我的公司也会遇到种种困难，我希望有人能与我同舟共济。"

彼尔在后来的几十年的时间里一直没有离开过这个公司，在他的努力下，公司得到了更为快速的发展，如今他已经成了这家公司的副总裁。

在这里，最值得一提的，不是这个年轻人卓越的能力，而是他自始至终都与公司同舟共济的忠诚精神。

然而，不可回避的是，现在绝大多数的人，尤其是职场新人，他们做工作的时候，想到的只是如何能够帮自己获得最大的收获、最高的成长。他们把敬业当成老板监督员工的手段，把忠诚看作是管理者愚弄下属的工具，认为员工灌输忠诚和敬业思想的受益者是公司和老板。其实不然，忠诚并不仅仅有利于公司，其最终和最大的受益者是你自己。忠诚铸就信赖，而信赖造就成功。一旦养成对事业高度的责任感受和忠诚，你就能在逆境中勇气倍增，而对引诱不为所动，就能让有限资源发挥出无限价值的能力，争取到成功的砝码。

● 及时弥补同事的错误

一个女孩走过一片草地，看见一只蝴蝶被荆棘弄伤了，她小心翼翼地为它拔掉刺，让它飞向大自然。后来，蝴蝶为了报恩化作一位仙女，对小女孩说："因为你很仁慈，请你许个愿，我将让它实现。"

小女孩想了一会儿说："我希望快乐。"于是，仙女弯下腰来在她耳边悄悄细语一番，然后消失了。

小女孩果真很快乐地度过了一生。她年老时，邻人问她："请告诉我们，仙女到底说了什么？"她只是笑着说："仙女告诉我，我周围的每个人，都需要我的关怀。"

一个小小的关怀，一句温暖的话语，都足以让人感动一生，关心他人，你也会获得巨大的快乐。身在职场，同事合作难免会有疏漏。这时，你的善意提醒，会令他感激不尽，而当你也难免疏忽的时候，也将会得到来自他的关怀。

其实，在工作中要搞好同事关系，就要学会从其他的角度来考虑问题，善于做出适当的自我牺牲。要处处替他人着想，切忌以自我为中心。

我们在做一项工作时，经常要与人合作，在取得成绩之后，我们也要让大家共同分享功劳，切忌处处表现自己，将大家的成果占为己有。提供给他人机会、帮助其实现生活目标，对于处理好人际关系是至关重要的。

替他人着想应表现在当他人遭到困难、挫折时，伸出援助之手，给予帮助。良好的人际关系往往是双向互利的。你给别人种种关心和帮助，当你自己遇到困难的时候也会得到相应回报。

一个真正懂得处世的人总是竭尽全力地去与同事及上下级达到相互理解的程度，通过理解拨动他人的心弦，从而获得他的支持和认可。当你全面地理解他人的同时，别人也会因为你的这种行动而给予你相当的回报。

如果你是一个想有所成就的人，那么就要做到与同事们透彻的相互理解。

"人同此心，心同此理。"看到一个人悲惨的处境，我们能了解，甚至想到自己"类似"的遭遇为他感到难过；看到胜利的欢呼，我们也能由衷地替他高兴欢喜。

懂得"投射"他人内心，替别人"设身处地"着想的人，通常能够融洽自己交际氛围，在茫茫人海中获得一份温暖和关爱。

的确，人际互动的过程中，我们如果能经常站在他人的立场上，"理解"他人的"行为"、"举动"，同时让他们知道自己是完完全全"理解"他们的，并且能够充分展现"同情心"的特征时，我们的人际关系将更顺畅。

当你伤心、失落、彷徨时，你很希望有人能理解你，因为那种被人理解的感觉能让你体会到温暖、能让你体会到幸福。既然如此，何不先让自己时刻理解别人呢？

维也纳一位著名的心理学家阿尔弗雷德·阿得勒也曾说过："一个不关心别人，对别人不感兴趣的人，他的生活必然遭受重大的阻碍和困难，同时会给别人带来极大的损害与困扰，所有人类的失败，都是由于这些人才发生的。"这种人包括那些假装关心别人，但其实内心很坚硬的人。

但这个社会上，人际交往遵循这样的原则：爱人就会被爱，恨人就会被恨，给予就会被给予，剥夺就会被剥夺。如果你对自己、对他人、对一切美好的事物都充满爱心，你的将生活充满激情，你的人将生发生伟大的转变。

尽管现代社会是一个讲求互利互惠的时代，但将关怀融入到对利益的追求中，所追求的利益会更加扩大化，二者并不矛盾。相反，适当的关怀只能让利益增值。人都是感情的动物，你爱他他就会爱你，你关心他他也会回报你，"给予就是被给予"，这是我们生活的世界永恒不变的定律。

但是在工作当中，如果你发现同事或下属的错误，想要提醒对方时，也一定要注意说话的方法和语气，只有这样别人才乐意接受你的建议并从内心意识到你的良苦用心。

某公司总经理的助理欧文和他的女友玛莎决定要旅行结婚，到风景如画的瑞士度蜜月。他做行前准备的时候，公司的总经理问他：

"你们已经决定要旅行结婚了？"

欧文说："决定了。"

总经理又问："真心祝福你们！什么时候走呀？"

欧文高兴地说："就这几天吧！"

总经理无可奈何地说："唉！公司正要与一个客户谈判并签订一份重要的合同，你是唯一的谈判人选，你走了谁能代替呀？"

在这对话中双方都有理由：欧文与女友旅行结婚已经定下来了，无可非议；总经理有一个重要合同要签订，唯一的谈判人选不能离开。公司总经理无法批评助手欧文，但在强调欧文的谈判地位时就暗中含有批评之意。当然也含有期望。聪明的欧文不会不了解，其结果不说也可想而知。

我们应尽量去了解别人，尽量设身处地为他人着想，顾全他人的尊严，委婉地指出对方可能存在的错误。

但是，当对方的自尊心受到伤害并表现出强硬的态度时，最好先避开那个问题，等待对方的"感情冷却"。因为在当时如果继续谈下去，对方会生气地把自尊心表露出来。这样，不仅会使对方感到很不愉快，而且还会使对方陷入困境，无法接受你的说服。但是，在这种情况下，对方有时也会在心灵深处承认你的意见，所以如果你能留给对方"感情冷却"的时间，不是单刀直入而是等待他自己去认识，有时会使对方的态度变得有利于你进行说服。

如果能在私下里提醒，而不是当着许多人的面，那就更巧妙了。有些人总觉得批评、责备人是件严肃的事，于是总会下意识地找个正规的场合，用比较严肃的语气和表情进行批评。其实批评与责备有很多讲究，对不同的对象要采取不同的技巧，也要选择不同的时机。

提醒同事的疏忽本是出自善意，但如果不讲究方法，不注意时机和场合，伤及同事的自尊，使双方都不欢而散，那就有些得不偿失了。

所以，提醒别人，一定要讲究方法，既让对方了解你的好意，又避免了尴尬，才不会弄巧成拙。

另外，对于那些初入职场的新人，常犯的一个错误就是"好事一次做尽"，以为自己全心全意为对方做事会令关系融洽、密切。事实上并非如此。因为人不能一味接受别人的付出，否则心理会感到不平衡。中国人讲究回报，"滴水之恩，涌泉相报"，这也是为了使关系平衡的一种做法。如果好事一次做尽，使人感到无法回报或没有机会回报的时候，愧疚感就会让受惠的一方选择疏远。

办公室人际交往要有所保留的道理人人都懂，但是，如何做以及其中包含的心理学的道理未必都知道。留有余地，好事不应一次做尽，这也许是平衡职场人际关系的重要准则。

在乡下，乡亲们对于给过他们帮助的人总是好酒好肉的招待，好酒好肉是他们能拿出的最好的东西，只有拿最好的东西才能回报别人的帮助。也只有这样，在下一次有求于人时他们才会觉得自己不欠别人的，才不会心有愧疚。假如别人不接受他们的招待，那么乡亲们也许再也不会求助于他。这是淳朴的本性，也的确是正确的交往之道。所以，作为职场中的你想帮助别人，而且想和别人维持长久的关系，那么不妨适当地给别人一个机会，让别人有所回报，不至于因为内心的压力而疏远了双方的关系。

留有余地，适当地保持距离，因为彼此心灵都需要一点空间。而"过度投资"，不给对方喘息的机会，就会让对方的心灵窒息。留有余地，彼此才能自由畅快地呼吸。

距离感不仅会给人带来心理上的安全感受，而且还为其处理人际关系提供了一个回旋的余地。许多优秀员工正是靠着这种距离感的调整实现了自己的目的。

在不同的时间、场合下，对不同的人行使不同的"架子"就会形成不同的人际距离。你可以随时根据自己的需要来调节这种距离，从而把不同的人的积极性和进取心调动起来，为实现自己的意图服务。而没有层次感的随和和友善，则是"仁有余，威不足"，不但达不到这样的效果，而且不利于你处理棘手问题。

● 别抢老板和上司的风头

在16世纪末期的日本，茶道风靡贵族阶层，统治者丰臣秀吉非常宠爱首届一指的茶艺家千利休，他是丰臣秀吉最信任的咨议之一。千利休不但在皇宫里有自己的寓所，其为人也获得全日本的尊崇。

然而在1591年，丰臣秀吉下令逮捕他，并且判处死刑。不过最后千利休自己结束了生命。后来人们发现千利休命运骤变的缘由，是这位成为朝廷新贵的乡下人千利休，为自己制作了一座穿着木屐（贵族身份的象征），态度傲慢的木头雕像，并将这座雕像放置在宫内最重要的寺院里，让经常经过的王族清楚看见。对丰田秀吉而言，这件事意味着千利休做事没有分寸，以为自己和最上层的贵族享有同样的权利；他已经忘记他的地位的获得完全仰赖幕府将军，反以为自己是凭一己之力赢得荣宠，这是千利休对自己的重要性的误判，为此他付出生命的代价。

千万不要以为自己的地位是理所当然的，也千万不要被何荣宠冲昏了头。永远不要异想天开，以为上司喜爱你，你就可以为所欲为，受宠的下属自以为地位稳固，胆敢抢主子的风头，终至失宠的事例简直是不胜枚举。

有些下属不懂得迎合上司，而是把老板的"锋芒"抢去，脸是露了，可是上司不会给你好脸色看。所以明智的下属，应懂得如何适时地把自己的功劳归于老板。虽然这样做会有委屈自己和逢迎拍马之嫌，但有什么办法呢？谁让你是下属而他是老板呢？做老板当然要光彩夺目，而下属相比之下自然应黯淡些，如果不是如此，而是相反，那老板自然容不下你。

比如，你的穿着装扮比老板更胜一筹，把别人的目光都吸引到你这边而忽视了老板，你想老板心中会舒服吗？更有甚者，某些人眼光拙劣，把做下属的当成老板，却把老板当随从，那老板肯定把你打入冷宫。因为一般人心目中，老板应是穿得比下属名贵些、漂亮些。

特别是同性之间，做下属的穿着比老板还豪奢名贵，那老板必定很不舒服。尤其是女性上司，女性都对服饰特别看重。别人不经意间的赞扬或批评，都能引起其注意。如果你的老板很讲究服饰仪表，做下属的也要注重服饰的整洁得当，但不要抢了老板的风头；如果你的老板不太看重服饰，那你在穿着上"过得去"便行了。

但是，在职场当中，的确有人因为穿着这件小事影响了大好前程的。

有一次，刘季同老板一起外出洽谈一项业务。他一改平日里的休闲着装，换上新买的皮尔·卡丹西服，想通过"包装"给客户留下良好的第一印象。

跟客户见面时，客户看到刘季的气派样，眼前为之一亮，紧紧握住刘季的手，说："经理真是年轻有为啊！"

刘季的穿着不同凡响，客户把他误当作了"主人"，把一身旧衣服的老板当成了"随从"，晾在了一边。直到谈判快结束需要签字时，对方才知道穿旧衣服的才是"主角"。结果，业务没能谈成，还被传为笑话。

后来，老板就对刘季"另眼相待"了，有业务外出时再也不要他陪同，好端端一个得意的人就这样被老板贬了。

身为一个下属，如果你的衣着、穿戴比你的老板更好更体面，那么大部分的发展机会就与你无缘了。因为你穿得比他更体面，会让他很失面子，心里有一种被你比下去的感觉，会感到自惭形秽。

就算你各方面都很优秀，老板也不会对你有好感，试想，哪个老板喜欢一个比他强、穿着比他好，让他失去面子的人呢？

又如，在公共场合抢着说话也不太适合。当下属和老板出现在公众场合，老板不太爱说话而下属却滔滔不绝，引得众人的赏识和掌声，那这位下属离被炒之期当不远矣。在这些公共场合，你把别人的目光都吸引到你这里，把老板的"风头"都抢光了，老板能不嫉妒你吗？所谓言多必失，做下属只能"屈居第二"，附和着老板即可。

当然，特殊情况又另当别论了，比如：商品展销会，业务洽谈会上，老板不善言辞时就需要下属进行适当地补充了。

再如，你的人缘很好，工作能力强，但如果有些同事在老板面前太过表扬你，说你的才华超过老板。说这种话的同事也许是真糊涂，也许是别有用心的假糊涂，此时你就得小心了。老板希望下属个个精明能干，能独当一面，但不希望下属比自己强，这是一种很微妙的心理。

总的来说，有出风头的机会应尽量留给老板，千万别做抢风头的蠢事。

刘辉是刚到银河公司的职员，短短两个星期后，他发现他的顶头上司的工作实际极其简单。有一天，当上司正在为一项任务愁得要命时，刘辉主动请缨："主任，这件事太简单了，我在学校经常接触这方面的东西。"刘辉本以为上司会对自己大加赞赏，没想到主任冷冷地抛过来一句："是吗？我倒没发现原来你这么能干。"然后拂袖而去，剩下刘辉一个人半天也没回过味来。

相比之下，李军就显得聪明多了。当李军的上司为一个问题烦恼时，李军并没有像刘辉一样大大咧咧就说出让他来完成的话，而是以关心的态度表示愿意和上司一起思考，解决问题。他还找来一些资料，与上司一起寻找解决方法。结果，如李军"估计"的一样，上司比他先从资料里找出了答案。问题解决后，李军明显感觉到上司和自己之间的距离缩短了，上司把他当成了"自己人"。

李军比刘辉聪明的地方在于他既达到了解决问题的目的，又让上司保全了面子。在上司面前，李军并没有丝毫炫耀的意思，表现出的只是想替上司分忧的热情。

对于上司职责范围内的事情，无论你本人多么有能力，也绝不可擅自做主，私下处理，抹了上司的面子。

"糟了！糟了！"王经理放下电话，就叫了起来："那家公司便宜的东西，根本不合规格，还是原来林老板的好。"狠狠捶了一下桌子："可是，我怎么那么糊涂，写信把他臭骂一顿，还骂他是骗子，这下麻烦了！"

"是啊！"秘书张小姐转身站起来，"我那时候不是说吗？要您先冷静、冷静，再写信，您不听啊！""都怪我在气头上，想这小子过去一定骗了我，要不然别人怎么那样便宜。"王经理来回踱着步子，指了指电话："把电话告诉我，我亲自打过去道歉！"

秘书一笑，走到王经理桌前："不用了！告诉您，那封信我根本没寄。""没寄？""对！"张小姐笑吟吟地说。"嗯……"王经理坐了下来，如释重负，停了半晌，又突然抬头，"可是我当时不是叫你立刻发出吗？""是啊！但我猜到您会后悔，所以压下了。"张小姐转过身，歪着头笑笑。"压了三个礼拜？""对！您没想到吧？""我是没想到。"王经理低下头，翻记事本："可是，我叫你发，你怎么能压？那么最近发南美的那几封信，你也压了？"

"我没压。"张小姐脸上更亮丽了："我知道什么该发，什么不该发……""你做主，还是我做主？"没想到王经理居然霍地站起来，沉声问。张小姐呆住了，眼眶一下湿了，两行泪水滚落，颤抖着、哭着喊："我，我做错了吗？""你做错了！"王经理斩钉截铁地说。

看完这个故事，你会想：明明张秘书救了公司，上司居然非但不感谢，还恩将仇报，对不对？如果说"对"，你就错了！

正如王经理说的——"你做主，还是我做主？"

假使一个秘书，可以不听命令，自作主张地把主管要她立刻发的信，压下三个礼拜不发，那"她"岂不成了主管？如果有这样的"暗箱作业"，以后交代她做事，谁能放心？所以张小姐有错，错在不懂人性，更错在不懂工作伦理。上司毕竟就是上司板，事情还是得他做主。

在上述所有的例子中，你会发现掩饰长处并非弱点，只要最终可以帮助你握有权力。也许会让其他人出尽风头，但也要好过成为他人不安全感下的牺牲品。到时你决定脱颖而出，你早就已占尽了有利条件。

● 主动和上司沟通感情和工作

沟通是改善人际关系的最佳良药。研究发现：人们在一天中，通常会把60%～80%的时间用在与家人、朋友、下属、同事或顾客间的沟通事务上。如果你足够细心，统计一下办公室使用频率最高的词汇，你会发现"沟通"、"交流"、"商量"等等词随时挂在每个人的嘴边。尤其是那些项目经理们，他们的工作就是沟通团队中的所有人。研究还发现，在成功的诸多因素中，85%取决于广泛的人际关系与良好的人际沟通效率，15%在于一个人的智慧、专门技术和经验。

我们要在职场上取得成功，就不能把自己放在为老板打工而打工的位置上，唯恐与上司接触多了就会增加任务，而应该主动与上司进行沟通，不要放弃任何与上司沟通的机会，比如会餐、出差等。这样做，一方面会促进上司对你的了解，另一方面会让上司感受到你对他的尊重。当机会来临时，上司首先想到的自然便是你了。

李明供职于一家广告公司，公司百多号人里有不少资深人士，可谓人才济济，他在这里没有优势。但是李明的工作很踏实，不仅能像其他同事那样把老板交代的任务完成，而且喜欢琢磨本职工作之外的事儿。因此经常是下班后同事走了，他还在办公室里找事做。

一天，当老板经过他的门口时，看到他还在，便打了一个招呼，李明便与老板聊上了。话题转到工作上，李明谈到了广告策划、内容制作以及经营等方面的想法，其中不乏对当前广告策划工作的建议。

自然，李明引起了老板的关注，于是他主动找李明聊工作以外的话题。虽说下属中不乏人才，可在自己的工作之余还这么关心公司发展的却很少见。渐渐地，老板对李明另眼相看，觉得李明会是一个得力的助手，决定任命李明做自己的助理。

李明的晋升原因在于：他不是被动地接受上司交给的任务，而是在工作中与上司建立更多的联系，让上司明白自己不仅能做好本职工作，而且可以接受更多更重要的工作，具有一种领导的潜质。

懂得主动与老板沟通的员工，总能借沟通的渠道，更快更好地领会老板的意图，把自己的好建议潜移默化地变成老板的新思想，并把工作做得近乎完美，深得老板的欢心。

在现代职场中，许多原本非常优秀的员工并没有得到老板的赏识，其主要原因是与老板过度疏远，没有找到合适的机会向老板表现和推销自己，没有把自己的能力和才华介绍给自己的老板。

有些人到一家公司上班几年了，老板对这个人都没有什么深的印象，这就在于他们对老板有生疏及恐惧感。他们见了老板就噤若寒蝉，一举一动都不自然起来，要么遇上老板就躲开，或者装作没有看到，这样消极地与老板相处，尤其在大公司里，老板又怎么可能留意到你呢？

有一个员工，工作非常出色，老实正直，只知道埋头苦干，缺乏与上司的沟通，因此他根本不在上司的视线之内。

有一次，公司里举行联欢会，老板的兴致很好，很快加入到了他们中间，他见到了老板，一举一动就不自然起来，没过多久就逃出老板的视线，独自坐在一个角落里喝饮料。

不知为什么，他好像天生就有畏惧老板的毛病。在走廊上、电梯里或在餐厅里，遇到老板，他都不会主动打招呼，反而迅速离去。即使自己的主管不在，老板找上门来，他也缩在一旁，一概扮作不知，马虎应付了事。这样一来，他和老板的距离越来越远，甚至产生了隔膜，他给老板唯一的印象就是怕事和不主动。老板怎么会把升职的机会给一个不敢和自己说话、交往的人呢？

不主动与老板交往，可以说是一种对自己的前程和发展不负责的态度及行为，一个不在老板视线范围内的员工，根本就没有担当重任的机会，又谈何成功呢？

因此，作为员工，你要想缩短并尽快消除你与老板之间的心理距离，与老板顺利沟通，得到老板的信任，那么你就应当积极地行动起来，及时主动地接近老板。

阿尔伯特是美国金融界的知名人士、初入金融界时，他的一些同学已在金融界内担任高职，也就是说他们已经成为老板的心腹。他们教给阿尔伯特的一个最重要的秘诀：就是"千万要肯跟老板讲话"。

想主动与老板沟通的人，应懂得主动争取每一个沟通机会。事实证明，很多与老板匆匆一遇的场合，可能决定着你的未来。

比如，电梯间、走廊上、吃工作餐时，遇见你的老板，走过去向他问声好，或者和他谈几句工作上的事。千万不要像其他同事那样，极力避免让老板看见，仅仅与老板擦肩而过。能不失时机地表明你与老板兴趣相投，是再好不过了。老板怎会不欣赏那些与他兴趣相投的人呢？也许你大方、自信的形象，会在老板心中停留较长的一段时间。

小杨在合资公司做白领，觉得自己满腔抱负没有得到上司的赏识，经常想：如果有一天见到老板时适当展示一下自己就好了。

汤姆的同事吉米也有同样的想法，但是他进了一步，刻意去打听老板上下班的时间，算好他大约会在何时乘电梯，以便能够在乘电梯时遇到老板，哪怕打个招呼也好。

他们的同事约翰更进一步，他详细地了解了老板的奋斗经历，弄清了老板毕业的学校、人际风格、所关心的问题等等，并精心设计出几句简短却有分量的开场白，在算好的时间去乘电梯。在跟老板打过几次招呼后，终于有机会跟老板长谈了一次，不久就争取到了理想的职位。

愚者常常错失机会，智者善于抓住机会，成功者长于创造机会。机会只给予做好准备的人，而这"准备"二字也并非只是说说而已。

一名优秀的员工应该是主动让老板了解自己的人。表面上这是让老板可以掌握整个方向，实际上却是在累积你对老板的影响力，让他放心授权。

不仅如此，提高老板对你的期望值、建立影响力，有时也需要与老板的同侪搞好关系。美商兴亚国际消费品产业杜群首席代表郑燕裕，从秘书、业务员做到部门总经理，除了能力出众外，积极提高自己在所有主管印象中的能见度也是关键之一。每当国外主管到台湾地区时，即使与她没有直属关系，郑燕裕一定礼貌性地发出一封邀请信，然后带着团队一起拜访国外主管，介绍他们的工作内容与需求，建立了解彼此的机会。

因为这些主管可能都是对你直属老板意见有影响力的人，尤其是支持单位，如果让他们多了解你，以后有问题要反映时，他也可以支持你。

因为上司处事看人，并非处处是用理智思考的，情感因素在其中占据着十分重要的地位。绝对的客观是做不到的。而一般说来，上司的亲属和朋友，在感情的深厚程度方面，要明显地高于他人，这其中也包括秘书在内。所以，这些人的看法对上司是很有影响力的。有的秘书不注意加强这方面的沟通，得罪了上司的夫人或者他的挚友，最后留下不好的印象，短短的一句话："我觉得你的那个秘书有点儿……"就会毁掉你在上司面前的好印象。

一般上司看人，往往并不拘泥于自己的一隅之见和主观印象，他们往往会更多地了解其他人的看法，力求对你作一个客观的、全面的、多角度、深层次的考察。然而，谁的评价比较可信，恐怕就要数亲朋好友了。在上司的眼里，这些人的话未必正确，却是从维护自己切身利益的角度出发的，即使是有所偏激，肯定也不乏真知灼见。

● 及时改掉坏的工作习惯

好的习惯让人立于不败之地，坏的习惯把人从成功的神坛上拉下来。一个想成功的人，必须明白习惯的力量是如何强大，也必须了解养成好习惯一定要脚踏实地去做——认真做好每一件正确的小事，不去做任何一件不正确的小事。空谈空想是毫无作用的。

有段时间，石油大王保罗·盖蒂抽烟特别凶。一次，他度假经过英国，那里刚好下大雨，于是盖蒂在一家小旅馆过夜，吃过晚饭后，他很快睡去。

盖蒂在凌晨两点半突然醒来，很想抽一支烟。他打开灯，伸手去拿睡前放在桌子上的那包烟，却发现是空的。他又继续在随身携带的行李中寻找，结果仍一无所获。盖蒂知道旅馆的酒吧和餐厅早已关灯，这时若把不耐烦的房东叫醒，后果是不堪设想的。他唯一的办法是穿上衣服，走到几条街之外的火车站去买烟，而外面的大雨仍未停，路面特别泥泞。

但是，要抽烟的欲望不断侵蚀着他，想来一支的念头越来越浓厚。于是盖蒂脱下睡衣，开始穿外衣。他刚刚换好衣服伸手去拉门的瞬间，盖蒂突然停了下来，开始大笑。他突然发现自己的行为非但不合逻辑，简直荒谬之极。

盖蒂站在那儿寻思："一个所谓成功的商人，一个自认为有足够理智对别人下命令的人，竟要在三更半夜离开舒适的房间，冒着大雨走过几条街，仅仅为得到一包烟。"盖蒂生平第一次注意到这个细节问题。他已经养成了这个习惯，他愿意牺牲极大的舒适去满足这个习惯，而显而易见的是这个习惯没有任何好处。他明确地注意到这一点，并很快做出决定。

盖蒂把那个仍放在桌上的烟盒揉成一团，丢进废纸篓里，然后脱下衣服上床睡觉，并带着一种解脱、胜利的感觉。自那以后，盖蒂再也没有抽过一支烟，也没有了抽烟的欲望了。

人们经常做的一些小事情在不知不觉中就会养成某种习惯，而习惯的力量是相当大的，它会使你的思想成为它的俘虏。但人也都有一种仅省能力，可以以坚强的意志克服掉坏习惯。

我们知道，习惯是在点滴的小事中养成的。要想养成好习惯，那么你所做的每一件小事都要力求正确；而坏习惯的养成，则正是因为有些事虽是不正确的，但看上去并没有太大的危害，便不去加以注意。在人的一生中，你的行为要受到俗念、偏见、贪婪、恐惧、环境、习惯等巨大影响，其中最可怕的就是坏习惯。你若被它俘虏，被它控制，你就会在毫无知觉的情况下一步步滑向深渊。

"烦死了，烦死了！"一大早就听王宁不停地抱怨，一位同事皱皱眉头，不高兴地嘀咕着，"本来心情好好的，被你一吵也烦了。"

王宁现在是公司的行政助理，事务繁杂，是有些烦，可谁叫她是公司的管家呢，事无巨细，不找她找谁？

其实，王宁性格开朗，工作起来认真负责，虽说牢骚满腹，该做的事情，一点也不曾拖延。设备维护、办公用品购买、交通讯费、买机票、订客房……王宁整天忙得晕头转向，恨不得长出 8 只手来。再加上为人热情，中午懒得下楼吃饭的人还请她帮忙叫外卖。

刚交完电话费，财务部的小李来领胶水，王宁不高兴地说："昨天不是来过吗？怎么就你事情多，今儿这个、明儿那个的？"抽屉开得噼里啪啦，翻出一个胶棒，往桌子上一扔，说："以后东西一起领！"小李有些尴尬，又不好说什么，忙赔笑脸："你看你，每次找人家报销都叫亲爱的，一有点事求你，脸马上就长了。"

大家正笑着呢，销售部的王娜风风火火地冲进来，原来复印机卡纸了。王宁脸上立刻晴转多云，不耐烦地挥挥手："知道了。烦死了！和你说一百遍了，先填保修单。"单子一甩，"填一下，我去看看。"王宁边往外走边嘟囔："综合部的人都死光了，什么事情都找我！"对桌的小张气坏了："这叫什么话啊？我招你惹你了？"

态度虽然不好，可整个公司的正常运转真是离不开王宁。虽然有时候被她抢白得下不来台，也没有人说什么。怎么说呢？她不是应该做的都尽心尽力做好了吗？可是，那些"讨厌"、"烦死了"、"不是说过了吗"……实在是让人不舒服。特别是同办公室的人，王宁一叫，他们头都大了。"拜托，你不知道什么叫情绪污染吗？"这是大家的一致反应。

年末的时候公司民主选举先进工作者，大家虽然觉得这种活动老套可笑，暗地里却都希望自己能榜上有名。奖金倒是小事，谁不希望自己的工作得到肯定呢？领导们认为先进非王宁莫属，可一看投票结果，50 多份选票，王宁只得 12 张。

有人私下说："王宁是不错，就是嘴巴太厉害了。"

王宁很委屈：我累死累活的，却没有人体谅……

抱怨的人不见得不善良，但常常不受欢迎。抱怨就像用烟头烫破一个气球一样，让别人和自己泄气。谁都不愿靠近牢骚满腹的人，怕自己也受到传染。抱怨除了让你丧失勇气和朋友，于事无补。因此，一定要在工作中想办法根除抱怨的坏习惯，防止它传染大家，影响到工作中和谐的人际关系，也影响到自己的工作情绪，严重的还会影响到自己的身心健康。

其实，在工作当中有许多的诸如像抱怨一样的坏习惯会影响到你在职场中的地位，影响到你在表现中的表现，比如说时常请假。

没事随意请假对一个上班的人不是一件好事，享有自己应有的休假本来无可厚非，但任意休假就是不负责的表现了。

有一家制造厂选在 12 月 25 日作为庆典日，这之前的一段日子里，公司上上下下都忙得不可开交。

这时，有一个员工患了感冒，他向上司请假，说要到医院看病去，上司说这段时间很忙，能坚持就坚持，实在不行，再去看病。这个员工说大病都是小病引起的，上司只好批准他请病假，并抽调别人临时代替他的工作。

下午，上司陪一位客户外出去一个旅游景点游玩，却看到那个请病假的员工跟自己的女友在景点旅游，精神很好，看不出有什么病的样子，这个上司很生气，从此对这个员工的印象大打折扣。

作为一个上班族，在公司最忙、最累、最紧张的时候，最好不要借故请假，即使生病，只要还能上班就不要请假。否则，就会给人留下不好的印象："竟然在这么重要的日子里请假，真是太不负责任了！"

如果一切按照公司的规定，而且在不影响工作的情况下请假，这样自然没有问题。但是，如果毫无计划地请假，只要一有事，哪怕是一件微不足道的私人小事就请假，还自我安慰说："反正我把工作做完了，就算今天请假，明天我会多做一点，没什么大不了的。"那就会为你日后工作造成麻烦，甚至影响个人前途。

A 和 B 都是负责销售的业务骨干，两人不断地与客户签下订单，为公司创造了利润，在公司为他们考绩评分时，发现他们俩的业绩相当，协调性等各项条件都不相上下。上司很难判断到底谁最好，一旦做出了错误的判断，就可能会引起下属的不满。

在这种情况下，上司只好拿出两人的出勤率作为判断的方法，结果因为 A 的出勤率比 B 高，B 时常请假，故判断 A 比 B 的绩效好。

B 仅仅因为动不动就请假，而掩饰了他诸多优点和功绩，失去了升职和加薪的机会。

作为上班族的你，可别随随便便地高兴请假就请假。

从请假的细节中，可以判断这个人的敬业精神如何。要想在职场取得成功，给别人留下一个好印象，就要严格要求自己，不要随便请假，即使生病，只要还能上班就不要请假，更不要因为逃避繁忙的工作或无关紧要的小事请假。

克服坏习惯的唯一办法就是培养好习惯，因为只有一种习惯才能抑制另一种习惯。托马斯·爱伦建议："每天早晨醒来你最好大声告诉自己'我要培养自己的好习惯克服掉坏习惯！'并坚持不懈地去做。"

是的，每一个人都应努力做好小事情，养成好习惯，而不去做那些虽小但却会造成坏习惯的事情。如果你能坚持这么做，那你肯定是最棒的那一个。

第 8 章

完美态度，完美细节

态度决定一切。对于每一个卓越的员工来说，在工作中没有所谓的小事，有的只是对工作中每一个完美细节的不断追求。

● 不以卑微的心做卑微的事

无论你贵为君主还是身为平民，无论你是男还是女，都不要看不起自己的工作。如果你认为自己的劳动是卑贱的，那你就犯了一个巨大的错误。

罗马一位演说家说："所有手工劳动都是卑贱的职业。"从此，罗马的辉煌历史就成了过眼云烟。亚里士多德也曾说过一句让古希腊人蒙羞的话："一个城市要想管理得好，就不该让工匠成为自由人。那些人是不可能拥有美德的。他们天生就是奴隶。"

今天，同样有许多人认为自己所从事的工作是低人一等的。他们身在其中，却无法认识到其价值，只是迫于生活的压力而劳动。他们轻视自己所从事的工作，自然无法投入全部身心。他们在工作中敷衍塞责、得过且过，而将大部分心思用在如何摆脱现在的工作环境上了。这样的人在任何地方都不会有所成就。

所有正当合法的工作都是值得尊敬的。只要你诚实地劳动和创造，没有人能够贬低你的价值，关键在于你如何看待自己的工作。那些只知道要求高薪，却不知道自己应承担的责任的人，无论对自己，还是对老板，都是没有价值的。

也许某些行业中的某些工作看起来并不高雅，工作环境也很差，但是，请不要无视这样一个事实：有用才是伟大的真正尺度。在许多年轻人看来，公务员、银行职员或者大公司白领才称得上是绅士，其中一些人甚至愿意等待漫长的时间，目的就是去谋求一个公务员的职位。但是，同样的时间他完全可以通过自身的努力，在现实的工作中找到自己的位置，发现自己的价值。

"低就"不一定就低人一等。对于许多选择就业岗位的人们来说，首要的不是先瞄好令人羡慕的岗位，而是一开始就树立正常的就业观念。如果干什么都挑三拣四，或者以为选准一个岗位便可以一劳永逸，那么你就可能永远真正地低人一等。正如台湾地区的女作家杏林子所说："现代社会，昂首阔步、趾高气扬的人比比皆是，然而有资格骄傲却不骄傲的人才真正高贵。"

20 世纪 70 年代初，美国麦当劳总公司看好台湾地区市场。正式进军台湾地区之前，他们需要在当地先培训一批高级干部，于是进行公开的招考甄选。由于要求的标准颇高，许多初出茅庐的青年企业家都未能通过。

经过一再筛选，一位名叫韩定国的某公司经理脱颖而出。最后一轮面试前，麦当劳的总裁和韩定国夫妇谈了三次，并且问了他一个出人意料的问题："如果我们要你先去洗厕所，你会愿意吗？"韩定国还未及开口，一旁的韩太太便随意答道："我们家的厕所一向都是由他洗的。"总裁大喜，免去了最后的面试，当场拍板录用了韩定国。

后来韩定国才知道，麦当劳训练员工的第一堂课就是从洗厕所开始的，因为服务业的基本理论是"非以役人，乃役于人"，只有先从卑微的工作开始做起，才有可能了解"以家为尊"的道理。韩定国后来所以能成为知名的企业家，就是因为一开始就能从卑微小事做起，干别人不愿干的事情。

工作本身没有贵贱之分，但是对于工作的态度却有高低之别。看一个人是否能做好事情，只要看他对待工作的态度。而一个人的工作态度，又与他本人的性情、才能有着密切的关系。一个人所做的工作，是他人生态度的表现，一生的职业，就是他志向的表示、理想的所在。所以，了解一个人的工作态度，在某种程度上就是了解了那个人。

那些看不起自己工作的人，往往是一些被动适应生活的人，他们不愿意奋力崛起，努力改善自己的生存环境。对于他们来说，公务员更体面，更有权威性；他们不喜欢商业和服务业，不喜欢体力劳动，自认为应该活得更加轻松，应该有一个更好的职位，工作时间更自由。他们总是固执地认为自己在某些方面更有优势，会有更广泛的前途，但事实上并非如此。

克尔在一家快速消费品公司已经工作了两年，一直是不冷不热的状态，待遇不高，但能学到东西，比较锻炼人，薪水也马马虎虎过得去。但最近和一些老朋友交流过程中，他发现大家都发展得不错，好像都比自己好，这使得他开始对自己目前的状态不满意了，考虑怎么和老板提加薪或者找准机会跳槽。

终于，他找了一次单独和老板喝茶的机会，开门见山地向老板提出了加薪的要求。老板笑了笑，并没有理会。于是，他对工作再也打不起精神来，开始敷衍应付起来。一个月后，老板把他的工作移交给其他员工，大概是准备"清理门户"了。他赶紧知趣地递交了辞呈。可令他始料未及的是，接下来的几个月里，他并没有找到更好的工作，招聘单位开出的待遇甚至比原来的还差了。

由于心态的错位与失衡，克尔失去了那份还过得去的工作，而且，他的下一份工作还不如以前。

像克尔这种具有消极被动心态的人，他们只是指责和抱怨，并一味逃避。他们不思索关于工作的问题：自己的工作是什么？工作是为什么？怎样才能把工作做得更好？他们只是被动地应付工作，为了工作而工作，不在工作中投入自己全部的热情和智慧，只是机械地完成任务。这样的员工，是不可能在工作中做出好的成绩并最终拥有自己的事业的。

许多管理制度健全的公司，正在创造机会使员工成为公司的股东。因为人们发现，当员工成为企业所有者时，他们表现得更加忠诚，更具创造力，也会更加努力工作。以积极主动的心态对待你的工作、你的公司，你就会尽职尽责完成工作，并在工作中充满活力与创造性，你就会成为一个值得信赖的人，一个老板乐于雇用的人，一个可能成为老板得力助手的人。更重要的是，你终将会在事业上有所成就。

其实，每个人都应该相信天生我才必有用，懒懒散散只会给我们带来巨大的不幸。有些年轻人用自己的天赋来创造美好的事物，为社会做出了贡献；另外有些人没有生活目标，缩手缩脚，浪费了天生的资质，到了晚年只能苟延残喘。本来可以创造辉煌的人生，结果却与成功失之交臂，不能说不是一个巨大的遗憾。

因此，在职场中有一条永远不变的真理：以积极的心态对待工作，工作也会以积极的回报回馈于你。

● 工作不只为薪水

一些年轻人，当他们走出校园时，总对自己抱有很高的期望值，认为自己一开始工作就应该得到重用，就应该得到相当丰厚的报酬。他们在工资上喜欢相互攀比，似乎工资成了他们衡量一切的标准。但事实上，刚刚踏入社会的年轻人缺乏工作经验，是无法委以重任的，薪水自然也不可能很高，于是他们就有了许多怨言。但这样带来的后果往往很糟。

安妮大学毕业后在一家公司的财务部门任职。老板说："试用期半年，干得好，半年以后加薪。"

安妮刚到公司上班时，干劲特别足，每天干的活一点也不比老职员少，可是两个多月以后，她觉得凭借自己能够在公司独当一面，完全可以获得更高的薪水，老板应该提前给她加薪才是，而不必非要等到半年以后。

自产生这个想法以后，安妮对工作的态度来了一个一百八十度的大转变，上司交给她的各项任务不再像以前那样认真、细致地完成，月末单位赶制财务报表需要加班加点时，她甚至对同事们说："你们加班是应当的，我的任务我在白天已经完成了。"

言下之意，安妮的薪水低，没理由和那些高薪族一起加班，还半真半假地幽默道："半年后，说不定我就会与你们一道并肩作战了。"当然，这一切不会逃过老板的火眼金睛。

半年过去了，老板丝毫没有给安妮加薪的意思，她一气之下离开了那家公司。

后来同事跟她私下聊天："真遗憾，你白白地坐失了一个加薪晋升的良机。老板看你工作扎实，业务能力又强，本来想在第三个月提前给你加薪，甚至还有意在半年后提拔你为主办会计。"得知这一切的安妮心中悔恨不已，但为时已晚。

其实，像安妮这样的员工，她的失败源于她不知道这样的一个职场法则：

如果一个人工作只是为了薪水，没有远大理想，没有高尚目标，不关心薪水以外的任何东西，那么他的能力就无法提高，经验也无法增多，机会也就无法垂青于他，成功也就自然与他无缘。

因此，有一位成功企业家说过，不要为薪水而工作。工作固然是为了生计，但是比生计更可贵的，就是在工作中充分发掘自己的潜能，发挥自己的才干，做正直而纯正的事情。

这时，你会惊喜地发现：工作所给你的，要比你为它付出的更多。如果你将工作视为一种积极的学习经验，那么，每一项工作中都包含着许多个人成长的机会。

美国某著名教授有两个十分优秀的学生，聪明能干，兴趣和爱好也相近。对他们来说，找个有发展潜力的工作应该是件轻而易举的事。当时，教授有个朋友正在创办一家小型公司，委托教授为他物色一个适当的人选做助理。教授建议他这两个学生都去试试看。

两个学生分别前去应聘。第一位去应聘的名叫纳费尔。面谈结束几天后，他打电话向教授说："您的朋友太苛刻了，他居然只肯给月薪 600 美元，我才不去为他工作呢！现在，我已经在另一家公司上班了，月薪 800 美元。"

后来去的那位字生叫比克，尽管开出的薪水也是 600 美元，尽管他也有更多赚钱的机会，但是他却欣然接受了这份工作。当他将这个决定告诉教授时，教授问他："如此低的薪水，你不觉得太吃亏了吗？"

比克说："我当然想赚更多的钱，但是我对您朋友的印象十分深刻，我觉得只要从他那里多学到一些本领，薪水低一些也是值得的。从长远的眼光来看，我在那里工作将会更有前途。"

好多年过去了。纳费尔的年薪由当年的 9600 美元涨到区区 4 万美元，而最初年薪只有 7200 美元的比克呢，现在的固定薪水却是 25 万美元，外加期权和红利。

这两个人的差异到底在哪里呢？显然纳费尔是被最初的赚钱机会蒙蔽了，而比克却是基于学东西的观点来考虑自己的工作选择。

这就是一个眼光的问题，如果你只注重眼前的金钱和利益，而不是在工作中锻炼和增长自己的能力的话，那你永远也不可能像比克那样获得成功的机会。

古往今来，那些成功人士的一生往往是跌宕起伏，像波浪线一样，一下高一下低。命运的起伏使他们失去了很多东西，但有一样东西是不会失去的，这就是能力，是能力使他们重新跃上事业的顶峰。杰出人物所具有的创新力、决断力以及敏锐的洞察力往往是人们所钦慕的，然而，他们的这些能力是在长期的工作中锻炼的，而不是一开始就具备的。他们通过工作了解自己，发现自己，最大限度地发挥自己的潜力。

一个名叫尼克的普通银行职员，在受聘于一家汽车公司 6 个月后。试着向老板琼斯毛遂自荐，看是否有提升的机会。琼斯的答复是："从现在开始，监督断厂机器设备的安装工作就由你负责，但不一定加薪。"糟糕的是，尼克从未受过任何工程方面的训练，对图纸一窍不通。然而，他不愿意放弃这个难得的机会。因此，他发扬自己的领导特长，自己找了些专业人员安装，结果提前一个星期完成任务。最后。他得到了提升，工资也增加了 10 倍。

"我当然明白你看不懂图纸，"后来老板这样对他说，"假如你随意找个原因把这项工作推掉，我有可能就把你辞掉。"

只有在工作中主动争取机会，尽自己最大努力去发挥自己的能力，你才会比别人更多一份成功的可能。

"追求热爱的事业，而非一份可以挣钱的工作。"这句简单的名言，或许可以避免许多人失去对生命的热情。

钢铁大王查尔斯·施瓦布对此有非常精辟的看法，他说："如果对工作缺乏热情，只是为了薪水而工作，很可能既赚不到钱，也找不到人生的乐趣。"

为了避免这样的一种情形，我们有必要重新认识工作的价值。

固然，我们投身于职场是为了自己而工作。但人生并不只有现在，还有更长远的未来。薪水当然重要，但那只是个短期的小问题，最重要的是要获得不断晋升的机会，为未来获得更多的收入奠定基础，更何况生存问题需要通过发展来解决。

维斯卡亚公司是美国20世纪80年代最为著名的机械制造公司。

艾伦和许多人的命运一样，在该公司每年一次的用人招聘会上被拒，但是艾伦并不灰心，他发誓一定要进入这家公司工作。

于是，他假装自己一无所长，找到公司人事部，提出为该公司无偿提供劳动力，请求公司分派给他任何工作，他都不计任何报酬来完成。公司起初觉得简直不可思议，但考虑到不用任何花费，也用不着操心，于是便分派他去打扫车间的废铁屑。

一年下来，艾伦勤勤恳恳地重复着这种既简单又劳累的工作。为了糊口，下班后他还得去酒吧打工。尽管他得到了老板及工人们的一致好感，但仍然没有一个人提到录用他的问题。

1990年初，公司的许多订单纷纷被退回，理由均是产品质量问题，为此公司将蒙受巨大的损失。公司董事会为了挽救颓势，紧急召开会议，寻找解决方案。当会议进行一大半还不见眉目时，艾伦闯入会议室，提出要见总经理。在会上，他就该问题出现的原因作了令人信服的解释，并且就工程技术上的问题提出了自己的看法，随后拿出了自己的产品改造设计图。

这个设计非常先进，既恰到好处地保留了原来的优点，又克服了已经出现的弊病。

总经理及董事觉得这个编外清洁工很是精明在行，便询问他的背景及现状。于是，艾伦当着高层决策者们的面，将自己的意图和盘托出。之后经董事会举手表决，艾伦当即被聘为公司负责生产技术问题的副总经理。

原来，艾伦利用清扫工到处走动的特点，细心察看了整个公司各部门的生产情况，并一一详细记录，发现了所存在的技术问题并想出了解决的办法。他花了一年时间搞设计，做了大量的统计数据，为最后一展雄姿奠定了基础。

艾伦不为薪水工作的同时，却为自己的未来创造了成功的契机。

因此，世界著名的成功大师戴尔·卡耐基告诫人们成功的秘诀之一就是：

不为金钱工作。

你如果想做一个快乐的人，切记：金钱不是万能，不是"权力"；它只是用来达到目的的一种工具罢了。若你不注意发展你的人格而只注意赚钱，那么，全世界银行金库里的钱还不够替你买到快乐！金钱变为你的生活目的时，怕连你的生活，甚至你的命也保不住了！

● 以老板的心态来工作

绝大多数人都必须在一个社会机构中奠基自己的事业生涯。只要你还是某一机构中的一员，就应当抛开任何借口，投入自己的忠诚和责任。一荣俱荣，一损俱损！将身心彻底融入公司，尽职尽责，处处为公司着想，对投资人承担风险的勇气报以钦佩，理解管理者的压力，那么任何一个老板都会视你为公司的支柱。

这种理念其实就是《这是你的船》的作者迈克尔·阿伯拉肖夫提出的一种员工心态的观念。

1997 年 6 月，当迈克尔·阿伯拉肖夫接管"本福尔德"号的时候，船上的水兵士气消沉，很多人都讨厌待在这艘船上，甚至想赶紧退役。

但是，两年之后，这种情况彻底发生了改变。全体官兵上下一心，整个团队士气高昂。"本福尔德"号变成了美国海军的一艘王牌驱逐舰。

迈克尔·阿伯拉肖夫用什么魔法使得"本福尔德"号发生了这样翻天覆地的变化呢？概括起来就是一句话："这是你的船！"

迈克尔·阿伯拉肖夫对士兵说：这是你的船，所以你要对它负责，你要与这艘船共命运，你要与这艘船上的官兵共命运。所有属于你的事，你都要自己来决定，你必须对自己的行为负责。

只要你是公司的员工，你就是公司这条船的主人。你必须以主人的心态来管理照料这条船，而不是以一个"乘客"的心态来度过人生的浩瀚大海。

当然，选择做主人还是做乘客，这两种不同心态对于你的工作带来的影响是相当大的。

彼得高中毕业之后和朋友一齐到海南打工。

彼得和朋友在码头的一个仓库给人家缝补篷布。彼得很能干，做的活儿也精细，当他看到丢弃的线头碎布也会随手拾起来，留做备用，好像这个公司是他自己开的一样。

一天夜里，暴风雨骤起，彼得从床上爬起来，拿起手电筒就冲到大雨中。朋友劝不住他，骂他是个憨蛋。

在露天仓库里，彼得察看了一个又一个货堆，加固被掀起的篷布。这时候老板正好开车过来，只见彼得已经成了一个水人儿。

当老板看到货物完好无损时，当场表示给彼得加薪。彼得说："不用了，我只是看看我缝补的篷布结不结实，再说，我就住在仓库旁，顺便看看货物只不过是举手之劳。"

老板见他如此诚实，如此有责任心，就让他到自己的另一个公司当经理。

公司刚开张，需要招聘几个文化程度高的大学毕业生当业务员。彼得的朋友跑来，说："给我弄个好差干干。"彼得深知朋友的个性，就说："你不行。"朋友说："看大门也不行吗？"彼得说："不行，因为你不会把活当成自己家的事干。"朋友说他："真憨，这又不是你自己的公司！"临走时，朋友说彼得没良心，不料彼得却说："只有把公司当成是自己开的公司，才能把事情干好，才算有良心。"

几年后，彼得成了一家公司的总裁，他朋友却还在码头上替人缝补篷布。这就是以老板的心态做事与以打工者的心态做事的区别。

只有以老板的心态对待公司，你才会有主人翁的责任意识，时时处处为公司着想，对工作就会全身心投入，尽职尽责。

尼斯是主管过磅称重的小职员，到这家钢铁公司工作还不到一个月，他就发现很多矿石并没有完全充分地冶炼、一些矿石中甚至还残留有未被冶炼好的铁。他想：如果继续这样下去的话，公司岂不是会有很大的损失？

于是，他找到了负责该项工作的工人，跟他说明了这个问题。这位工人说："如果技术有了问题，工程师一定会跟我说，现在还没有哪一位工程师跟我说明这个问题，说明现在还没有出现你说的情况。"

尼斯又找到了负责技术的工程师，对工程师说明了他看到的问题。工程师很自信地说："我们的技术是世界一流的，怎么可能会有这样的问题？"工程师并没有重视乔治所说的问题，还暗自认为：一个刚刚毕业的大学生，能明白多少，不会是因为想博得别人的好感而表现自己吧？

但是尼斯一直认为这是个很大的问题，于是他拿着没有冶炼好的矿石找到了公司负责技术的总工程师，他说："先生，我认为这是一块没有冶炼好的矿石，您认为呢？"

总工程师看了一眼，说："没错，年轻人！你说得对，哪里来的矿石？"

尼斯说："我们公司的。"

"怎么会，我们公司的技术是一流的，怎么可能会有这样的问题？"总工程师很诧异。

"工程师也这么说，但事实确实如此。"尼斯坚持道。

"看来是出问题了。怎么没有人向我反映？"总工程师有些发火了。

总工程师立即召集负责技术的工程师来到车间，果然发现了一些冶炼并不充分的矿石。经过检查发现，原来是监测机器的某个零部件出现了问题，才导致了冶炼的不充分。

公司的总经理知道了这件事后，不但奖励了尼斯，而且还晋升尼斯为负责技术监督的工程师。总经理不无感慨地说："我们公司并不缺少工程师，但缺少的是负责任的工程师。工程师没有发现问题事小，别人提出问题还不以为然事大。对于一个企业来讲，人才是重要的，但是更重要的是真正有责任感的人才。"

乔治能获得工作之后的第一步成功，完全源于一种老板般的责任感。也就是说，他具有老板的心态，处处为公司的利益着想。

钢铁大王卡内基曾经这样说过："无论在什么地方，都不应该把自己只看成公司的一名员工，而应该把自己视为公司的主人。"

也只有以老板的心态来对待公司，才能像老板一样热爱公司，热爱你的工作。但是，如何像老板那样去热爱公司呢？有两点是相当重要的，一是以老板的心态对待工作，对工作质量精益求精；二是把自己视为公司的老板，像呵护自己的孩子那样去呵护企业。

从表面上看，企业的确是老板的，因为你没有企业的股份。事实上，企业是你和老板共有的，你总是拥有企业的"一部分"，这一部分给了你工作的机会，给你带来收入，给你一个展示才华的舞台。如果没有这一部分，你的这一切都不存在。如果你爱这一部分，你就不再感觉工作是一种苦役了，而是一件快乐的事情。

以老板的心态对待公司，像老板一样热爱你的工作，热爱你的公司，你就会成为一个快乐的人，负责的人，一个值得信赖的人，一个老板乐于雇用的人，一个可能成为老板得力助手的人。

亲爱的朋友，当你读到这里时，不妨问一下自己：如果你是老板，你对自己今天所做的工作完全满意吗？别人对你的看法也许并不重要，真正重要的是你对自己的看法。回顾一天的工作，扪心自问一下："我是否付出了全部精力和智慧？"

● 责任感就体现在细微的小事中

有人说，一滴水可以折射出整个太阳的光辉，一件小事就可以看出一个人的内心世界。所以，一个人有没有责任感，并不仅仅是体现在大是大非面前，也体现在细微的小事中。事实上，一个连小事都不愿负责的人，又怎能在大事面前敢于担当呢？

一位人力资源部经理说："看一个人是否有责任，不用从什么大的方面来看，就从那些细微的小事，下意识能做的事情就可以得到答案。"他的话不无道理。

一家公司正在招聘新员工。来了不少应聘的人，看起来一个个精明干练。面试的人一个个进去又一个个出来，大家看起来都是胸有成竹。面试只有一道题，就是谈谈你对责任的理解。对于这样的一个问题，很多都认为简单得不能再简单。

然而结果却出人意料——一个人都没有被录取。难道这家企业成心不想招人？

"其实，我们也很遗憾，我们很欣赏各位的才华，你们对问题的分析也是层层深入，语言简洁畅达，非常令各位考官满意。但是，我们这次考试不是一道题，而是两道，遗憾的是，另外一道你们都没有回答。"经理说。

大家哗然："还有一道题？"

"对，还有一道，你们看到了躺在门边的那个笤帚了吗？有人从上面跨过去，有的甚至往旁边踢了一下，但却没有一个人把它扶起来。"

"对责任的深刻理解远不如做一件负责的小事，后者更能显现出你的责任感。"经理最后说。

看来这位经理的挑剔确实很必要，因为没有哪一位领导者会对如此没有责任意识的员工给予深深的信任，没有多少人可以面临大是大非的抉择，也没有多少人的责任感会有大是大非的考验，那么就从小事来看看你的员工吧，看看他是否真的对企业有责任感？这也是考核员工的一个重要方面。

工作就意味着责任。在这个世界上，没有不需承担责任的工作，相反，你的职位越高、权力越大，你肩负的责任就越重。不要害怕承担责任，要立下决心，你一定可以承担任何正常职业生涯中的责任，也一定可以比前人完成得更出色。

千万不要自以为是而忘记了自己的责任。对于这种人，巴顿将军的名言是："自以为了不起的人一文不值。遇到这种军官，我会马上调换他的职务。每个人都必须心甘情愿为完成任务而献身。"

世界上最愚蠢的事情就是推卸眼前的责任，认为等到以后准备好了、条件成熟了再去承担才好。在需要你承担重大责任的时候，马上就去承担它，这就是最好的准备。如果不习惯这样去做，即使等到条件成熟了以后，你也不可能承担起重大的责任，你也不可能做好任何重要的事情。

每个人都肩负着责任，对工作、对家庭、对亲人、对朋友，我们都有一定的责任，正因为存在这样或那样的责任，才能对自己的行为有所约束。

寻找借口就是将应该承担的责任转嫁给社会或他人。而一旦我们有了寻找借口的习惯,那么我们的责任心也将随着借口烟消云散。没有什么不可能的事情,只要我们不把借口放在我们的面前,就能够做好一切,就能完全地尽职尽责。

小田千惠是日本索尼公司销售部的一名普通接待员,工作职责就是为往来的客户订购飞机、火车票。有一段时间,由于业务的需要,她时常会为美国一家大型企业的总裁订购往返于东京和大阪的车票。

后来,这位总裁发现了一个非常有趣的现象:他每次去大阪时,座位总是紧邻右边的窗口,返回东京时,又总是坐在靠左边窗口的位置上。这样每次在旅途中他总能在抬头间就能看到美丽的富士山。

"不会总是这么好运气吧?"这位总裁对此百思不得其解,随后便饶有兴趣地去问小田千惠。

"哦,是这样的,"小田千惠笑着解释说,"您乘车去大阪时,日本最著名的富士山在车的右边。据我的观察,外国人都很喜欢富士山的壮丽景色,而回来时富士山却在车的左侧,所以,每次我都特意为您预订了可以一览富士山的位置。"

听完小田千惠的这番话,那位美国总裁打内心深处产生了强烈的震撼,由衷地赞美道:"谢谢,真是太谢谢你了,你真是一个很出色的雇员!"

小田千惠笑着回答说:"谢谢您的夸奖,这完全是我职责范围内的工作。在我们公司,其他同事比我还要更加尽职尽责呢!"

美国客人在感动之余,对索尼的领导层不无感慨地说:"就这样一件小事,贵公司的职员都想得如此周到细心,那么,毫无疑问,你们会对我们即将合作的庞大计划尽心竭力的。所以与你们合作我一百个放心!"

令小田千惠没有想到的是,因为她的尽职尽责,这位美国总裁将贸易额从原来的 500 万美元一下子提高至 2000 万美元。

更令小田千惠惊喜的是,不久她就由一名普通的接待员提升至接待部的主管。

像小田千惠这样的人在企业里无疑就是一名榜样员工。

因为她将责任根植于内心,让它成了其脑海中的一种自觉意识。这样一来在日常的行为和工作中,这种责任意识才会让她表现得更加卓越。

因为她清楚,作为一名合格称职的好员工,就必须尽职尽责,对她的岗位和公司感到自豪,对于她的同事和上级有高度的责任义务感,对于自己表现出的能力有充分的自信。

如果你曾经为自己担当责任而感到沉重和压力重重,那么我告诉你,你还没有正确地理解责任的含义。责任意味着勇气、坚强、爱和无私。当你有勇气承担责任时，你正在给予别人爱和无私。难道你不为自己所做的一切感到骄傲吗？如果你有勇气，就把曾经放弃的责任重新捡拾起来，你不会被人嘲笑而会得到他人尊敬的。如果你有勇气，就别放弃正压在你身上的责任，如果你能再坚持一下，你就可能获得成功。

可能对于很多人来说，如果不给予一定职务或待遇上的承诺，很少有人愿意主动去承担一些工作，因为做的工作越多，意味着担负的责任越重，做得好一切都会好，做不好就招致麻烦。所以，只要做好自己的事情就可以了，其他的事情能不管就不管、能推则推。殊不知，这样长期下去，最终损失最大的还是自己。

汤姆在一次与朋友的聚会中神情激愤地对朋友抱怨老板长期以来不肯给自己机会。他说："我已经在公司的底层挣扎了15年了，仍时刻面临着失业的危险。十五年，我从一个朝气蓬勃的青年人熬成了中年人，难道我对公司还不够忠诚吗？为什么他就是不肯给我机会呢？"

"那你为什么不自己去争取呢？"朋友疑惑不解地问。

"我当然争取过，但是争取来的却不是我想要的机会，那只会使我的生活和工作变得更加糟糕。"他依旧愤愤不平。

"能对我讲一下那是什么吗？"

"当然可以！前些日子，公司派我去海外营业部，但是像我这样的年纪，这种体质，怎能经受如此的折腾呢。"

"这难道不是你梦寐以求的机会吗，怎么你会认为这是一种折腾呢？"

"难道你没看出来？"汤姆大叫起来，"公司本部有那么多的职位，为什么要派我去那么遥远的地方，远离故乡、亲人、朋友？那可是我生活的重心呀！说我的身体也不允许呀！我有心脏病，这一点公司所有的人都知道。怎么可以派一个有心脏病的人去做那种'开荒牛'的工作呢，又脏又累，任务繁重而没有前途……"他仍旧絮絮叨叨地罗列着他根本不能去海外营业部的种种理由！

这次他的朋友沉默了，因为他终于明白为什么15年来汤姆仍没有获得他想要的机会。并且也由此断定，在以后的工作中，汤姆仍然无法获得他想要的机会，也许终其一生，他也只能等待。

借口的根源在于缺乏责任心，找借口只会使你与成功失之交臂。

负责任、尽义务是成熟的标志。几乎每个人做错了事都会寻找借口。负责任的人是成熟的人，他们对自己的言行负责，他们把握自己的行为，做自我的主宰。

其实，只有具备高度责任感的人，从不把该负的责任推诿给别人，才会被你周围的人包括你的老板所赏识。

● 以感恩的心态来对待工作

一次，古罗马众神决定举行一次欢迎会，邀请全体美德神参加。真、善、美、诚以及各大小美德神都应邀出席，他们和睦相处，友好地谈论着，玩得很痛快。

但是主神朱庇特注意到：有两位客人互相回避，不肯接近。主神向信使神密库瑞述说了这一情况，要他去看看这是什么问题。信使神立即将这两位客人带到一起，并给他们介绍起来。

"你们两位以前从未见过面吗？"信使神说。

"没有，从来没有，"一位客人说，"我叫慷慨。"

"久仰，久仰！"另一位客人说，"我叫感恩。"

正如这个故事揭示的：生活中慷慨的行为总是难以得到真诚的感恩。事实上，我们每个人每天的生活都在仰赖着他人的奉献，只是很少有人会想到这一点。

感恩是爱的根源，也是快乐的源泉。如果我们对生命中所拥有的一切能心存感激，便能体会到人生的快乐、人间的温暖以及人生的价值。班尼·迪克特说："受人恩惠，不是美德，报恩才是。当他积极投入感恩时，美德就产生了。"

感恩之心会给我们带来无尽的快乐。为生活中的每一份拥有而感恩，能让我们知足常乐。感恩不是炫耀，不是停滞不前，而是把所有的拥有看作是一种荣幸、一种鼓励，在深深感激之中进行回报的积极行动，与他人分享自己的拥有。感恩之心使人警醒并积极行动，更加热爱生活，创造力更加活跃；感恩之心使人向世界敞开胸怀，投身到仁爱行动之中。没有感恩之心的人，永远不会懂得爱，也永远不会得到别人的爱。

拥有感恩之心的人，即使仰望夜空，也会有一种感动，正如康德所说："在晴朗之夜，仰望天空，就会获得一种快乐，这种快乐只有高尚的心灵才能体会出来。"生活中确实需要感恩，不懂得感恩，生活便会黯然失色，人生便没有滋味。

人们可以为一个陌路人的点滴帮助而感激不尽，却无视朝夕相处的老板的种种恩惠，将一切视之为理所当然。

许多成功人士在谈到自己成功经历时，往往过分强调个人努力因素。事实上，每个有所作为的人都获得过别人的许多帮助。一旦你订出成功目标并且付诸行动之后，你就会发现自己获得许多意料之外的支持。你应该时刻感谢这些帮助你的人，感谢上天的眷顾。

生而为人，要感谢父母的恩惠，感谢国家的恩惠，感谢师长的恩惠，感谢大众的恩惠。没有父母养育，没有师长教诲，没有国家爱护，没有大众助益，我们何能存于天地之间？所以，感恩不但是美德，感恩是一个人之所以为人的基本条件。

诚然雇佣和被雇佣是一种契约关系，但同时也是合作的关系。可以说，没有老板也就不会有你的工作机会，从某种意义上说，老板是有恩于你的。

虽说通过个人的勤奋和吃苦耐劳能出色地完成工作，但同时应该承认，在一个人的人生历程中，接受来自别人的帮助也是很重要的。受助和施助看起来是矛盾的，但高尚的依赖和自立自强又是统一的，一个优秀而谦虚的人往往乐于承认和接受别人的帮助。

哈佛大学毕业的华裔女士张小姐就业于美国邮政服务公司，与她相处过的同事都对她的微笑、善良和勤劳留有深刻的印象。几乎每一个和她相处过的人都成了她的朋友。

有人不解，就问张小姐有什么和人相处的秘诀。

张小姐微笑着说："一切应该归功于我的父亲，在我很小的时候他就教导我，对周围任何人的赋予，都应该抱有感恩的心情，而且要永远铭记，要使自己尽快忘记那些不快。"

"我幸运地获得了这份工作，有很多友善的同事，虽然上司对我的要求很严格，但是私人生活方面对我却很照顾。所有的这一切，我都铭记在心，对他们心存感激。"

"一直带着这种感激的态度去工作，很快我就发现，一切都美好起来，一些微不足道的不快也很快过去。我总是工作得很顺利，大家都很乐意帮助我。"

每家企业都是一样，所有同事都更愿意帮助那些知恩图报的人，主管也更愿意提携那些一直对公司抱有感恩心情的员工。因为这些员工更容易相处，对工作更富有热情，对公司更显忠诚！

现在越来越多年轻的职员，常常满腹牢骚，抱怨这个不对，那个不好。在他们眼里只有自我，恩义如杂草，他们贫乏的内心不知道什么是回报。工作上的不如意，似乎是教育制度的弊端造成的；把老板和上司的种种言行视之为压榨。正是那种纯粹的商业交换的思想造成了许多公司老板和员工之间的矛盾和紧张关系。

但是，没有老板也就不会有你的工作机会，从这个意义上来说，老板是有恩于你的。那么，为什么不告诉老板，感谢他给你机会呢？感谢他的提拔，感谢他的努力。为什么不感激你的同事呢？感激他们对你的理解和支持，还有平时你从他们身上学到的知识。

如果是这样，你的老板也会受这样一种高尚纯洁的礼节和品质的感染，他会以具体的方式来表达他的感激，也许是更多的工资，更多的信任和更多的服务。

你的同事也会更加乐于和你友好相处。

可见，感恩并不仅仅有利于公司和老板，对于个人来说，感恩的人生是富裕的人生。感恩是一种深刻的感受，能够增强个人的魅力，开启神奇的力量之门，发掘出无穷的智能。感恩也像其他受人欢迎的特质一样，是一种习惯和态度。

感恩和慈悲是近亲。时常怀有感恩的心情，你会变得更谦和、可敬且高尚。

每天都该用几分钟的时间，为你的幸运而感恩。所有的事情都是相对的，不论你遇到何种磨难，都不是最糟的，所以你要感到庆幸。

"谢谢你"、"我很感谢"，这些话应该经常挂在嘴边。以特别的方式表达你的谢意，付出你的时间和心力，比物质的礼物更可贵。

把你的创意发挥在感谢别人上。例如，你是否曾经想过，写一张字条给上司，告诉他你多么热爱你的工作，多么感谢工作中获得的机会？这种深具创意的感谢方式，一定会让他注意到你，甚至可能提拔你。感恩是会传染的，上司也同样会以具体的方式，表达他的谢意，感谢你所提供的服务。

不要忘了感谢你周围的人：你的丈夫或妻子、亲人及工作的伙伴。因为他们了解你，支持你。大声说出你的感谢。家人知道你很感激他们的信任，但是你要说出来。经常如此，可以增强亲情与家庭的凝聚力。

记住，永远有事情需要感谢。推销员遭到拒绝时，应该感谢顾客耐心听完他的解说。这样他下一次有可能再惠顾！

无论你走到哪一家公司，如果你能够对为你服务的女职员说一声"谢谢"，她一定会从心里感激你的。反过来说，如果她的这种工作被人所漠视，或者被认为是理所当然的话，她一定感觉不舒畅。关于这一点，你只要改变一下自己的立场就不难明白了。

事实上懂得感恩应该成为一种普遍的社会道德。得到了晋升，你要感谢老板的独具慧眼，感谢他的赏识；失败的时候，你不妨对上帝给了你一次锻炼的机会而心存感激。

对于忘恩负义的人来说，对别人的帮助往往是感觉不到的。但是，你若要在工作中得到更多，就应该时刻记住：你拿的薪水就像你喝的水！即使挖井人不图你的回报，你也应该有个感恩的态度，至少在适当的时候表示你的感谢。最终你会发现，这种知恩图报美德的回报大大超出了你的想象。

● 不为失败找借口

生活中你也许碰到过这样的问题，原本计划要做的事情，往往到了最后都没有兑现。你们不是没有足够的时间，也不是没有足够的实力，更不是没有足够的发挥空间，而是有着种种成熟的条件与环境，但最后还是失败了，而且你还怨天尤人，骂爹骂娘，说如果我当时怎样怎样就会怎样怎样，如果当时运气好一点的话；如果时间再把握好一点的话；等等的"如果"……这无非是在为自己的失败找一个借口而已……

面对失败，我们没有"如果……"！

请不要总是说"不"、"不是"、"没有"、"与我无关"、"因为"，这一类的话无非就是想告诉别人，事情的失败与自己无关，是外界的一些不利因素导致了这次失败。本应该自己担的责任却推给别人和外界环境。

成功的人是从不会给自己找任何推托失败的借口，他们会努力地完成任务，会在事先做好计划，会在工作中坚定不移地朝着目标前进，全力以赴地排除困难，不言放弃。美国成功学家格兰特说过这样一句话：如果你有自己系鞋带的能力，你就有上天摘星的机会。不要为自己的错误辩护，再美妙的借口也于事无补。

学会承担责任，学会寻找成功的方法，是我们通向成功的捷径。

大多数人在做一件事情不成功或者被批评的时候总是会找种种借口告诉别人，因为他害怕承担错误，害怕被别人笑，或者只是想得到暂时的轻松自我解脱。生活中我们可以为自己找很多借口，上班迟到，可以说是因为堵车；工作做砸了，可以说是领导决策错误；客户不满意，可以说对方太过苛刻；升不了职，可以说是领导偏心。但我们却忘了，参与实施者是你自己，你完全可以找出好的方法来做的，为何不去想呢？换位思考一下，成功我们只需要找一个方法，而失败我们却要找很多理由来搪塞。得不偿失的事我们为何却总是乐此不疲呢？

懦弱的人寻找借口，想通过借口心安理得地为自己开脱：失败的人寻找借口，想通过借口原谅自己，也求得别人的原谅；平庸的人寻找借口，想通过借口欺骗自己，也使别人受骗。

成功的人是不找借口的！因为他们懂得：找借口只会让自己与成功无缘！

就长远看来，找借口的代价非常大，因为你昧于事实，不去寻求失败的真正原因。一个令我们心安理得的借口，往往使我们失去改正错误的机会，更使我们错失进步的动力。

这让人想起"一只猫"的故事。

曾经有一只猫，总爱寻找借口来掩饰自己的过失。

老鼠逃掉了，它说："我看它太瘦，等以后养肥了再吃不迟。"

到河边捉鱼，被鲤鱼的尾巴打了一下，它说："我不是想捉它——捉它还不容易？我就是要利用它的尾巴来洗洗脸。"

后来，它掉进河里，同伴们打算救它，它说："你们以为我遇到危险了吗？不，我在游泳……"

话没说完，它就沉没了。

"走吧，"同伴们说，"它又在表演潜水了。"

这是一只可怜又可悲的猫，其实世界上有许多人也和它相似。他们自欺欺人，善于为自己的错误寻找借口，结果搬起石头砸了自己的脚，受伤害的总是自己。

但是，现实生活中总有些人就像那只猫一样几乎成了制造借口的专家，总能以种种借口来开脱自己，只要能找借口，就毫不犹豫地去找。这种借口带来的唯一"好处"，就是让你不断地为自己去寻找借口，长此以往，你可能就会形成一种寻找借口的习惯，任由借口牵着你的鼻子走。这种习惯具有很大的破坏性，它使人丧失进取心，让自己松懈、退缩甚至放弃，在这种习惯的作用下，即使是做出了不好的事，你也会认为是理所当然。

一旦养成找借口的习惯，你的工作就会拖拖拉拉，没有效率，做起事来就往往不诚实，这样的人不可能是好员工，他们也不可能有完美的成功人生。在公司里这样的人迟早会被炒鱿鱼。

卡西尔曾是一位深得上司器重的老员工。他业务精通、能言善辩又极懂周旋，为公司的发展壮大立下过汗马功劳。

一次，因为他的疏忽大意，公司的一笔至关重要的业务被对手捷足先登抢走了，给公司造成了极其惨重的损失。事后，他很合情合理地解释了失去这笔业务的原因：因为那天他的腿伤突然发作，以至于比竞争对手迟到了半个钟头。虽然失去的业务令公司的损失巨大，但念在卡西尔以往的工作业绩，上司原谅了他。另外一个原因是卡西尔的腿伤是因为一次出差途中出了车祸引起的。那次车祸令卡西尔的一只脚轻微有点跛。但是公司的人都知道，这根本没有影响到卡西尔的形象，也不影响他的工作，如果不仔细看，是根本看不出来的。

获得了上司的原谅和理解，卡西尔窃喜不已，他知道失去的业务是一宗比较难办的案子。他庆幸自己的机智，不然万一没办好，不仅丢了面子，还要被领导批评，降职减薪也大有可能。

从那以后，在工作上就易避难，趋近避远成了他的作风。把大部分的时间和精力花在寻找更合理的借口成了他工作的主要内容。总之，他现在已习惯因脚的问题在公司里经常迟到、早退，甚至在工作餐时，他还经常喝酒，他的理由是：喝酒可以让他有脚舒服些。以往那个敬业的卡西尔从人们的视线中消失了。最后，上司终于无法忍耐卡西尔那些冠冕堂皇、源源不绝的借口，让他离开了那原本前途光明的岗位而另寻高就了。

哈伯德说过："为什么大家花那么多时间处心积虑捏造借口、掩盖自己的弱点、欺骗自己？如果时间用到不同的地方，同样的时间足以矫治弱点，然后借口就派不上用场了。"

对于很多善于找借口的人来说，从一件事情上入手，尝试着丢掉借口，抓紧时间，集中精力去做好手边的事，也许结果会大不相同。

一次，美国著名教育家，已故杰出的人际关系专家戴尔·卡耐基先生的夫人桃乐西·卡耐基女士在她的训练学生记人名的一节课后，一位女学生跑来找她。这位女学生说：

"卡耐基太太，我希望你不要指望你能改进我对人名的记忆力。这是绝对办不到的事。"

"为什么办不到？"卡耐基夫人吃惊地问。

"这是祖传的，"女学生回答她，"我们一家人的记忆力全都不好，我爸爸、我妈妈将它遗传给我。因此，你要知道，我这方面不可能有什么更出色的表现。"

卡耐基夫人说："小姐，你的问题不是遗传，是懒惰。你觉得责怪你的家人比用心改进自己的记忆力容易。请坐下来，我证明给你看。"

随后的一段时间里，卡耐基夫人专门耐心地训练这位小姐做简单的记忆练习，由于她专心练习，学习的效果很好。卡耐基夫人打破了那位小姐认为自己无法将脑筋训练得优于父母的想法，那位小姐就此学会了从自己本身找语言，学会了自己改造自己而不是找借口。

在西点军校盛行着"没有任何借口"的理念，它让每一位学员懂得，工作是没有任何借口的，失败也是没有任何借口的，人生更是没有任何借口的。这个理念，对职场中人同样适用。在现代公司里，缺少的正是那种想尽办法完成任务，而不是时时刻刻地寻找借口的员工。

约瑟夫每天早晨6点钟要到达富兰克林街的办公室，在7点钟办事员们到来之前把全部办公室打扫好。白天一整天，还得为一位患病的董事，来回不断地送热水。

周薪升到5美元的时候，约瑟夫断然地申请到外面去推销毛纺织品。他既年轻，身体又弱小，然而却得到准许，做起了推销员。不久，他便能取得订货了。

有名的 1888 年大风雪袭击了全纽约。就在这次大灾难之后不久，一般推销员都在将近中午时分就赶到富兰克林街的办公室，争先恐后地集拢到火炉旁，尽兴地聊天。

那天下午相当晚了，大门开处，一股寒冷刺骨的北风直冲进来。同时，几乎冻僵了的约瑟夫像醉汉似的摇晃着蹒跚地走了进来。

"是不是董事先生来上班了。"老资格的推销员讽刺地说。

"不过，我把今天应做的工作做完了，"约瑟夫回答道，"像这样的大雪，我更加奋发。而且在这样的天气里，不会有竞争的对手，所以给客人们看了更多的样品。我今天得到了 43 件订货。"

约瑟夫立刻被晋升为正式的推销员，薪水也加倍了。他后来成了世界最大的不动产商人。他知道，"今天不成"和"永远不成"两者意思相同。

像约瑟夫这样优秀的员工从不在工作中寻找任何借口，他们总是把每一项工作尽力做到超出客户的预期，最大限度地满足客户提出的要求，也就是"满意加惊喜"，而不是寻找任何借口推诿；他们总是出色地完成上级安排的任务；他们总是尽力配合同事的工作，对同事提出的帮助要求，从不找任何借口推托或延迟。"没有任何借口"做事情的人，他们身上所体现出来的是一种服从、诚实的态度，一种负责敬业的精神，一种完美的执行力。

不要让借口成为你成功路上的绊脚石，搬开那块绊脚石吧！把寻找借口的时间和精力用到努力工作中来，因为工作中没有借口，人生中没有借口，失败没有借口，成功也不属于那些寻找借口的人！

第 9 章

礼仪细节，体现素质

古人云："不学礼，无以立。"也就是说，如果你不懂"礼"，不学"礼"，也就无法在社会中立足。所以，我们要注重礼仪的细节，因为细节体现素质。

● 握手的细节

据说握手礼最早来自欧洲，当时是为了表示友好，手中没有武器的意思。但现在已成为被最普遍采用的世界性"见面礼"。

握手是人们日常交际的基本礼仪，从握手可以体现一个人的情感和意向，显示一个人的虚伪或真诚。握手在人际交往中如此重要，可有人往往做得并不太好。

艾丽是个热情而敏感的女士，目前在中国某著名房地产公司任副总裁。那一日，她接待了来访的建筑材料公司主管销售的韦经理。韦经理被秘书领进了艾丽的办公室，秘书对艾丽说："艾总，这是 ×× 公司的韦经理。"

艾丽离开办公桌，面带笑容，走向韦经理。韦经理先伸出手来，让艾丽握了握。艾丽客气地对他说："很高兴你来为我们公司介绍这些产品。这样吧，让我看一看这些材料，我再和你联系。"韦经理在几分钟内就被艾丽送出了办公室。几天内，韦经理多次打电话，但得到的是秘书的回答："艾总不在。"

到底是什么让艾丽这么反感一个只说了两句话的人呢？艾丽在一次讨论形象的课上提到这件事，余气未消："首次见面，他留给我的印象不但是不懂基本的商业礼仪，他还没有绅士风度。他是一个男人，位置又低于我，怎么能像个王子一样伸出高贵的手让我来握呢？他伸给我的手不但看起来毫无生机，握起来更像一条死鱼，冰冷、松软、毫无热情。当我握他的手时，他的手掌也没有任何反应，好像在他看来我的选择只有感恩戴德地握住他的手，只差要跪吻他的高贵之手了。握手的这几秒钟，他就留给我一个极坏的印象，他的心可能和他的手一样地冰冷。他的手没有让我感到对我的尊重，他对我们的会面也并不重视。作为一个公司的销售经理，居然不懂得基本的握手方式，他显然不是那种经过高度职业训练的人。而公司能够雇用这样素质的人做销售经理，可见公司管理人员的基本素质和层次也不会高。这种素质低下的人组成的管理阶层，怎么会严格遵守商业道德，提供优质、价格合理的建筑材料？我们这样大的房地产公司，怎么能够与这样作坊式的小公司合作？怎么会让他们为我们提供建材呢？"

握手是陌生人之间第一次的身体接触，只有几秒钟的时间。但是正是这短短的几秒钟，它如此之关键，立刻决定了别人对你的喜欢程度。握手的方式、用力的轻重、手掌的湿度等等，像哑剧一样无声地向对方描述你的性格、可信程度、心理状态。握手的质量表现了你对别人的态度是热情还是冷淡，积极还是消极，是尊重别人、诚恳相待，还是居高临下、屈尊地敷衍了事。一个积极的、有力度的正确的握手，表达了你友好的态度和可信度，也表现了你对别人的重视和尊重。一个无力的、漫不经心的、错误的握手方式，立刻传送出了不利于你的信息，让你无法用语言来弥补，它在对方的心里留下了对你非常不利的第一印象。有时也会像上面的那位销售经理，会失去极好的商业机会。因此，握手在商业社会里几乎意味着经济效益。

玛丽·凯·阿什是美国著名的企业家，她是退休后创办化妆品公司的。开业时，雇员仅仅10人，20年后发展成为拥有5000人，年销售额超过3亿美元的大公司。

玛丽·凯在其垂暮之年为何能取得如此巨大的成就？她说，她是从懂得真诚握手开始的。

玛丽·凯在自己创业前，在一家公司当推销员，有一次，开了整整一天会之后，玛丽·凯排队等了3个小时，希望同销售经理握握手。可是销售经理同她握手时，手只与她的手碰了一下，连瞧都不瞧她一眼，这极大地伤害了她的自尊心，工作的热情再也调动不起来。当时即下定决心："如果有那么一天，有人排队等着同我握手，我将把注意力全部集中在站在我面前同我握手的人身上——不管我多么累！"

果然，从她创立公司的那一天开始，她多次同数人握手，总是记住当年所受到的冷遇，公正、友好、全神贯注地与每一个人握手，结果她的热情与真诚感动了每一个人，许多人因此心甘情愿地与之合作，于是她的事业蒸蒸日上。

握手是很有学问的。美国著名盲聋作家海伦·凯勒写道："我接触的手，虽然无言，却极有表现力。有的人握手能拒人千里。我握着他们冷冰冰的指尖，就像和凛冽的北风握手一样。也有些人的手充满阳光，他们握住你的手，使你感到温暖。"

为了在这轻轻一握中，传达出热情的问候、真诚的祝愿、殷切的期盼、由衷的感谢，我们有必要把握握手的分寸，掌握握手的细节。

1. 应当握手的场合

(1) 遇到较长时间没见面的熟人。

(2) 在比较正式的场合和认识的人道别。

(3) 在以本人作为东道主的社交场合，迎接或送别来访时。

(4) 拜访他人后，在辞行的时候。

(5) 被介绍给不认识的人时。

(6) 在社交场合，偶然遇上亲朋故旧或上司的时候。

(7) 别人给予你一定的支持、鼓励或帮助时。

(8) 表示感谢、恭喜、祝贺时。

(9) 对别人表示理解、支持、肯定时。

(10) 得知别人患病、失恋、失业、降职或遭受其他挫折时。

(11) 向别人赠送礼品或颁发奖品时。

2. 握手的具体要求

(1) 握手姿态要正确。行握手礼时，通常距离受礼者约一步，两足立正，上身稍向前倾，伸出右手，四指并齐，拇指张开与对方相握，微微抖动三四次，然后与对方的手松开，恢复原状。与关系亲近者，握手时可稍加力度和抖动次数，甚至双手交叉热烈相握。

(2) 握手必须用右手。如果恰好你当时正在做事，或手很脏很湿，应向对方说明，摊开手表示歉意或立即洗干净手，与对方热情相握。如果戴着手套，则应取下后再与对方相握，否则都是不礼貌的。

(3) 握手要讲究先后次序。一般情况下，由年长的先向年轻的伸手，身份地位高的先向身份地位低的伸手，女士先向男士伸手，老师先向学生伸手。如果两对夫妻见面，先是女性相互致意，然后男性分别向对方的妻子致意，最后才是男性互相致意。拜访时，一般是主人先伸手，表示欢迎；告别时，应由客人先伸手，以表示感谢，并请主人留步。不应先伸手的就不要先伸手，见面时可先行问候致意，等对方伸手后再与之相握，否则是不礼貌的。许多人同时握手时，要顺其自然，最好不要交叉握手。

(4) 握手要热情。握手时双目要注视着对方的眼睛，微笑致意，切忌漫不经心、东张西望，边握手边看其他人或物，或者对方早已把手伸过来，而你却迟迟不伸手相握，这都是冷淡、傲慢、极不礼貌的表现。

(5) 握手要注意力度。握手时，既不能有气无力，也不能握得太紧，甚至握痛了对方的手。握得太轻，或只触到对方的手指尖，不握住整只手，对方会觉得你傲慢或缺乏诚意；握得太紧，对方则会感到你热情过火，不善于掩饰内心的喜悦，或觉得你粗鲁、轻佻而不庄重。这一切都是失礼的表现。

(6) 握手应注意时间。握手时，既不宜轻轻一碰就放下，也不要久久握住不放。一般来说，表示完欢迎或告辞致意的话以后，就应放下。

另外还要注意，不要一只脚站在门外，一只脚站在门内握手，也不要连蹦带跳地握手或边握手边敲肩拍背，更不要有其他轻浮不雅的举动。

与贵宾或与老人握手时除了要遵守上述要求之外，还应当注意以下几点：当贵宾或老人伸出手来时，你应快步向前，用双手握住对方的手，身体微微前倾，以表示尊敬。

与上级或下级握手除遵守一般要求外，还应注意：上下级见面，一般应由上级先伸手，下级方可与之相握。如果上级不止一人，握手顺序应由职位高的到职位低的，如职位相当则可按一般的习惯顺序，也可由一人介绍，你一一与之握手。不论与上级还是与下级握手，都应热情大方，不亢不卑，礼貌待人。下级与上级握手时，身体可以微欠，或快步向前用双手握住对方的手，以表示尊敬。上级与下级握手时，应热情诚恳，面带笑容，注视对方的眼睛，不能漫不经心、敷衍了事，也不能冷漠无情、架子十足，更不能在与下级握手后立即用手帕擦手，否则就是不得体或无礼的。

3. 握手的禁忌

我们在行握手礼时应努力做到合乎规范，避免触犯下述失礼的禁忌。

(1) 不要用左手相握，尤其是与印度人打交道时要牢记，因为在他们看来左手是不干净的。

(2) 在和基督教信徒交往时，要避免两人握手时与另外两人相握的手形成交叉状，这种形状类似十字架，在他们眼里这是很不吉利的。

(3) 不要在握手时戴着手套或墨镜，只有女士在社交场合戴着薄纱手套握手，才是被允许的。

(4) 不要在握手时另外一只手插在衣袋里或拿着东西。

（5）不要在握手时面无表情、不置一词或长篇大论、点头哈腰、过分客套。

（6）不要在握手时仅仅握住对方的手指尖，好像有意与对方保持距离。正确的做法，是握住整个手掌、即使对异性也应这样。

（7）不要在握手时把对方的手拉过来、推过去，或者上下左右抖个没完。

（8）不要拒绝握手，如果有手疾或汗湿、弄脏了，应和对方说一下"对不起，我的手现在不方便"，以免造成不必要的误会。

自我介绍的礼仪细节

"第一印象是黄金"，介绍礼仪是礼仪中的基本、也是很重要的内容。

介绍是人与人进行相互沟通的出发点，最突出的作用，就是缩短人与人之间的距离。在社交或商务场合，如能正确地利用介绍，不仅可以扩大自己的交际圈，广交朋友，而且有助于进行必要的自我展示、自我宣传，并且替自己在人际交往中消除误会，减少麻烦。

想象一下你正在被介绍给某人，你们都说了自己的名字，接着又说了些诸如："很高兴认识你。"然后呢？你该说些什么？你觉得和这位新认识的人待在一起很尴尬，只好绞尽脑汁搜刮下一个话题。

你可以设计一个清楚新鲜的自我介绍，让以后的对话更顺利。在镜子前对自己说几遍，直到自己感觉很好。向对方提供一些关于你自己的信息，可以让对话顺利进行。比如，你可以说：

"你好，我是 ABC 公司的会计卡罗尔·琼斯，我帮人们管钱，还帮他们省钱。"

"你好，我是汤姆·马丁，我在 XYZ 公司任职帮助小公司设计电脑软件。"

于是汤姆开始问卡罗尔关于会计、ABC 公司以及如何理财等方面的事项，而卡罗尔也准备问问 XYZ 公司的事情，还有软件设计等等。看，你的介绍引出了一段有意思的谈话。

其实，在日常生活中关于自我介绍的学问很大，大致包括自我介绍的时机、类型，以及注意事项等。

1．自我介绍的时机

应当何时进行自我介绍？这个问题比较复杂，它涉及时间、地点、当事人、旁观者、现场气氛等多种因素。不过一般认为，在下述时机，如有可能，有必要进行适当的自我介绍。

（1）在社交场合，与不相识者相处时。

(2) 在社交场合，有不相识者表现出对自己感兴趣时。

(3) 在社交场合，有不相识者请求自己作自我介绍时。

(4) 在公共聚会上，与身边的陌生人共处时。

(5) 在公共聚会上，打算介入陌生人组成的交际圈时。

(6) 有求于人，而对方对自己不甚了解，或一无所知时。

(7) 交往对象因为健忘而记不清自己，或担心这种情况有可能出现时。

(8) 在出差、旅行途中，与他人不期而遇，并且有必要与之建立临时接触时。

(9) 初次前往他人居所、办公室，进行登门拜访时。

(10) 拜访熟人遇到不相识者挡驾，或是对方不在，而需要请不相识者代为转告时。

(11) 初次利用大众传媒，如报纸、杂志、广播、电视、电影、标语、传单，向社会公众进行自我推介、自我宣传时。

(12) 利用社交媒介，如信函、电话、电报、传真、电子信函，与其他不相识者进行联络时。

(13) 前往陌生单位，进行业务联系时。

(14) 因业务需要，在公共场合进行业务推广时。

(15) 应聘求职时。

(16) 应试求学时。

凡此种种，又可以归纳为 3 种情况：一是本人希望结识他人；二是他人希望结识本人；三是本人认为有必要令他人了解或认识本人。

2. 自我介绍的类型

(1) 应酬式

在某些公共场合和一般性的社交场合，如旅行途中、宴会厅里、舞场之上、通电话时，都可以使用应酬式的自我介绍。

应酬式介绍的对象是进行一般接触的交往对象，或者属于泛泛之交，或者早已熟悉，进行自我介绍，只不过是为了确定身份或打招呼而已。所以，此种介绍要简洁精练，一般只介绍姓名就可以。例如：

"您好，我叫周琼。"

"我是陆曼。"

(2) 交流式

有时，在社交活动中，我们希望某个人认识自己，了解自己，并与自己建立联系时，就可以运用交流式的介绍方法，与心仪的对象进行初步的交流和进一步的沟通。

交流式的自我介绍比较随意，可以包括介绍者的姓名、工作、籍贯、学历、兴趣以及与交往对象的某些熟人的关系，可以不着痕迹地面面俱到，也可以故意有所隐瞒，造成某种神秘感，激发对方与你进行进一步沟通的兴趣。俗话说的"套瓷"就属于此类，而时下网络上的"浪漫邂逅"更是典型代表。例如：

"你好，我是玉蝴蝶，因为我特别喜欢谢霆锋。"

"玉蝴蝶？是谢霆锋演出的专称吧。我更喜欢周杰伦。"

"哦，你在哪里，你也喜欢通宵上网吗？"

"我在长沙，我刚刚失恋了，所以通宵上网。"

(3) 礼仪式

在一些正规而隆重的场合，比如讲座、报告、演出、庆典、仪式等一些正规而隆重的场合，要运用礼仪式的自我介绍，以示对介绍对象的友好和敬意。

礼仪式的自我介绍，要包含自己的姓名、单位、职务等项，还要多加入一些适宜的谦辞敬语，以符合这些场合的特殊需要，营造谦和有礼的交际气氛。例如：

"各位听众，大家好！我是郑阳，您的老朋友。现在，我将为大家献上一场丰盛美味的音乐大餐，感谢所有听众对'校园民谣'一如既往的支持和关爱。"

(4) 工作式

工作式的自我介绍，主要适用于工作之中。它是以工作为自我介绍的中心，因工作而交际，因工作而交友。有时，它也叫公务式的自我介绍。

工作式的自我介绍的内容，应当包括本人姓名、供职的单位及其部门、担负的职务或从事的具体工作等三项，它们叫作工作式自我介绍内容的三要素，通常缺一不可。其中，第一项姓名，应当一口报出，不可有姓无名，或有名无姓。第二项供职的单位及其部门，有可能最好全部报出，具体工作部门有时也可以暂不报出。第三项担负的职务或从事的具体工作，有职务最好报出职务，职务较低或者无职务，则可报出目前所从事的具体工作。例如：

"你好！我叫张奕希，是大连市政府外办的交际处处长。"

"我叫傅冬梅，现在在中国人民大学国际政治系教外交学。"

(5) 问答式

问答式的自我介绍，一般适用于应试、应聘和公务交往。在普通交际应酬场合，它也时有所见。

问答式的自我介绍的内容，讲究问什么答什么，有问必答。例如：

某甲问："这位小姐，你好！不知你应该怎么称呼？"某乙答："先生您好！

我叫王雪时。"

主考官问："请介绍一下你的基本情况。"应聘者答："各位好！我叫张军，现年28岁，陕西西安人，汉族，共产党员，已婚，1995年毕业于西安交通大学船舶工程系，获工学学士学位，现在北京市首钢船务公司任助理工程师，已工作3年。其间，曾去阿根廷工作1年。本人除精通专业外，还掌握英语、日语，懂电脑，会驾驶汽车和船只。曾在国内正式刊物上发表过6篇论文，并拥有一项技术专利。"

3. 自我介绍的注意事项

(1) 无论是哪一种自我介绍，都必须注意把握好分寸。首先需要注意自我介绍的时机。进行自我介绍应当选择适当的时间，如对方空闲的时候、对方兴致正浓时、对方对你感兴趣时、对方主动提出要求时。如果时间不合适，如对方正在忙碌、缺乏兴趣、心情不佳等的时候就应该避免进行自我介绍。其次，应该注意控制自我陈述的时间长度。原则上是在把必须让对方了解的有关自己的信息介绍清楚的前提下，时间越短越好。因此，这就要求介绍的内容必须具有值得告诉对方的必要性，同时要求介绍者语言精练，谈话条理清晰。一般应该把时间控制在一分钟之内。切忌滔滔不绝、废话连篇。

(2) 自我介绍还应该注意态度。必须友善、自然、亲切、随和。应该落落大方，既不要畏首畏尾，也不要虚张声势，应该表现得充满自信，千万不要妄自菲薄，心怀胆怯。语气要自然，语速要正常，语音要清晰；切忌语气生硬、语速过快或过慢、语音含糊不清，否则对方会需要你介绍第二遍。进行自我介绍时所表述的内容，一定要实事求是。没有必要过分谦虚，一味贬低自己讨好别人；也不能自吹自擂，故弄玄虚，企图借夸大自己来赢得别人的好感。

其实，在人际交往中，无论怎样的场合中的自我介绍，真实、坦诚都是第一位的。只要你能把握好这一点，再适当运用自我介绍的技巧，相信你一定能顺利完成交际中的第一关，为日后进一步交往打好基础。

● 与人交往注重仪容

查理·许在加拿大某移民律师行工作。1998年，被委派回国寻找合作伙伴。经人介绍，他与中国某部下属的赵总首次相会。查理被引进赵总的办公室，看见一个中年男人坐在办公桌后打电话。他穿着灰棕色、人造纤维的格子西服，一条花亮的领带露在他V形口的毛衣外面，鼻子里的黑毛像茂盛的亚热带草丛，毫无顾忌地伸出鼻孔，他张口讲话时，一口黑黄的牙齿暴露无遗。电话中，他大声地训斥着对方，然后，毫不客气地猛然摔下电话。

"噢！上帝啊，这就是公司的老总？"查理心中不免非常失望。赵总与查理象征性地握了握手。"冷酷的、拒人千里之外的死鱼式的握手。"查理心中的失望又增加了一分。赵总邀请查理共进午餐，在座的还有查理的那位身材略胖的同事以及赵总的两位副手。就餐时话题无意间进入饮食与肥胖的关系，赵总旁若无人地指责胖人没有节制的饮食。查理的胖同事低头不语，敏感的查理举杯转移话题："好酒，中国的红酒比加拿大的冰酒还有味道。"赵总喝完了酒，再度拾起肥胖的话题，强烈地攻击胖人之所以胖是由于懒惰。

最终，他们之间没有结成商业同盟。查理谈到这段经历时说："他留给我一个永不可磨灭的可怕的恶劣印象。从我一进门的瞬间，他那张冷酷不带微笑的脸和那双死鱼般的手，无不在告诉我这是一个冷酷的、没有修养的人。在餐桌上的表现，更进一步证明了我对他的第一印象。他不但没有修养，简直是没有教养，不懂得一点点为人的基本礼貌。我无法想象与这种人合作经营会有什么样的后果！我更无法理解他为什么可以坐在公司老总的位置上？他早就应该在大浪淘沙中被时代淘汰。"

在竞争日益激烈的今天，形象对一个人的作用是万万不能忽视的。形象创造价值、形象决定命运的说法绝不是夸大之词，而仪容往往是人的形象的第一要素。

仪容，通常是指人的外观、外貌。其中的重点，则是指人的容貌。在人际交往中，每个人的仪容都会引起交往对象的特别关注，并将影响到对方对自己的整体评价。在个人的仪表问题之中，仪容是重点之中的重点。

社交礼仪对个人仪容的首要要求是仪容美。它的具体含义主要有三层：

首先要求仪容自然美。它是指仪容的先天条件好，天生丽质。尽管以相貌取人不合情理，但先天美好的仪容相貌，无疑会令人赏心悦目，感觉愉快。

其次要求仪容修饰美。它是指依照规范与个人条件，对仪容进行必要的修饰，扬其长，避其短，设计、塑造出美好的个人形象，在人际交往中尽量令自己显得有备而来，自尊自爱。

最后要求仪容内在美。它是指通过努力学习，不断提高个人的文化、艺术素养和思想、道德水准，培养出自己高雅的气质与美好的心灵，使自己秀外慧中，表里如一。

真正意义上的仪容美，应当是上述三个方面的高度统一。忽略其中任何一个方面，都会使仪容美失之于偏颇。

在这三者之中，仪容的内在美是最高的境界，仪容的自然美是人们的心愿，而仪容的修饰美则是仪容礼仪关注的重点。

要做到仪容修饰美，自然要注意修饰仪容。修饰仪容的基本规则，是美观、整洁、卫生、得体。

个人修饰仪容时，应当引起注意的，通常有头发、面容、手臂、腿部、化妆等5个方面。

1. 头发

人们观察别人时，总是从头部开始。

修饰头发，要做到勤于梳洗、长短适中，并且在发型得体的基础上，采取适当的美发技巧。

现代社会，提倡个性解放，而头发往往是彰显个性的急先锋。我们要根据自己的发质、脸型、年龄、着装等个人条件对发型进行选择，并使发型符合自己的职业和所处场所。但在这一基础上，我们可以烫发、染发，还可以作发雕，甚至利用假发，以美化仪容，并在人群中显示出自己的独特个性。

2. 面容

仪容在很大程度上指的就是人的面容，由此可见，面容修饰在仪容修饰之中举足轻重。

修饰面容，首先要做到面必洁，即要勤于洗脸，使之干净清爽，无汗渍、无油污、无泪痕，无其他任何不洁之物。

修饰面容，要具体到眼、耳、鼻、口、脖等各个部位。在卫生清洁的基础上，进行适当的修饰和护理。比如，要清除和修剪耳毛、鼻毛等有碍观瞻的体毛；要保持牙齿洁白，更要避免口臭或口腔有其他异味，令对方避之不及；要注意脖后、耳后等藏污纳垢的部位，以免影响整体的良好形象。

3. 手臂

手臂是人际交往之中身体上使用最多、动作最多的一个部分，而且其动作往往被附加了各种各样的含义。因此，手臂被称为社交中的"身体名片"，发挥着比纸名片更重要的社交作用。

修饰手臂，要注意到手掌、肩臂和汗毛等细节问题。手掌是"制作"各种手段的关键部位，所以，一定要保持清洁干燥，健康温暖，更要时常注意指甲的修剪和美容，以免在靠近或接触别人时引发别人的反感和不快。另外，最应注意的是汗毛，特别是女性，若手臂上汗毛过多、过浓，会直接影响到自身的美感，最好采用适当的方法进行脱毛处理。而令腋毛外露，则更是社交中个人形象的大败笔，必须杜绝。

4. 腿部

俗话说："远看头，近看脚，不远不近看中腰。"腿部在较近距离常是人们注目所在。

修饰腿部，应当注意的问题同样有三个，即脚部、腿部和汗毛。

一般而言，男人的腿部和脚部是不能在正式社交场合暴露的。而对于女性，则稍为宽容一些，可以穿镂空鞋、无跟鞋暴露脚部，也可以穿短裤暴露腿部，但在庄严、肃穆的场合，这也应避免。

脚部和袜子的卫生清洁也是腿部仪容的一大要点。有异味的脚和袜子，过长或肮脏的脚指甲，拉丝甚至有洞的袜子，都是你的社交形象的宣判死亡书。

5. 化妆

化妆是修饰仪容的一种高级方法，它是指采用化妆品按一定技法对自己进行修饰、装扮，以便使自己容貌变得更加靓丽。

在人际交往中，进行适当的化妆是必要的。这既是自尊的表示，也意味着对交往对象较为重视。

在一般情况下，女士对化妆更加重视。其实，它不只是女士的专利，男士也有必要进行适当的化妆。

在社交场合，化妆需要注意两个方面。其一，是要掌握原则；其二，是要合乎礼规。

(1) 化妆的原则

进行化妆前，一定要树立正确的意识。这种有关化妆的正确意识，就是所谓化妆的原则。关于社交场合化妆的原则，一共有 4 条。

①美化

化妆，意在使人变得更加美丽，因此在化妆时要注意适度矫正，修饰得法，使人变得化妆后避短藏拙。在化妆时不要自行其是，任意发挥，寻求新奇，有意无意将自己老化、丑化、怪异化。

②自然

通常，化妆既要求美化、生动、具有生命力，更要求真实、自然，天衣无缝。化妆的最高境界，是"妆成有却无"。即没有人工美化的痕迹，而好似天然若此的美丽。

③适宜

化妆虽讲究个性化，但却必须学习才能懂行，难以无师自通。比方说，工作时化妆宜淡，社交时化妆可以稍浓，香水不宜涂在衣服上和容易出汗的地方，口红与指甲油最好为一色，等等，都不可另搞一套，贸然行事。

④协调

高水平的化妆，强调的是其整体效果。所以在化妆时，应努力使妆面协调、全身协调、场合协调、身份协调，以体现出自己慧眼独具，品位不俗。

(2) 化妆的礼规

进行化妆时，应认真遵守以下礼仪规范，不得违反。

①勿当众进行化妆

化妆，应事先搞好，或是在专用的化妆间进行。若当众进行化妆，则有卖弄表演或吸引异性之嫌，弄不好还会令人觉得身份可疑。

②勿在异性面前化妆

聪明的人绝不会在异性面前化妆。对关系密切者而言，那样做会使其发现自己本来的面目；对关系普通者而言，那样做则有"以色事人"，充当花瓶之嫌。无论如何，它都会使自己形象失色。

③勿使化妆妨碍他人

有人将自己的妆化得过浓、过重，香气四溢，令人窒息。这种"过量"的化妆，就是对他人的妨碍。

④勿使妆面出现残缺

若妆面出现残缺，应及时避人补妆，若听任不理，会让人觉得自己低俗、懒惰。

⑤勿借用他人的化妆品

借用他人化妆品不卫生，故应避免。

⑥勿评论他人的化妆

化妆系个人之事，所以对他人化妆不应自以为是地加以评论或非议。

以上就是修饰仪容应注意的五个具体方面，只要你在平时多注意这些仪容方面的小细节，相信你的容貌会变得更加靓丽，你的形象会更加光彩照人。

● 衣着是做事的通行证

美国商人希尔在创业之始，就意识到服饰对人际交往与成功办事的作用。他清楚地认识到，商业社会中，一般人是根据一个人的衣着来判断对方的实力的，因此，他首先去拜访裁缝。靠着往日的信用，希尔定做了三套昂贵的西服，共花了 275 美元，而当时他的口袋里仅有不到 1 美元的零钱。

然后他又买了一整套最好的衬衫、衣领、领带、吊带等，而这时他的债务已经达到了 675 美元。

每天早上，他都会身穿一套全新的衣服，在同一个时间里、同一个街道同某位富裕的出版商"邂逅"，希尔每天都和他打扫呼，也偶尔聊上一两分钟。

这种例行性会面大约进行了一星期之后，出版商开始主动与希尔搭话，并说："你看来混得相当不错。"

接着出版商便想知道希尔从事哪种行业。因为希尔身上所表现出来的这种极有成就的气质，再加上每天一套不同的新衣服，已引起了出版商极大的好奇心，这正是希尔盼望发生的情况。

希尔于是很轻松地告诉出版商："我正在筹备一份新杂志，打算在近期内争取出版，杂志的名称为《希尔的黄金定律》。"

出版商说："我是从事杂志印刷及发行的。也许，我也可以帮你的忙。"

这正是希尔所等候的那一刻，而当他购买这些新衣服时，他心中已想到了这一刻，以及他们所站立的这块土他，几乎分毫不差。

这位出版商邀请希尔到他的俱乐部，和他共进午餐，在咖啡和香烟尚未送上桌前，他已"说服"了希尔答应和他签合约，由他负责印刷及发行希尔的杂志。希尔甚至"答应"允许他提供资金并不收取任何利息。

发行《希尔的黄金定律》这本杂志所需的资金至少在 3 万美元以上，而其中的每一分钱都是从漂亮衣服所创造的"幌子"上筹集来的。

成功的外表总能吸引人们的注意力，尤其是成功的神情更能吸引人们"赞许性的注意力"。当然，这些衣服里也包含着一种能力，是自信心和创造力的完美体现。

一个人的外貌对于他本身有影响，穿着得体就会给人以良好的印象，它等于在告诉大家："这是一个重要的人物，聪明、成功、可靠。大家可以尊敬、仰慕、信赖他。他自重，我们也尊重他。"

只有在对方认同你并接受你的时候，你才能顺利进入对方的世界，并游刃有余地与对方交往，从而把自己的事情办成和办好，而这一切的获得在很大程度上与你的外在打扮有关。

大凡给对方留下了好印象的人都善于交往、善于合作。而一个人的仪表是给对方留下好印象的基本要素之一。试想，一个衣冠不整、邋邋遢遢的人和一个装束典雅、整洁利落的人在其他条件差不多的情况下，同去办同样分量的事儿，恐怕前者很可能受到冷落，而后者更容易得到善待。特别是到陌生的地方办事儿，给别人留下美好的第一印象更为重要。世上早有"人靠衣装马靠鞍"之说，一个人若有一套好衣服配着，仿佛把自己的身价都提高了一个档次，而且在心理上和气氛上增强了自己的信心。聪明的人切莫怪世人"以貌取人"，人皆有眼，人皆有貌，衣貌出众者，谁不另眼相看呢？着装艺术不仅给人以好感，同时还直接反映出一个人的修养、气质与情操，它往往能在别人尚未认识你或你的才华之前，向别人透露出你是何种人物，因此在这方面稍下一点功夫，就会事半功倍。

衣冠不整、蓬头垢面让人联想到失败者的形象。而完美无缺的修饰和宜人的体味，能使你的形象大大提高。有些人从来没有真正养成过一个良好的自我保养的习惯，这可能是由于不修边幅的学生时代留下的后遗症，或者父母的率先垂范不好，或者他们对自己的重视不够造成的。这些人往往"三天打鱼两天晒网"，只要基本上还算干净，没有人瞧不起，能走得出去便了事了。如果你注重自己的形象，良好的修饰习惯很快就能形成。如果你天生一个胡子脸，那也没有办法，但至少你要给人一种你能打点好自己的印象。牙齿、皮肤、头发、指甲的状况和你的仪态都一一表明你的自尊程度。

别人对你的第一印象，往往是从服饰和仪表上得来的，因为衣着往往可以表现一个人的身份和个性。毕竟，要对方了解你的内在美，需要长久的过程，只有仪表能一目了然。

办事儿的顺利与否，第一印象至关重要，不讲究仪表就是自己给自己打了折扣，自己给自己设置了成功的障碍，不讲究仪表就是人为地给要办的事情增加了难度。

一外商考察团来某企业考察投资事宜，企业领导高度重视，亲自挑选了庆典公司的几位漂亮女模特来做接待工作，并特别指示她们穿着紧身的上衣，黑色的皮裙，领导说这样才显得对外商的重视。

但考察团上午见了面，还没有座谈，外商就找借口匆匆走了，工作人员被搞得一头雾水。后来通过翻译才知道，他们说通过接待人员的着装，认为这是个工作以及管理制度极不严谨的企业，完全没有合作的必要。

原来，该企业接待人员在着装上犯了大忌。根据着装礼仪的要求，工作场合女性穿着紧、薄的服装是工作极度不严谨的表现；另外，国际公认的是，黑色的皮裙只有妓女才穿……

着装也是一种无声的语言，它显示着一个人的个性、身份、角色、涵养、阅历及其心理状态等多种信息。在人际交往中，着装，直接影响到别人对你的第一印象，关系到对你个人形象的评价，同时也关系到一个企业的形象。

TPO是西方人提出的服饰穿戴原则，分别是英文中时间（Time）、地点

(Place)、场合 (Oceasion) 三个单词的缩写。穿着的 TPO 原则，要求人们在着装时以时间、地点、场合三项因素为准。

1. 时间原则

时间既指每一天的早、中、晚三个时间段，也包括每年春、夏、秋、冬的季节更替，以及人生的不同年龄阶段。时间原则要求着装考虑时间因素，做到随"时"更衣。

通常，早晨人们在家中或进行户外活动，如在家中盥洗用餐或者外出跑步做操健身，着装应方便、随意，可以选择运动服、便装、休闲服。

工作时间的着装，应根据工作特点和性质，以服务于工作、庄重大方为原则。晚间宴会、舞会、音乐会之类的正式社会活动居多。人们的交往距离相对缩小，服饰给予人们视觉和心理上的感受程度相对增强。因此，晚间穿着应讲究一些，以晚礼服为宜。

服饰应当随着一年四季的变化而更替变换，不宜标新立异、打破常规。

夏季以凉爽、轻柔、简洁为着装格调，在使自己凉爽舒服的同时，让服饰色彩与款式给予他人视觉和心理上的好感受。夏天，层叠皱折过多、色彩浓重的服饰不仅使人燥热难耐，而且一旦出汗就会影响女士面部的化妆效果。

冬季应以保暖、轻便为着装原则，避免臃肿不堪，也要避免要风度不要温度，为形体美观而着装太单薄。应该注意，即使同是裙装，在夏天，面料应是轻薄型的，冬天要穿面料厚的裙子。春秋两季可选择的范围会更大更多一些。

2. 地点原则

地点原则代表地方、场所、位置不同，着装应有所区别，特定的环境应配以与之相适应、相协调的服饰，才能获得视觉和心理上的和谐美感。

比如，穿着只有在正式的工作环境才合适的职业正装去娱乐、购物、休闲、观光，或者穿着牛仔服、网球裙、运动衣、休闲服进入办公场所和社交场地，都是与环境不和谐的表现。

3. 场合原则

在不同的时间和地点穿衣有不同的要求，而从场合看，大致可以分为三类，即公务场合、社交场合和休闲场合。

(1) 公务场合

公务场合是指上班处理公务的时间。在公务场合，本身的着装不可以强调个性，突出性别，过于时髦，或是显得过于随便，应当是既端正大方，又严守传统。最为标准的是深色的毛料套装、套裙或制服。具体而言，男士最好是身着藏蓝色、灰色的西装或中山套装，内穿白色衬衫，脚穿深色袜子、黑色皮鞋。穿西装套装时，必须打领带。女士的最佳衣着是：身着单一色的西服套裙，内穿白色衬衫，脚穿肉色长筒丝袜和黑色高跟鞋。有时，穿着单一色彩的连衣裙亦可，尽量不要选择以长裤为下装的套装。公务场合不宜穿过于肮脏、残破、暴露、透视、短小、紧身服装。

(2) 社交场合

社交场合是指人们在公务活动之外，与其他人进行交际应酬的公共场所。在此场合中着装要重点突出"时尚个性"的风格，既不要保守从众，也不宜随便邋遢。在参加宴会、酒会和舞会时，着装时主要有时装、礼服、具有本民族特色的服装以及个人缝制的服装。需要特别加以说明的是：在许多的国家里，人们出席隆重的社交活动时，有穿礼服的习惯。在西方国家参加这样的宴会时，男士要穿着最正规的大礼服，女士则穿着袒胸、露背、拖地的单色连衣裙式服装。而在我国目前最广泛的是男士穿黑色的中山套装和西装套装，女士则是单色的旗袍或是下摆长于膝部的连衣裙。其中中山套装和单色的旗袍最具中国特色。最不适宜穿制服出席宴会。

(3) 休闲场合

休闲场合，此处所指的是人们置身于闲暇地点，用于在公务、社交之外，一人独处，或是在公共场合与不相识者共处的时间。居家、健身、旅游、娱乐、逛街等等，都属于休闲活动。休闲场合对于服装款式的基本要求是：舒适、方便、自然。

符合这一要求，适用于休闲场合的服装款式为：家居装、牛仔裤、运动装、沙滩装等等。不适合在休闲场合穿着的服装款式则有：制服、套裙、套装、工作服、礼服、时装等等。

● 人际交往中要善用称呼和名片

一般而言，交际愈广、地位愈高的人各种应酬也愈多。特定范围的聚会、大规模的盛宴，以及与朋友的日常联络，这些应酬得当，能巩固并不断扩大自己的人际关系网，并能使自己的事业蒸蒸日上。

应酬的细节是每个人所必须了解的。"应"就是接应，接受别人给你的；"酬"就是酬答，即你接受了以后报答人家的。古人道："来而不往非礼也。"就是说要有应有酬。

早起出门，见人道个"早安"；经过人群拥挤而过时，怕碰到人，要说"借光"；见人点头、微笑、握手、招手，西方人拥抱、亲吻，都会或多或少带有应酬的意味。应酬在人们的生活和工作中，已发挥着越来越重要的作用，而越来越多的人也逐渐认识到通过应酬交往组建人际关系网的重要性。应酬已逐渐遍及我们生活中的方方面面，普通的寒暄，大的舞会和宴会……人们在这些场合和行为中极力展示自己的个人魅力和社交风采，以争取更多相关人物的好感和友情，营建自己的人际关系网，以备不时之用。

电视中，常有某权威人物或上层精英分子对另一个人无奈地抱怨："哎呀没办法，应酬太多了，推都推不掉。"虽故意显出疲惫不堪、无可奈何的抱怨态度，却仍难以掩饰一副志得意满之情。经常需要"应"，才说明人缘好，而且居于特殊地位或具有特殊身份，令所有权贵都愿与之相交；经常懂得"酬"，才能使双方关系稳定发展，也使自己的形象锦上添花。从这些日常小事中，也可看出一个人的交际范围是否广，人缘是否好。

我们不是电视中的权威人物，但我们的生活和工作中也不时得仰赖于一定人物的"手下留情"或"高抬贵手"，才能更加顺利、更加如意。所以，我们也应具有应酬意识，以防患于未然。你是一个家庭主妇，如果你与隔壁大妈交好，一旦你临时缺盐少醋，就可以毫不困难地先借一些回来使用；而且，平时家中无人，大妈也会帮你照看门户，提防小偷；偶尔你有急事加班不能回家，你家的宝贝也有人"收留"，并送以可口的食物。

如果你是一个律师，就更需要多方应酬。与同行应酬，可以使你在遇到专业困惑时能迅速找到人加以研究；与法政公务人员应酬，可以使你成为千里眼、顺风耳，具有对政策、法规的灵敏嗅觉和正确判断；与三教九流应酬，可以使你在办理具体案件时，对其中涉及的各种事实有据可依。

总之，除非你是古之隐者，否则你必须学会应酬。

应酬学很重要也很必要，但也并不难。以下就介绍应酬中的两个小策略。

1. 社交中的称谓

称谓，也叫称呼，是对亲属、朋友、同志和社会有关人员关系的称呼。称谓属于道德范畴。我们的祖先使用称谓十分讲究，不同身份、不同场合、不同情况，在使用称谓时无不入幽探微，丝毫必辨。今天的现代礼仪，虽不必泥古，但也不可全部推倒重来，要在前人的基础上，推陈出新，表现出新一代礼貌称谓的新风貌。人际交往，礼貌当先；与人交谈，称谓当先。使用称谓，应当谨慎，稍有差错，便会贻笑于人。恰当地使用称谓，是社交活动中的一种基本礼貌。

称谓要表现出尊敬、亲切和文雅，与对方心灵沟通，感情融洽，缩短彼此距离。正确地掌握和运用称谓，是人际交往中不可缺少的礼仪因素。

(1) 称谓的种类和用法

①姓名称谓。姓名，即一个人的姓氏和名字。姓名称谓是使用比较普遍的一种称呼形式。用法大致有以下几种情况：

全姓名称谓，即直呼其姓氏和名字。如"李大伟"、"刘建华"等。全姓名称谓有一种庄重、严肃感，一般用于学校、部队或其他郑重的场合。一般地说，在人们的日常交往中，指名道姓地称呼对方，是不礼貌的，甚至是粗鲁的。

名字称谓，即省去姓氏，只呼其名字，如"大伟"、"建华"等，这样称呼显得既礼貌又亲切，运用场合比较广泛。

姓氏加修饰称谓，即在姓之前加一修饰字。如"老李""小刘""大陈"等，这种称呼亲切、真挚。一般用于在一起工作、劳动和生活的相互比较熟悉的同志之间。

过去的人除了姓名之外还有字和号，这种情况直至新中国成立前还很普遍。这是相沿已久的一种古风。古时男子20岁取字，女子15岁取字，表示已经成人。平辈之间用字称呼既尊敬又文雅，为了尊敬不甚相熟的对方，一般以号相称。

我国还有乳名，即小名。使用也很普遍，只限于亲属长辈称呼晚辈或亲属平辈之间使用。到成人后，便逐渐不再使用。

②亲属称谓。亲属称谓是对有亲缘关系的人的称呼，我国古人在亲属称谓上尤为讲究，主要是：

对亲属的长辈、平辈决不称呼姓名、字号，而按与自己的关系称呼。如祖父、父亲、母亲、胞兄、胞妹等。

有姻缘关系的，前面加"姻"字，如姻伯、姻兄、姻妹等。

称别人的亲属时，加"令"或"尊"。如尊翁、令堂、令郎、令爱、令侄等。

对别人称自己的亲属时，前面加"家"，如家父、家母、家叔、家兄、家妹等。

对别人称自己的平辈、晚辈亲属，前面加"敝"、"舍"或"小"。如敝兄、敝弟，或舍弟、舍侄，小儿、小婿等。

对亲属自己谦称，可加"愚"字，如愚伯、愚岳、愚兄、愚甥、愚侄等。

随着社会的进步，特别是新中国成立以后，人与人的关系发生了巨大变化，原有的亲属、家庭观念也发生了很大的改变。在亲属称谓上已没有那么多讲究，只是书面语言上偶用。现在我们在日常生活中，使用亲属称谓时，一般都是称自己与亲属的关系，十分简洁明了，如爸爸、妈妈、哥哥、弟弟、姐姐、妹妹等。

有姻缘关系的，在当面称呼时，也有了改变，如岳父——爸，岳母——妈，姻兄——哥，姻妹——妹等。

称别人的亲属时和对别人称自己的亲属时也不那么讲究了，如：您爹、您妈、我哥、我弟等。

不过在书面语言上，文化修养高的人，还是比较讲究的，不少仍沿袭传统的称谓方法，显得高雅、礼貌。

③职务称谓。职务称谓就是用其所担任的职务作称呼。这种称谓方式，古已有之，目的是不呼其姓名、字号，以表尊敬、爱戴，如对杜甫，因他当过工部员外郎而被称"杜工部"。诸葛亮因是蜀国丞相而被称"诸葛丞相"等。

现在人们用职务称谓的现象已相当普遍，目的也是为了表示对对方的尊敬和礼貌。主要有三种形式：

用行政职位称呼，如"李局长"、"张科长"、"刘经理"、"赵院长"等。

用党内职务称呼，如"李书记"等。应该注意的是，为了密切领导与群众的关系，强调平等，克服官僚作风，党内同志之间一般不使用"×书记"的称谓，而用名字加同志作称谓，如"润德同志"等。

用专业技术职务称呼，如"李教授"、"张工程师"、"刘医师"。对工程师，总工程师还可称"张工"、"刘总"等。

职业尊称，即用其从事的职业工作作为称谓，如"李老师"、"赵大夫"、"刘会计"，不少行业，可以用"师傅"相称。

另外，随着形势的发展，新的称谓也在出现，如对归国侨胞、外国旅游者等，为了尊重他们的习惯，按照不同身份和职业，称其职衔身份。如博士、教授或"阁下"、"先生"、"夫人"，"小姐"、"女士"等等。

(2) 称呼的5个禁忌

我们在使用称呼时，一定要避免下面几种失敬的做法。

①错误的称呼。常见的错误称呼无非就是误读或是误会。

误读也就是念错姓名。为了避免这种情况的发生，对于不认识的字，事先要有所准备；如果是临时遇到，就要谦虚请教。

误会，主要是对被称呼者的年纪、辈分、婚否以及与其他人的关系做出了错误判断。比如，将未婚妇女称为"夫人"，就属于误会。相对年轻的女性，都可以称为"小姐"，这样对方也乐意听。

②使用不通行的称呼。有些称呼，具有一定的地域性，比如山东人喜欢称呼"伙计"，但南方人听来"伙计"肯定是"打工仔"。中国人把配偶经常称为"爱人"，在外国人的意识里，"爱人"是"第三者"的意思。

③使用不当的称呼。工人可以称呼为"师傅"，道士、和尚、尼姑可以称为"出家人"。但如果用这些来称呼其他人，没准还会让对方产生自己被贬低的感觉。

④使用庸俗的称呼。有些称呼在正式场合不适合使用。例如，"兄弟"、"哥们儿"等一类的称呼，虽然听起来亲切，但显得档次不高。

⑤称呼外号。对于关系一般的，不要自作主张给对方起外号，更不能用道听途说来的外号去称呼对方。也不能随便拿别人的姓名乱开玩笑。

2. 名片的交换

欲使名片在人际交往中正常地发挥作用，还须在交换名片时做得得法。交换名片时，需要注意的问题有：

(1) 交换名片的时机

遇到以下几种情况，需要将自己的名片递交他人，或与对方交换名片。

①希望认识对方。

②表示自己重视对方。

③被介绍给对方。

④对方提议交换名片。

⑤对方向自己索要名片。

⑥初次登门拜访对方。

⑦通知对方自己的变更情况。

⑧打算获得对方的名片。

碰上以下几种情况，则不必把自己的名片递给对方，或与对方交换名片。

①对方是陌生人。

②不想认识对方。

③不愿与对方深交。

④对方对自己并无兴趣。

⑤经常与对方见面。

⑥双方之间地位、身份、年龄差别很大。

(2) 交换名片的方法

①递上自己的名片。递名片给他人时，应郑重其事。最好是起身站立，走上前去，使用双手或者右手，将名片正面面对对方。切勿以左手递交名片，不

要将名片背面面对对方或是颠倒着面对对方，不要将名片举得高于胸部，不要以手指夹着名片给人。若对方是少数民族或外宾，则最好将名片上印有对方认得的文字的那一面面对对方。

将名片递给他人时，口头应有所表示。可以说："请多指教"，"多多关照"，"今后保持联系"，"我们认识一下吧"，或是先作一下自我介绍。

与多人交换名片，应讲究先后次序，或由近而远，或由尊而卑，一定要依次进行。切勿挑三拣四，采用"跳跃式"。

当然，也没有必要广为滥发自己的名片。双方交换名片时，最正规的做法，是位卑者应当首先把名片递给位尊者。不过，在一般情况下，也不必过分拘泥于这一规定。

②接受他人的名片。当他人表示要递名片给自己或交换名片时，应立即停止手中所做的一切事情，起身站立，面含微笑，目视对方。接受名片时，宜双手捧接，或以右手接过，切勿单用左手接过。

"接过名片，首先要看"，这一点至为重要。

具体而言，就是接过名片后，当即要用半分钟左右的时间，从头至尾将其认真默读一遍。若有疑问，则可当场向对方请教，此举意在表示重视对方。若接过他人名片后看也不看，或拿在手头把玩，或弃之桌上，或装入衣袋，或交予他人，都算失礼。

接受他人名片时，应口头道谢，或重复对方所使用的谦辞敬语，如"请您多关照"，"请您多指教"，不可一言不发。

若需要当场将自己名片递过去，最好在收好对方名片后再做，不要左右开弓，一来一往同时进行。

(3) 索取他人的名片。

如果没有必要，最好不要强索他人的名片。若需要索取他人名片，则不宜直言相告，而应采用以下几种方法之一。

①向对方提议交换名片。

②主动递上本人名片，此所谓"将欲取之，必先予之"。

③询问对方："今后如何向您请教？"此法适于向尊长索取名片。

④询问对方："以后怎样与您联系？"此法适于向平辈或晚辈索要名片。

(4) 婉拒他人索取名片

当他人索取本人名片，而不想给对方时，不宜直截了当，而应以委婉的方法表达此意。可以说："对不起，我忘了带名片"，或者"抱歉，我的名片用完了"。不过若手中正拿着自己的名片，又被对方看见了，这样讲显然不合适。

若本人没有名片，而又不想明说时，也可以以上述方法委婉地表述。

如果自己名片真的没有带或是用完了，自然也可以这么说，不过不要忘了加上一句"改日一定补上"，并且一定要言出必行，付诸行动。否则会被对方理解为自己没有名片，或成心不想给对方名片。

称呼和名片只是社交应酬中的两个小诀窍，善加利用，可以为你的应酬添彩加油，但要成为应酬中的"高手"，还要在为人处世的更多细节上做到最好，只有这样才能有朝一日获得成功。

第 ⑩ 章

健康细节，影响一生

健康就是最大的财富。在世间，无论你拥有多少金钱，无论你拥有多高的社会地位，如果你没有健康的身体，一切都是零。

● 重视饮食和营养

健康是生命之源。失去了健康，生命会变得黑暗与悲惨，会使你对一切都失去兴趣与热诚。有一个健康的身体，一种健全的精神，并且能在两者之间保持美满的平衡，这就是人生最大的幸福！

不良的健康状况对于个人、对于世界所产生的祸害到底有多大，有谁能够计算得出呢？

在现实生活中，一些有作为、有知识、有天赋的人往往被不良的健康状况所羁绊，以至于终身壮志未酬。许多人都过着一种不快乐的生活，因为他们自己意识到，在事业上，他们只能拿出一小部分的真实力量，而大部分的力量却因为身体不佳而力不从心。由此，他们对于自己、对于世界就产生了消极思想。

天下最大的失望，莫过于理想不能实现。他们感觉到自己有很大的精神能力，但是却没有充分的体力作为后盾。自己感觉虽有凌云壮志，却没有充分的力量去实现，这是人世间最悲惨的一件事情！

许多人之所以饱尝着"壮志未酬"的痛苦，就因为他们不懂得常常去维持身心的健康。经常保持身心健康，是事业成功的保障，是保障工作效率的重要前提。

而正确的饮食之道是与旺盛的生命活力紧密相关的。

依据现代科学指出，抗衡都市压力的一个重要因素便是营养，而营养主要是从饮食中直接得来的。我们只有从饮食中摄取了养料，就可有应付压力的资本。所以正确的饮食观相当重要，这样可以增强身体抵抗压力的能力。

当人们在生活中注意了饮食方法以及饮食宜忌的规律后，并且依据自身的需要来选择适当的、有利于自己身心健康的食物进行补养，这样便能有效地发挥并维持生命的活力，提高新陈代谢的能力，保持身心健康。具体一点说，饮食，正确的饮食具有补充营养、预防疾病、治疗疾病、延缓衰老的作用。

人的饮食要节制，切忌暴饮暴食，不能随心所欲，讲究科学的饮食方法至关重要，所以说，人们的健康是从饮食中获得的。如果在短时间内，饮食过量，使大量食物进入食道，必然会加重胃肠的负担，超出肠胃承受范围之外，食物滞留于肠胃，不能被及时消化，这样，很明显就会影响到营养的吸收和输送。久而久之，脾胃因不堪重负，其功能当然会受到损伤，所以"食量大的人是不会健康的"。

现代的许多有关医学方面的实验都证明，减少食物的摄取量是延长寿命的最好的方法之一。针对这一点，德州大学的马沙洛博士做了一个很有意思的实验，为我们提供了有力的证据。他的实验是围绕一群实验鼠进行的，他把一群实验鼠分为三组，任由第一组的实验鼠随便进食；把第二组的食量减了四成；第三组的实验鼠食物中蛋白质的摄取量减少一半，然后便任由它们吃。两年半以后，实验结果为：第一组老鼠成活率为33%，第二组的成活率为97%，第三组存活率仅50%。

该实验表明了什么呢？温血动物延缓衰老、延长寿命的有效途径就是减少营养，这是他迄今为止所知的温血动物的生理特征之一，并且指出该结论同样适用于人类，所以，我们可以从中得到有关保健、长寿的规律，即要尽可能地限制食量，因为这样可以大大延缓生理上的衰老和免疫系统的失效，用一句话概括：吃得少，活得久。当然，这里的"少"不单纯指的是食物的量少，而且也暗含着食物的营养要合理，饮食要均衡。

其实，对于人类来说，要维持生命健康与长寿，最关键的一点就是要"平衡膳食，合理营养"。

所谓合理营养是指膳食营养在满足机体需要方面能合乎要求，也就是说由膳食提供给人体的营养素，种类齐全，数量充足，能保证机体各种生理活动的需要。合理的营养能促进机体的正常生理活动，改善机体的健康状况，增强机体的抗病能力，提高免疫力。

达到合理营养要求的膳食一般称为平衡膳食，基本要求是：

1. 膳食中热量和各种营养素必须能满足人体生理和劳动的需要。即膳食中必须含有蛋白质、脂肪、糖类、维生素、无机盐及微量元素、水和膳食纤维等人体必需的营养素，且保持各营养素之间的数量平衡，避免有的缺乏、有的过剩。因此，食物应多样化。因为任何一种天然食物都不能提供人体所必需的一切营养素，所以多样化的食物是保证膳食平衡的必要条件。

（2）合理的饮食制度。如餐次安排得当，可采取早晨吃好、中午吃饱、晚上吃少的原则。

（3）适当的烹调方法。要以利于食物的消化吸收，且有良好的品相，能刺激食欲为原则。

（4）食品必须卫生且无毒。

当然由于人们的生活环境不同，饮食习惯、健康状况等也千差万别，对营养的要求也就各不相同。在实际生活中只有根据合理营养的基本要求，按照每个人的性别、年龄、劳动状况、健康情况等方面综合考虑，安排好每日膳食，才能真正达到合理膳食的要求。

随着科学家对人体愈来愈了解，关于食物营养方面的资讯也愈来愈丰富。你应该随时注意有关膳食的信息，以下是几点可帮助你达到平衡膳食的方法：

（1）新鲜水果和蔬菜应该占所吃食物中的最大比例，它们含有相当丰富的维生素和高效物质，而人体最容易吸收这些物质。

（2）你应多食的第二种食物就是碳水化合物，诸如面包，谷物和马铃薯等。

（3）蛋白质（诸如瘦肉、鱼和乳酪）是非常重要的食品，但不宜吃得太多，每天取用少量即可。

（4）避免油性食物，限制牛油和食用油的食用量，并且拒绝油炸食物，同时也应避免吃糖，像糖果和可乐之类。

此外你还应摄取不同的食物，以供应身体不同的需要，不要偏食，应该拒绝不当的饮食方法。

另外也有不少的科学家指出素食有益人类的健康，肉食则易致病。

第一次世界大战期间，丹麦政府任命全国素食组织的领袖负责指导国家的定量配给计划，以至于战时的丹麦人都以谷物、蔬菜、水果、乳制品为主要食物。计划实施才一年，丹麦人的死亡率就下降了17%。战后丹麦人又恢复了肉食，结果死亡率和心脏病的发病率很快又上升到了战前的水平。

科学家发现，世界上一些仅以谷物、蔬菜、水果等素食为食物的民族或部落几乎很少患病，并且可以长命百岁。在北印度及巴基斯坦生活的哈扎斯人，超过百岁的人比比皆是，而且一生中都没有什么疾病，这主要得益于他们以新鲜水果、蔬菜、山羊奶及五谷杂粮等素食为食物的饮食习惯。相反，吃肉越多的民族，身体越不健康，寿命也越短。以肉食为主的因纽特人，一生平均只能活 27 岁半。肠癌也多出现在以肉食为主的地区。为此，我们要在生活中养成多吃五谷、水果和蔬菜，尽量少吃或不吃肉食的习惯，相信对于我们的身体健康会有益处的。

切勿在生气、受到惊吓或担心时吃东西。因为当你在备战状态时，你的身体便无法充分吸收所吃食物的营养，尤其不可养成一紧张就想吃东西的习惯，因为这样只会使你变胖而已。

适当地调整饮食习惯是非常重要的事，因为如果饮食过量的话，你的身体会出现过多的负荷，而且沉溺饮食会使你延误一些应该立即处理的问题。如果你无法控制自己的饮食，不妨请教专家协助你。

● 养成良好的生活习惯

德国哲学家康德活了 80 岁，在 19 世纪初算是长寿老人了。某医生对康德作了极好的评述"他的全部生活都按照最精确的天文钟作了估量、计算和比拟。他晚上 10 点上床，早上 5 点起床。接连 30 年，他一次也没有错过点。他 7 点整外出散步。哥尼斯堡的居民都按他来对钟表。"据说康德生下来时身体虚弱，青少年时经常得病。后来他坚持有规律的生活，按时起床、就餐、锻炼、写作、午睡、喝水、大便，形成了"动力定势"，身体从弱变强。生理学家也认为，每天按时起居、作业，能使人精力充沛；每天定时进餐，届时消化腺会自动分泌消化液；每天定时大便，能防治便秘；甚至每天定时洗漱、洗澡等都可形成"动力定势"，从而使生物钟"准时"。谁若违背了这个生物钟，谁就要受到惩罚。

某著名养生专家认为：人体的一切生理活动都是起伏波动的，有高潮也有低潮。人体内有一个"预定时刻表"在支配着这些起伏波动，养生专家们称之为"生物钟"。人体血压、体温、脉搏、心跳，神经的兴奋抑制，激素的分泌等 100 多种生理活动，是生物钟的指针，反映了生物钟的活动状态。人体各器官的机能是按"生物钟"来运转的。"生物钟"准点是健康的根本保证，若"错点"则是柔弱、疾病、早衰、夭折的祸根。

因此，我们不赞同年轻人通宵看电影，通宵泡吧，因为通宵熬夜会使你的生物钟"错点"，表面上看没什么变化，但导致身体激素分泌紊乱，体力变化极大。如此日积月累，"错点"便会在身上产生反应，患病也就成为必然的了。

如果你的"生物钟"的运转和大自然的节律合拍融洽，就能"以自然之道，养自然之身"。目前,医学专家公认"生物钟"是自然界的最高境界,因为自古至今,健康长寿者的"养生之道"虽然千差万别,但生活有规律这一条却是共同的,为此,我们首先要养成良好的生活习惯。

越早奠定健康生活方式的基础,养成健康的习惯,以后获益就越大。养成良好的生活习惯,不仅可以避免中年体衰,而且到老都能身体健康。儿童比成年人更容易养成良好的健身习惯,如良好的饮食、运动和放松的习惯。我们越多向青少年灌输有关健康生活的知识,国人的体质将会越健康,可以减少对昂贵的医疗服务的依赖。要记住:导致过早死亡和丧失工作能力并浪费大量保健经费的许多疾病都是不健康的生活方式造成的,如果尽早在年轻时采取预防措施,这些病完全可以避免。

1. 戒除不良的嗜好

如酗酒、嗜烟(大量吸烟)、嗜赌(赌徒)。有人说得好,在危害健康的诸因素中,最严重的莫过于不良嗜好所起的作用持久而普遍。

2. 改变不良的生活习惯

如本人的卫生习惯差,病从口入,易得胃肠传染病或寄生虫病。暴饮暴食者易患胃病、消化不良以及易于致命的急性胰腺炎。爱吃高脂及高盐食者,最易患高血压、冠心病等。一旦不良习惯养成,对健康的危害作用就会经常或反复出现。

3. 不要滥用药物

有关专家指出,当前药害已成为仅次于烟害和酒害的第三大"公害"。全世界每年死于药害者不下几十万人。为此,欲求健康长寿,必须停止滥用药物,包括滥用补养药品。补药用之不当,也会伤人。

4. 切忌操劳过度

卡耐基认为:野心很大的人可能会成功,但是,野心也容易使他无法活得很久、享受人生。所以,如果升级必须加上很大的压力、紧张和过度操劳,你就应该下定决心放弃升级。

纽约马白尔协同教会的牧师皮尔博士,在印第安纳波里对一群听众讲演中说:"现代的美国人,很可能是有史以来最神经质的一代。"皮尔博士说,"爱尔兰人的守护神是派翠伊克,英国人的守护神是乔治,而美国人的守护神却是维达斯。美国人的生活太紧张、大激烈,要使他们在听道以后能够平静地睡去,那是不可能的。"

如果赚大钱的代价是不幸或早死的话,你应该宁愿少赚一些钱;如果对自己鞭策得太严了,你应该鼓励自己满足于稍低一层的成就。

5. 减缓节奏

放松可使你完全忘记一天的烦恼和问题，虽然每个人都有放松的必要，但是就有人无法放松自己。

你的意识会把这一项目标作为你注意力集中的对象，这意味着你的内心，已排除其他所有事情，因此，你不会因为躺在躺椅中说一声"我在放松自己"就能真正放松自己的，因为你的思想还是环绕着一个既定问题在转。你必须找一个放松的目标，并使你的注意力集中到它身上，才能达到真正放松的目的，例如园艺、放风筝、读小说或做任何其他能吸引你注意的事情。

其实电视和喝酒并不能使你真正放松，你应该有不同的兴趣，以使你的思想能换换口味，练习坐禅会为你的精神力量带来不可思议的神奇，体力劳动可能也是一项你乐于从事的活动；你不但要放松你的思想，同时也要放松你的身体。

放松自己并不是偷懒的表现，反而是使你的思想保持最佳状态的妙药。一天之中能有短暂的休息可以解决你的紧张并给你的潜意识活动的机会。

6. 适量运动

最理想的情况，是把运动当作放松娱乐和自己的一种方式。放松和娱乐对你的思想能力有很大的影响，而运动除了能保持身体健康之外，对思想同样也会有所帮助。但你必须保持适量和适度，过量的运动反而会引起疲劳。

你应每周做3次体操，每次20分钟。运动是对身体和心理最好的刺激物，它对于清除负面影响因素方面有很大的帮助。体育训练已成了解人类潜力的重要方法，并且可以培养出一些有助于你追求成功的技巧。

7. 抵制有害的情绪

自古以来就有"怒伤肝"、"忧伤肺"、"恐伤胃"以至"积郁成疾"之说。这就是说，消极的情绪会影响人的身体健康。为什么呢？因为人的情绪变化总是和人的身体变化联系在一起的。例如，人在恐怖的时候交感神经发生兴奋，瞳孔变大，口渴、出汗，血管收缩而脸色发白，血液中的糖分增加，膀胱松懈，结肠和直肠的肌肉松弛。一般来说，当人的情绪变化的时候，人的血液量、血压、血液成分、呼吸、代谢、消化机能以及生物电都会发生变化。

过度的消极情绪，或长时间地被消极情绪所控制，会对身体的健康产生不良影响。例如，长期不愉快、恐怖、失望等，胃的运动就会被抑制，使胃液的分泌减少。对肠的影响也是同样的，愤怒时，肠壁的紧张力降低，蠕动停止，影响消化机能。总的来说，这样使人消化机能不好，容易产生胃溃疡。

为了更好地说明良好的生活习惯对于人的一生健康的重要影响，在此向大家提供一份关于美国石油大王洛克菲勒的健康细则，希望对大家会有所参考。

众所周知，洛克菲勒一生建立了自己强大的石油帝国，而且活到了 98 岁，这与他后半生都养成了自己独特的生活习惯有关，他一直都很注意保持身心健康，他尽量争取长寿，把赢得同胞的尊敬确定为主要目标。以下是洛克菲勒为达到这个目标而实行的纲领。

(1) 每周的星期天去参加做礼拜，将所学到的记下来，以供每天应用。

(2) 每天争取睡足 8 个小时，午后小睡片刻。这样适当的休息以保证充足的睡眠，避免对身体有害的疲劳。

(3) 保持干净和整洁，使整个身心清爽，坚持每天洗一次盆浴或淋浴。

(4) 如果条件允许的话，可以移居到环境宜人、气候湿润的城市或农村生活，那里有益于健康和长寿。

(5) 有规律的生活节奏对于健康和长寿有益无害。最好将室外与室内运动结合起来，每天到户外从事自己喜爱的运动，如打高尔夫球，呼吸新鲜空气，并定期享受室内的运动，比如读书或其他有益的活动。

(6) 要节制饮食，不暴饮暴食，要细嚼慢咽。不要吃太热或太冷的食物，以避免不小心烫坏或冻坏胃壁。总之，诸事要和缓、含蓄。

(7) 要自觉、有意识地汲取心理和精神的维生素。在每次进餐时，都说些文雅的语言，并且可以适当同家人、秘书、客人一起读些有关励志的书。

(8) 要雇用一位称职的、合格的家庭医生。

(9) 把自己的一部分财产分给需要的人共享。

洛克菲勒在通过向慈善机构捐款，把幸福和健康带给了许多人的同时，也赢得了声誉，更重要的是自己也得到了幸福和健康。他捐资所建立的基金会将有利于好几代的人。洛克菲勒以为工具，达到了自己目标，获得了健康与幸福。

● 改掉酗酒、抽烟等不良嗜好

现代生活节奏日益加快，人们总是能感受到无处不在的竞争和压力，为此，很多人会选择吸烟、酗酒来稳定情绪，渲染不满和释放压力，殊不知，吸烟和酗酒对人的身体健康危害极大，可以说是人类健康的两大潜在杀手。

1. 酗酒的危害

可以说，酗酒给人们带来的危害简直是灾难性的，而且这种灾难性的危害不仅仅发生在酗酒者本人身上，而且还会波及周围的人甚至整个社会，社会上由酗酒引起的各种严重犯罪及事故时有发生。

其实酗酒行为本身就是一种放纵自己的表现，这种行为显然是对自己和他人的严重不负责任。首先，从酗酒对身体的危害来分析：在很多宣传教育手册和科普读物上，人们几乎都能了解到酗酒对身体的种种危害。其实即使没有这些宣传和教育，人们通过自己的亲身体验也可以感受到酗酒给自身身体带来的种种不适。所以说，酗酒对人们身体造成的种种危害，其实大多数人都是了解的，而人们不愿意改掉酗酒习惯的原因只不过是自己不愿意节制罢了。放纵自己喝酒的欲望显然要比在美酒面前克制自己更容易，但是当自己拖着被大量酒精所伤害的身体回到家中时，除去头痛欲裂的痛苦和五脏六腑的翻江倒海之外，也应该想到每次酗酒对于身体的长期危害。据有关调查资料表明，肝脏的病痛很多时候都是由于过度饮酒造成的，死于肝病的人数已经呈现出逐渐上升的趋势。而由酒精中毒造成的身体危害，更会给自己和家人带来无尽的痛苦。

此外，现代科学研究发现：酗酒对生殖系统的影响更大。长期饮酒会造成男性生育力低下；过度饮酒可诱发前列腺炎，甚至继发性功能障碍，并可造成不育；损害生殖内分泌功能，引起睾丸萎缩，出现阳痿；酗酒的男子很多精子发育不良或失去动力，如果受精，则会影响胎儿在子宫内的发育，引起流产，有时还会出现畸形怪胎，或孩子出生后智力差，成为低能儿。

其次，从酗酒对人们精神上的危害来分析：几乎所有有过醉酒经历的人都知道，饮酒过量会使自己的神经受到麻醉，有时还会使自己的理智大量丧失。很多经常酗酒的人都有过这样的体验：喝酒过后，人的记忆力会受到严重破坏，从而影响很多事情的正常进行，所有的事情只能等到酒醒之后再处理，此时如果遇到十分紧急的事情需要及时处理，那也只能不了了之，这样一来自然会使人们的工作和生活受到非常不利的影响，从而拖延了时机；过度饮酒还会使人们做下令自己后悔终身的荒唐事，很多平时善良可亲的人甚至会在酒精的麻醉和刺激下做出违背常理、触犯法律的事情，结果不仅自己因此将遭受牢狱之灾，许多无辜的人还会因为自己的所作所为受到严重伤害。酗酒对于人们精神上的危害远不止这些，由酗酒而造成的种种悲剧实在应该引起人们的警醒，从中吸取惨痛的教训，最后克服自己对酒精的依赖。

最后，从酗酒对于整个社会的恶劣影响来分析：社会是由无数个人组成的，每个人的行为都会对整个社会产生或多或少的影响。所以说，酗酒者在为自己带来不利的同时，也对整个社会产生一定程度的负面影响。有些人将自己的酗酒行为称为"不得已的应酬"或"当时被逼无奈的处境"，还有人说："整个社会风气如此，不是我个人所能改变的"。其实所谓的"社会风气"本身就是由这些酗酒者造成的，当他们不负责任地扰乱自己和周围人的工作和生活时，整个社会风气也会因他们的行为而受到腐蚀。

莎士比亚说："要想健康长寿，我们应该避免烈酒。"

对于莎士比亚的建议，人们着实应该加以充分考虑。为了我们自身的身体健康，为了精神上的积极和愉悦，为了周围人的正常工作和生活，也为了整个社会的和谐发展，我们每一个人都应该认清酗酒带来的灾难，而且要对酗酒的行为采取积极的"有则改之，无则加勉"的态度。

2. 吸烟的危害

有不少人以为抽烟很时尚，便不自觉地学会了。其实抽烟对人体的害处远远大于它给人们带来的那一点所谓"时尚感"。

烟草是世界上使用最频繁的麻醉剂，虽然它一般不被抽烟的人看作是一种麻醉剂，但它确实是许多人长期吸烟的原因。然而，抽烟时吸进的尼古丁、焦油和气体对人体有明显的影响。尼古丁是使人上瘾的物质，它是任何一个烟民身体里面渴望的东西。使香烟"有劲"的是尼古丁，但使香烟有毒的还不只是尼古丁。

香烟里面含有上百种有害物质，其中的烟焦油有大量的苯并芘多环芳烃，这些物质具有很强的致癌作用。吸烟的人容易患肺癌、胃癌、食道癌、膀胱癌。

吸烟引起的癌症和两个因素有关：开始吸烟的年龄和吸烟的数量。开始吸烟的年龄越早，患肺癌的危险性越大。15 岁以前开始吸烟的男性，到 35 岁以后患肺癌者是不吸烟者的 17 倍。而吸烟量越多，吸入体内的有害物质也会越多，当然危害也越大。衡量吸烟量的标准叫吸烟指数，就是每天吸烟的支数乘以一共吸烟多少年。如果每天吸烟 20 支，共吸 10 年，指数就是 $20 \times 10 = 200$。吸烟指数超过 400，肺癌和其他疾病的发病率将成倍增加。

吸烟还会引起心血管疾病，如心肌梗死、冠心病、动脉硬化、高血压等。这是因为烟草里含有的大量的尼古丁，在燃烧过程中产生了大量的一氧化碳。它们都会使血管发生痉挛、血液黏稠、动脉壁增厚，以及触感迟钝等。同时，大量的一氧化碳能减少血中氧的含量，增加心脏的压力，使它不得不抽吸更多的血来使身上的细胞获得足够的氧。从许多方面看，抽烟显然是有害于健康的。养成抽烟习惯并保持这个习惯的男人要比女人多。不过，统计数字表明，在过去的 10 年里男女吸烟者已经半斤八两、平起平坐了。

另外，要想真正认识香烟的危害，还要走出关于吸烟的四大误区。

误区之一：清晨一支烟，精神好一天

　　这是一些"老烟枪"的自我感觉,他们清晨醒来第一件事就是燃上一支香烟,还美其名曰"早烟提神"。

　　如果清晨不吸一支烟,就无所适从,甚至总觉得少做了一件事似的。特别是烟瘾大的人,往往人还未离床,就坐在被窝里迫不及待地吞云吐雾起来。是的,睁开睡眼,抽一支香烟,将一夜新陈代谢后血液中降下来的尼古丁浓度"弥补"上来,这对于那些"烟鬼"来说,精神确实可"为之一振"。殊不知,经过了一个晚上,房间里的空气没有流通,甚是污浊,混杂着香烟的烟雾又被重新吸进肺中;另外,空腹吸烟,烟气会刺激支气管分泌液体,久而久之就会引发慢性支气管炎。民间有句谚语:"早上吸烟,早归西天。"已为人们敲响了警钟。虽然说得有些夸大,但在一定程度上也可以说明早晨吸烟的危害性和严重性。

　　误区之二:饭后一支烟,赛过活神仙。

　　这对吸烟者来说更是一种非常有害的误导。饭后,血液循环量增加,尼古丁迅速地被吸收到血液,使人处于兴奋状态,脑袋飘飘然,就如同"烟民"们描述"神仙"一样的感觉。实际上,饭后吸一支烟,比平常吸 10 支的毒害还大。因为饭后人体热量大增,这时吸烟会使蛋白质和重碳酸盐的基础分泌受到抑制,妨碍食物消化,影响营养吸收。同时还给胃及十二指肠造成直接损害,使胃肠功能紊乱,胆汁分泌增加,容易引起腹部疼痛等症状。而且身体在对食物积极消化、吸收的同时,对香烟烟雾的吸收能力也增强,吸进的有害物质也增加。所以,可以这样说:饭后吸烟,祸害无边。

　　误区之三:朋友聊天,喝酒吸烟。

　　许多人都喜欢在喝酒时吸烟,认为朋友相聚,必须有好酒好烟,这样才有好的气氛,二者缺一不可。酒喝多了,点燃一支烟,细细品味,似乎乐趣多多。但你可能有所不知,烟酒一起享用比单独喝酒或吸烟的毒害更大。因为酒精会溶解于烟焦油中,促使致癌物质转移到细胞膜内。有资料显示,口腔癌有 70% 与吸烟和喝酒双管齐下有关联。最为严重的是,烟酒同时进行使肝脏代谢功能只能顾及清除酒精而很难顾及其他,致使烟草的有毒物质在人体内停留数小时甚至几天,加大了烟草对身体的危害程度。因此,饮酒时吸烟实质上是同健康和生命开玩笑。

　　误区之四:如厕吸烟,一带两便。

　　这也是在民间流传了很久的一句俗语,而正因为流行,毒害才更加广泛。许多人认为厕所里有臭气,吸烟可以冲淡一些。事实上,厕所里氨的浓度比其他地方要高,氧的含量相对较低,而烟草在低氧状况下会产生更多的二氧化硫和一氧化碳,连同厕所里的有毒气体以及致病细菌等大量被吸入肺中,对人体危害极大。患有冠状动脉性心脏病或慢性支气管炎的病人在厕所内吸烟，可导致心绞痛、心肌梗死或气管炎的急性发作。

所以，广大瘾君子吸烟一定要注意场合、时间等，当然为自己的健康考虑，最好是戒烟。

● 消除内心的压力

事业上的成功，家庭的幸福美满，人际关系的和谐，是每个人都期望的生活目标，追求高质量的生活无可厚非，还应积极提倡。

问题出在哪里呢？你的能力和心理素质。除了极个别智力超常的人外，大家的智商其实都差不多，而能力却相差很大。在同一个目标下，能力强的人往往比能力弱的人压力要小，因为能力强的人觉得获胜的机会比较大，目标离他越近，压力就会越小。

有了压力不一定就是坏事，压力来源于人的需求，而这种需求就是人们追求奋斗的原动力。感受到压力，体会到自己的需求，能产生为之拼搏的欲望。人在遇到绝路的时候，巨大的压力往往爆发巨大的潜能，"置之死地而后生"就是这个道理。

但是如果自己给自己的压力太大，或由于客观原因压力过大，则会超过人的承受能力，使我们感到心力衰竭，不堪重负，甚至产生一些心理疾病，更别提奋斗了。就像弹簧一样，在没有超过其承受范围时，你用力压紧它，松开手，它会用力反弹；但一旦超过其范围，弹簧发生变形，再用劲，也反弹不回来。

那么压力来自何方？

造成一个人压力的原因是多方面的。例如：企业内部缺乏良好的激励机制、工作中复杂的人际关系、工作强度大、自身的职业定位不正确等。超强的压力会给个体的职业发展与健康带来严重的负面影响，在个体身上造成的后果可以是生理的、心理的，也可以是行为方面的。笼统来说，压力来源主要有下述几个方面：压力可以分为两大类：来自体外的压力（专家们称之为外部压力）以及产生于个人体内的倾向和行为的压力（专家们称之为内部压力）。

具体来说大致有以下 4 方面能导致产生压力：

1. 外部的逆境

压力无处不在，人们很大一部分的外部压力来自于外部的逆境，也就是人们都能感觉到的"日常压力"：比如，丢了钥匙，遇到交通堵塞，洗衣机出了毛病。

另外，还有一种外部压力是"组织压力"——当不得不将有毒废物运往另一个地方，或者违反了交通规则时，就意味着人们遭遇到了"组织压力"。

同时，作为人类社会的一员，每个人都还面临着生活中的"社会压力"，面对他人的发火、挑衅和愤怒。同时，生活中还有一些让人不能忘记的重要事件，像失业、无法获得提拔、家中又添新丁，或有人去世等。

2. 内部陷阱

消极的暗示也是人们产生压力的主要诱因。各种各样的外部压力使人们担惊受怕，它们总是不断地发生在人们身边。令人奇怪的是，这些压力中的大部分都是我们自己制造出来的。常常进行消极的自言自语往往会带给人消极暗示，例如，"我最近身体状况不大好"，"这份新工作可能和原来那一份一样糟糕"，这些都是工作压力产生的直接诱因。

3. 不健康的生活方式

自我产生压力的另一种方式，就是选择了一种不健康的生活方式。不健康的生活方式直接影响到人们的身体健康，浪费了人们大部分的时间，这些都会反映出工作中的无秩序，缺乏效率，这些都是压力的主要来源。

4. 忧郁的个性

有些人天生就容易给自己制造压力，这体现在其个性的许多方面。也许有人会认为，压力可以使人变好也可使人变坏，但是，最终它会让人为此付出代价。

当人们知道了自己所承受的压力以及来源时，就可以制定控制压力的计划。该计划必须详细，而且应该包括控制或消除压力的方法。例如，当压力出现，同时自己的工作期限又快到了时，人们可能不得不加快速度并潦草地完成工作。也许这能逃过老板的眼睛，但自己知道干得很糟。这种做法可能会引起自己的挫折感和失败感，同时会造成压力增多——于是一系列的不愉快又开始了。

洞察了压力产生的内在原因，也就有了如何对抗或消除压力的一系列方法：

1. 控制时间

人们对时间控制得越好，所做的工作就越多，承受的压力就越小。有效的时间控制的关键就是关注结果，而不是关注过程。通常，当人们努力完成工作时，电话就是最大的时间浪费。如果没有秘书协助接听，就应该买一个应答装置，没必要在每次电话铃声响起时都亲自接听。要认识到追求工作质量和奉行完美主义是有区别的。追求完美只会浪费时间和增加不必要的压力。要学着创造更多的时间。如果你的工作比时间还多，那么试着早到30分钟或是迟走30分钟。试着从午饭时间中节省15分钟。

另外，要经常评估你利用时间的方式。选择一天，记录一下自己花在工作上的每一分钟。你将会发现自己的时间浪费在了哪里。

2. 控制节奏

即使再优秀的运动员也不能在场上一直运动而不休息。起初，压力也许真的会提高人的工作绩效，但一旦过了头，过多的压力就会对人的工作能力造成影响。

每天的睡眠在不断地循环，工作的高效期也在不断循环。也许有人已经注意到，早晨的工作效率比下午要高，或者要在晚上 11 点以后工作效率才会再高起来。这些循环叫作"节奏"，它们每天都在发生。

为了能在高峰期高效地工作，要注意一下那些容易让人陷入倦怠的波谷，并且小憩一下，而不是沉湎其中形成压力。

3. 生活要有个计划

生活没有计划，容易给个人造成额外的压力。如果同时要做好许多事情，当然就容易导致混乱、遗忘，还总让人觉得还有那么多事情没做完，加重了生活的压力。所以，如果可能的话，要为自己立个计划，让自己做到心里有底，做事时有条不紊。此外，最好能一次就只做一件事，并且一次性将任务完成。

4. 改变你的认知方式

我们对事物的看法决定了我们感受到的压力。采用换位思考可以帮助我们更好地理解别人，如当你与上级沟通存在障碍时，可以设想一下如果你是上级会怎样处理，这样将有助于与上级更好地沟通。

5. 改变你的思维方式

人的思想感情与个人的观念和人生哲学有关。仔细分析一下，如果发现这些观念在一定程度上导致了不良的情绪，给你的生活带来了压力，那就有必要为此做出一些改变了。改变个人的人生观、处世态度有时候是很困难的，但是，哪怕只做一点改变，有时就可能收到意想不到的减压效果！

6. 消除工作中的环境压力

你是愿意坐在一个干净整洁，一切都井井有条的办公室里，还是愿意坐在杂货店似的一团糟的办公室里？很明显，一个井井有条、令人愉快的工作环境，会减少压力并提高工作效率。如果一个人在每找一份新报告、一盒铅笔或一份重要文件时都要花 10 分钟，那么，他感到十分压抑，并且无法按时完成任务，人们就毫不奇怪了。

7. 学会宣泄

当遇到不如意的事情时，可以通过运动、读小说、听音乐、看电影、找朋友倾诉等方式来宣泄自己不良情绪，也可以找个适当的场合大声喊叫或痛哭一场。学会宣泄就是指当你的坏情绪累积到一定程度后，你应该找一个你信任并能与其自由自在地说话的人，如朋友、亲人、要好的同事，或者心理医生，向对方讲讲自己的心里话。研究证明，把"闷"在心里的话说给一个乐于倾听你的人听，是一种非常管用的减压方式。

8. 消除压力源

当你感到有压力时，首先要找到压力源，尽可能地消除压力源。如果你的压力是因为工作量太大造成的，你可以通过合理的时间管理来区分工作的轻重缓急，重要的工作马上完成，次要的和不那么重要的可以先放一放，待时间充裕时再完成。

9. 学点放松技巧

有时候，人们需要远离生活的压力，去玩，去放松一下，这是一种自然的效果也是不错的减压方法。需要说明的是，应该尽可能从事那些能让自己愉快、全身心投入、忘掉一切烦恼的业余活动。不管自己有多忙，该玩就玩！现在流行的放松技巧很多，如沉思、深呼吸等。大家可以找到相关的资料进行练习，掌握一些放松技巧，这的确有助于减轻压力。有条件或有必要的话，可以就此请教心理医生。

10. 经常锻炼身体

研究证明，经常锻炼身体可以减轻压力。值得注意的是，应该选择那些你认为比较有趣的活动，那些你觉得很"苦"、很枯燥的锻炼往往起不到减压的效果。

● 学会休息

雅格布森医生是芝加哥大学实验心理学实验室主任，他花了好多年的时间，研究放松紧张情绪的方法在医药上的用途，他还写了两本这样的书。他认为任何一种精神和情绪上的紧张状态，在完全放松之后就会消失了。也就是说，如果你能放松紧张情绪，忧虑也就解除了。

美国陆军曾经进行过好多次实验，证明即使是经过多年军事训练、体格健壮的士兵，如果不带背包，每一小时休息10分钟，他们行军的速度就会明显加快，坚持的时间也更长，所以陆军一般都强迫士兵坚持这样做。如果你能坚持锻炼，合理休息，你的心脏也能和美国陆军一样的强健。人的心脏每天压出来流过全身的血液，足够装满火车的一节油罐车厢；每天所供应出来的能量，也足够用铲子把20吨煤搬上一个3英尺高的平台所需的能量。人的心脏能完成这么多令人难以置信的工作量，并且持续几十年，甚至可能上百年之久，人的心脏怎能够承受得了呢？哈佛医院的韦加努博士解释说："绝大多数人都相信，人的心脏一刻也不停地跳动着。事实上，在每一次收缩之后，它有完全静止的一段时间。当心脏按正常速度每分钟跳动70次的时候，一天实际的工作只有9小时左右，也就是说，心脏每天休息了大约15个小时。"这充分说明休息的益处。

历史上许多的成功人士都是讲究劳逸结合，休养生息之道。第二次世界大战期间，古稀之年的丘吉尔能够每天工作16小时，指挥大英帝国作战，确实是一件令人佩服的事情。他的秘诀在哪里？据说他每天在床上工作，看报告、口述命令、打电话，甚至在床上举行重要的会议。他并不是要消除疲劳，因为他根本不必去消除，他通过事先休息的方法就防止了。因为他经常休息，所以可以一直精神饱满地工作。

石油大王洛克菲勒也创造了两项惊人的纪录：他创造了当时全世界为数最多的财富，并且他活到98岁。他如何做到这两点呢？有一个原因是，他每天中午在办公室里睡半个小时午觉，以养精蓄锐。在这期间，即使是美国总统打来电话，他也不接。

丹尼尔说："休息并不是绝对什么事都不做，休息就是修补。"在短短的一点休息时间里，就能有很强的修补功能，即使只打5分钟的瞌睡，也能做到防"疲"于未然。

其实，在现实生活中消除疲劳，改善睡眠，有帮休息的方法还挺多，在此，向大家推荐一些小窍门，希望能给大家提供一些有益参考。

1. 晚饭应早吃少吃

打完扑克牌或者看完晚场电视剧之后美美地吃上一顿，当然是件惬意的事。但是，深夜进餐对你的睡眠不利。你的新陈代谢需要一段平静的时间。如果你能在饭后散步5～15分钟的话，可能更有利于消化，而且你会觉得特别轻松。

2. 放下手头的工作

夜晚是为休息准备的，而不是用来弹奏吉他，也不是用来打扫房间，或者打电话询问什么消息。通常情况下，你希望在就寝时间到来时略感疲倦或者昏昏欲睡，那么，放下你手中的杂志，关掉电视，暂停与你妻子或者女朋友的谈话。

3. 调整你的身体

在就寝前喝一杯热牛奶能帮助你很快入睡。这并不是老掉牙的神话，它有一定的道理。牛奶含有色氨酸，这种天然的氨基酸能帮助你入睡。还需注意的是，切勿饮酒。虽然大量的乙醇会使你不省人事，但是它对你的睡眠没有任何好处。事实上，饮酒抑制了你做梦状态的睡眠。睡前少量饮酒会使你在第二天醒来时感到更加疲惫。

4. 保持工作的适度紧张

白天繁忙的工作会让你晚上睡得更好，因为身体需要充足的睡眠以恢复精力，让你感觉良好。

5. 改善睡眠的环境

研究表明，看着一些悦人的东西是一种放松，它有助于你的睡眠，最好以轻松的格调布置你的卧室。如果你的卧室能够看到远处美丽的风景，那么最好把你的床移到窗户边，以便欣赏外面的景色。或者在墙上挂一幅风景画，或者在写字桌上放一缸金鱼。

睡眠的好坏，与睡眠环境关系密切。在 15℃～24℃ 的温度中，可获得安睡。而过冷和过热均会使人辗转反侧。如果你搬迁新居而不能安睡，有可能是因对新环境一时不能适应，但更有可能是室内地毯、新家具及室内装饰等所发出的异味所致。当然，冬季关门闭窗后吸烟留下的烟雾，以及逸漏的燃烧不全的煤气，也会使人不能安睡。在发射高频电离电磁辐射源附近居住，长期睡眠不好而非自身疾病所致者，最好迁居远处。在隆隆机器声、家电音响声和吵闹的人语声中失去深睡，则应设法排除噪声。灯光太强所致的睡眠不稳，除消除光源外，也可避光而卧。

6. 调整你的闹钟

如果你在上床后 1 小时或者更长时间里还是辗转反侧无法入睡的话，那么请调整你的闹钟。让你的闹钟每天早晨都提前 3～5 分钟响（每周共 15～30 分钟）。提前起床自然会使你在晚上的时候感到更加疲倦，这样你就会很快地入睡了。

但是，必须坚持，即使是在周末。否则的话，你的身体就会不适应这个新的作息时间表。

7. 泡个热水澡

你也许不会相信，泡泡热水澡会对消除疲劳有意想不到的效果。专家指出，热水浴能促进血液循环，消除疲劳，清洗掉人体表皮上的污垢，减少病菌的入侵，这是经过科学论证的、不可争议的事实。

每日的疲惫里，除了肉体上的疲乏之外，还有心里的忧郁，有人倾吐当然最好，但总不可能每天都有人愿意、有空听你说闲话。因此，上班拖着疲倦的身躯回家后，不如泡个热水澡，既可以清洗身体，又可以作为心灵的沐浴，何乐而不为呢？

无论学习或工作有多忙，无论生活是多么的不如意，你都不要忘了——随时泡个热水澡。

8. 选择最佳时间上床睡眠

人在 21 ～ 22 时会出现一次生物低潮，如果 23 时前不能入睡，零时以后就很难睡着。早晨 5 ～ 6 时是生物高潮。因此成人从 21 ～ 22 时入睡，次日早晨 5 时起床最好。

9. 科学选择睡眠方向

地球南北极之间有一个大磁场，人体长期顺着地磁的南北方向睡卧，使人体主要的经、脉、气都同磁场的磁力线平行，可使人体器官细胞有序化，产生生物磁化效应，使器官机能得到调整和增强。所以，南北方向睡眠对身体有益。

10. 睡眠时间要充足

你的身体需要为第二天的活动而充电，希望减少睡眠以增加白天工作时间的方式是最不明智的做法，一个人每天需要 6 ～ 8 个小时的睡眠。记住，即使当你睡着时，你的潜意识依然在持续活动。

失眠，通常是因为在睡觉前无法放松自己，因此切勿一直到你精疲力竭时才停止工作。你应该在一天快结束时，做一些你喜欢做，但又不会造成太大刺激的事情。你可以和你的另一半聊天、刷刷牙、整理床铺，这些动作会传达一种信息给你的身体，告诉它现在是睡觉的时候了。

天下难事，必做于易；天下大事，必做于细。